国网新源控股有限公司抽水蓄能电站工程通用设计丛书

输水系统进／出水口分册

主编　林铭山

颁布　国网新源控股有限公司

中国水利水电出版社
www.waterpub.com.cn
·北京·

内 容 提 要

本书为"国网新源控股有限公司抽水蓄能电站工程通用设计丛书"之一《输水系统进/出水口分册》。本分册设计结合国内抽水蓄能电站建设及发展趋势，根据进/出水口不同空间位置与结构型式、电站装机台数以及输水系统不同供水方式，在统一抽水蓄能电站各系统设计的基础上研究并设立了十个典型布置方案，其中上水库共四个方案，下水库共六个方案。各方案列出了通用设计方案、设计条件及使用说明，并附有完整的方案设计图纸。

图书参考资料下载地址：http://www.waterpub.com.cn/softdown

图书在版编目（CIP）数据

输水系统进/出水口分册 / 林铭山主编. -- 北京：中国水利水电出版社，2016.10
（国网新源控股有限公司抽水蓄能电站工程通用设计丛书）
ISBN 978-7-5170-4862-6

Ⅰ. ①输… Ⅱ. ①林… Ⅲ. ①抽水蓄能水电站－开关站－工程设计 Ⅳ. ①TV743

中国版本图书馆CIP数据核字(2016)第261815号

总责任编辑：陈东明
责 任 编 辑：李亮　周媛
文 字 编 辑：王雨辰　刘佳宜

书　　　名	国网新源控股有限公司抽水蓄能电站工程通用设计丛书 **输水系统进/出水口分册** SHUSHUI XITONG JIN/CHU SHUIKOU FENCE
作　　　者	林铭山　主编
出 版 发 行	中国水利水电出版社 （北京市海淀区玉渊潭南路1号D座　100038） 网址：www.waterpub.com.cn E-mail：sales@waterpub.com.cn 电话：(010) 68367658（营销中心）
经　　　售	北京科水图书销售中心（零售） 电话：(010) 88383994、63202643、68545874 全国各地新华书店和相关出版物销售网点
排　　　版	北京时代澄宇科技有限公司
印　　　刷	北京博图彩色印刷有限公司
规　　　格	285mm×210mm　横16开　15印张　461千字
版　　　次	2016年10月第1版　2016年10月第1次印刷
定　　　价	**480.00元**

凡购买我社图书，如有缺页、倒页、脱页的，本社营销中心负责调换

序

　　抽水蓄能电站运行灵活、反应快速，是电力系统中具有调峰、填谷、调频、调相、备用和黑启动等多种功能的特殊电源，是目前最具经济性的大规模储能设施。随着我国经济社会的发展，电力系统规模不断扩大，用电负荷和峰谷差持续加大，电力用户对供电质量要求不断提高，随机性、间歇性新能源大规模开发，对抽水蓄能电站发展提出了更高要求。2014 年国家发改委下发"关于促进抽水蓄能电站健康有序发展有关问题的意见"，确定"到 2025 年，全国抽水蓄能电站总装机容量达到约 1 亿 kW，占全国电力总装机的比重达到 4% 左右"的发展目标。

　　抽水蓄能电站建设规模持续扩大，大力研究和推广抽水蓄能电站通用设计，是适应抽水蓄能电站快速发展的客观需要。国网新源控股有限公司作为世界上最大规模的抽水蓄能电站建设运营管理公司，经过多年的工程建设实践，积累了丰富的抽水蓄能电站建设管理经验。为进一步提升抽水蓄能电站标准化建设水平，深入总结工程建设管理经验，提高工程建设质量和管理效益，国网新源控股有限公司组织有关研究机构、设计单位和专家，在充分调研、精心设计、反复论证的基础上，编制完成了"国网新源控股有限公司抽水蓄能电站工程通用设计丛书"，包括开关站分册（上、下）、输水系统进/出水口分册、工艺设计分册及细部设计分册五个分册。

　　本通用设计坚持"安全可靠、技术先进、保护环境、投资合理、标准统一、运行高效"的设计原则，采用模块化设计手段，追求统一性与可靠性、先进性、经济性、适应性和灵活性的协调统一。该书凝聚了抽水蓄能行业诸多专家和广大工程技术人员的心血和智慧，是公司推行抽水蓄能电站标准化建设的又一重要成果。希望本书的出版和应用，能有力促进和提升我国抽水蓄能电站建设发展，为保障电力供应、服务经济社会发展作出积极的贡献。

2016 年 4 月

前　言

　　为贯彻落实科学发展观，服务于构建和谐社会和建设"资源节约型、环境友好型"社会，实现公司"三优两化一核心"发展战略目标，国网新源控股有限公司强化管理创新，推进技术创新，发挥规模优势，深化完善基建标准化建设工作。公司基建部会同公司有关部门，组织中南勘测设计研究院编制完成"国网新源控股有限公司抽水蓄能电站工程通用设计丛书"《输水系统进/出水口分册》。

　　"国网新源控股有限公司抽水蓄能电站工程通用设计丛书"《输水系统进/出水口分册》是国网新源控股有限公司标准化建设成果有机组成部分。本分册本设计结合国内抽水蓄能电站建设及发展趋势，根据进/出水口不同空间位置与结构型式、电站装机台数以及输水系统不同供水方式，在统一抽水蓄能电站各系统设计的基础上研究并设立了十个典型布置方案，其中上水库共四个方案，下水库共六个方案。各方案列出了通用设计方案、设计条件及使用说明，并附有完整的方案设计图纸。

　　由于编者水平有限，不妥之处在所难免，敬请读者批评指正。

编者

2016 年 4 月

目　录

第1篇 总 论

第1章 概 述

1.1 通用设计内容

抽水蓄能电站工程通用设计是国家电网公司标准化建设成果的有机组成部分，输水系统上、下水库进／出水口布置设计总结国网新源控股有限公司（以下简称国网新源公司）已建电站的经验，结合国内抽水蓄能电站建设及发展趋势，根据进／出水口不同空间位置与结构型式、电站装机台数以及输水系统不同供水方式，共设立了10个典型方案，其中上水库共4个方案，分别是：方案一（四台机，一洞两机，闸门竖井式布置）、方案二（四台机，一洞两机，岸塔式布置）、方案三（四台机，一洞两机，竖井式，闸门布置在山体内）、方案四（四台机，一洞两机，竖井式，闸门布置在水库内）；下水库共6个方案，分别是：方案五（四台机，单机单洞，闸门竖井式布置）、方案六（四台机，单机单洞，岸塔式布置）、方案七（四台机，两机一洞，闸门竖井式布置）、方案八（四台机，两机一洞，岸塔式布置）、方案九（六台机，两机一洞，闸门竖井式布置）、方案十（六台机，两机一洞，岸塔式布置）。通用设计在统一抽水蓄能电站各系统设计的基础上研究典型布置方案（表1-1）。

表1-1　　　　　进／出水口通用设计典型设计方案特性表

方案	布置位置	供水方式	结构型式	拦污设施	装机台数
一	上水库	一洞两机	侧式	闸门竖井式	设拦污栅，不设永久启吊设施	4
二				岸塔式		4
三			竖井式	闸门布置在山体内		4
四				闸门布置在水库内	不设拦污栅	4
五	下水库	单机单洞	侧式	闸门竖井式	设拦污栅，不设永久启吊设施	4
六				岸塔式		4
七		两机一洞		闸门竖井式		4
八				岸塔式		4
九				闸门竖井式	设拦污栅，同时设置永久启吊设施	6
十				岸塔式		6

1.2 通用设计原则

采用三维设计手段，遵循国家电网公司通用设计的原则：安全可靠、环保节约；技术先进、标准统一；提高效率、合理造价；努力做到可靠性、统一性、适用性、经济性、先进性和灵活性的协调统一。针对大型抽水蓄能电站工程进／出水口不同结构型式、装机台数、输水系统不同供水方式进行通用设计编制。

（1）可靠性。确保进／出水口各设计方案水工结构、金属结构及电气设备安全可靠，确保工程投入运行后电站安全稳定运行。

（2）统一性。建设标准统一，基建和生产运行的标准统一，进／出水口布置格局体现抽水蓄能电站工程上、下水库进／出水口水工结构、金属结构及电气设备布置要求和国家电网公司企业文化特征。

（3）适用性。综合考虑抽水蓄能电站工程进／出水口具有双向水流、水力条件复杂以及受地形与气候条件影响大的特点，结合国内已建、在建大型抽水蓄能电站工程建设经验以及抽水蓄能电站开发趋势。选定的典型方案在国内不同地形条件、不同装机规模（机组台数）、不同供水方式、南北方不同气候特点与建筑风格的抽水蓄能电站工程建设中具有广泛的适用性。

（4）经济性。按照全寿命周期设计理念与方法，在保证高可靠性的前提下，进行技术经济综合分析，实现电站工程全寿命周期内进／出水口布置功能匹配、寿命协调和费用平衡。

（5）先进性。提高原始创新、集成创新和引进消化吸收再创新能力，坚持技术进步，推广应用新技术，代表国内外先进设计水平和抽水蓄能电站工程输水系统上、下水库进／出水口布置及管理技术发展趋势。

（6）灵活性。可灵活运用于国内相应各方案适用条件下的大型新建抽水蓄能电站工程。

1.3 通用设计工作组织

为了加强组织协调工作，成立了抽水蓄能电站工程输水系统进／出水口通用设计工作组、编制组和专家组，分别开展相关工作。

工作组以国家电网公司基建部为组长单位，国网新源公司为副组长单位，编写单位为成员单位，主要负责通用设计总体工作方案策划、组织、指导和协调通用设计研究编制工作。

本通用设计由中国电建集团中南勘测设计研究院有限公司负责设计与编制。

第2章 编 制 过 程

2014年4月3日，国网新源公司在北京主持召开了抽水蓄能电站工程通用设计启动会，目的是通过通用设计，进一步强化国网新源控股有限公司抽水蓄能电站工程设计管理，改进抽水蓄能电站设计理念、方法，促进技术创新，逐步推行标准化设计及典型设计，深入贯彻全寿命周期设计理念，全面提高工程设计质量。本次抽水蓄能电站工程通用设计工作将依托重庆蟠龙、安徽金寨、山东沂蒙三个抽水蓄能项目，研究抽水蓄能电站输水系统进／出水口、开关站、细部与工艺设计等通用设计方案，分别编制出版《抽水蓄能电站工程通用设计　输水系统进／出水口分册》《抽水

蓄能电站工程通用设计　开关站分册》《抽水蓄能电站工程通用设计　细部设计分册》与《抽水蓄能电站工程通用设计　工艺设计分册》。中国电建集团中南院、北京院与华东院应邀参加了本次通用设计启动会，并分别承担了上述通用设计与手册编制任务。

2014年10月22—24日，国网新源公司基建部在北京主持召开通用设计成果首次评审会。

2015年5月12—15日，国网新源公司基建部在北京主持召开通用设计最终成果评审会。

第3章　设计依据及术语

本通用设计按照国网新源公司下达的《抽水蓄能电站工程通用设计工作方案》，以及各次评审会议纪要的要求进行。

3.1　设计依据性文件

（1）国家电网公司抽水蓄能电站通用设计编制工作委托函。

（2）现行相关国家标准、规程、规范，电力行业标准和国家政策。

（3）国家电网公司颁布的有关企业标准、技术导则等。

（4）本通用设计遵守的规程、规范、规定及有关技术文件为最新颁布的标准及最新的《中华人民共和国工程建设标准强制性条文　电力工程部分》。

3.2　主要设计标准与规程规范

主要设计标准与规程规范如下：

（1）《抽水蓄能电站设计导则》（DL/T 5208—2005）。

（2）《水电站进水口设计规范》（DL/T 5398—2007）。

（3）《水工建筑物抗震设计规范》（DL 5073—2000）。

（4）《水工建筑物荷载设计规范》（DL/T 5077—1997）。

（5）《水工建筑物抗冰冻设计规范》（GB/T 50662—2001）。

（6）《钢格栅板及配套件　第1部分：钢格栅板》（YB/T 4001.1—2007）。

（7）《固定式钢梯及平台安全要求　第1部分：钢直梯》（GB 4053.1—2009）。

（8）《固定式钢梯及平台安全要求　第3部分：工业防护栏杆及钢平台》（GB 4053.3—2009）。

（9）《检查井盖》（GB/T 23858—2009）。

（10）《水利水电工程钢闸门设计规范》（DL/T 5039—1995）。

（11）《水电工程钢闸门制造安装及验收规范》（NB/T 35045—2014）。

（12）《水电水利工程启闭机设计规范》（DL/T 5167—2002）。

（13）《水电水利工程金属结构设备防腐蚀技术规程》（DL/T 5358—2006）。

（14）《水电水利工程启闭机设计规范》（DL/T 5167—2002）。

（15）《水利水电工程启闭机制造、安装及验收规范》（DL/T 5019—2004）。

（16）《起重机电控设备》（JB/T 4315—1997）。

（17）《起重机　司机室　第5部分：桥式和门式起重机》（GB/T 20303.5—2006）。

（18）《电气装置安装工程　起重机电气装置施工及验收规范》（GB/T 50256—1996）。

（19）《电气设备安全设计导则》（GB/T 25295—2010）。

（20）《低压配电设计规范》（GB/T 50054—2011）。

（21）《通用用电设备配电设计规范》（GB/T 50055—2011）。

（22）《建筑电气工程施工质量验收规范》（GB 50303—2005）。

（23）《颜色标志的代码》（GB/T 13534—2009）。

（24）《电气装置安装工程电缆线路施工及验收规范》（GB 50168—2006）。

（25）《电气装置安装工程　盘、柜及二次回路接线施工及验收规范》（GB 50171—2012）。

（26）《电力工程直流电源系统设计技术规程》（DL/T 5044—2014）。

（27）《水力发电厂计算机监控系统设计规范》（DL/T 5065—2009）。

（28）《工业电视系统工程设计规范》（GB 50115—2001）。

（29）《建筑玻璃应用技术规程》（JGJ 113—2015）。

（30）《建筑外门窗气密、水密、抗风压性能分级及检测方法》（GB/T 7106—2008）。

（31）《建筑内部装修设计防火规范》（GB 50222—2001）。

（32）《建筑地面设计规范》（GB 50037—1996）。

3.3 术语

3.3.1 进／出水口

进／出水口是建于抽水蓄能电站上、下水库内用于控制电站输水道水流的工程设施。由于抽水蓄能电站具有抽水（水泵工况）和发电（水轮机工况）两种运行工况，水流具有双向流动性，上水库在发电时为进流，抽水时为出流，下水库在发电时为出流，抽水时进流，故简称进／出水口。

3.3.2 侧式进／出水口

抽水蓄能电站的输水道呈水平向与水库连接的进／出水口，根据布置型式可分为闸门竖井式、岸塔式和岸坡式 3 种主要布置方式。

3.3.3 竖井式进／出水口

抽水蓄能电站的输水道用竖井与水库库底垂直连接的进／出水口，根据布置型式一般可分为闸门布置在山体内与闸门布置在水库内两种布置方式。

3.3.4 闸门竖井式进／出水口

将闸门布置于山体竖井中，入口扩散段与闸门井之间流道为隧洞段的侧式进／出水口。

3.3.5 岸塔式进／出水口

背靠岸坡布置，闸门设在塔形结构中，可兼做岸坡支挡结构的侧式进／出水口。

第4章 各技术方案及设计条件

4.1 各设计方案

方案一：上水库侧式进／出水口，四台机，一洞两机，闸门竖井式布置，详见第 2 篇第 8 章 8.1 节。

方案二：上水库侧式进／出水口，四台机，一洞两机，岸塔式布置，详见第 2 篇第 8 章 8.2 节。

方案三：上水库竖井式进／出水口，四台机，一洞两机，闸门布置在山体内，详见第 2 篇第 9 章 9.1 节。

方案四：上水库竖井式进／出水口，四台机，一洞两机，闸门布置在水库内，详见第 2 篇第 9 章 9.2 节。

方案五：下水库侧式进／出水口，四台机，单机单洞，闸门竖井式布置，详见第 3 篇第 11 章 11.1 节。

方案六：下水库侧式进／出水口，四台机，单机单洞，岸塔式布置，详见第 3 篇第 11 章 11.2 节。

方案七：下水库侧式进／出水口，四台机，两机一洞，闸门竖井式布置，详见第 3 篇第 11 章 11.3 节。

方案八：下水库侧式进／出水口，四台机，两机一洞，岸塔式布置，详见第 3 篇第 11 章 11.4 节。

方案九：下水库侧式进/出水口，六台机，两机一洞，闸门竖井式布置，详见第3篇第11章11.5节。

方案十：下水库侧式进／出水口，六台机，两机一洞，岸塔式布置，详见第 3 篇第 11 章 11.6 节。

4.2 主要设计条件

（1）进／出水口通用设计假定电站单机额定流量 81m³/s。

（2）上、下水库特征水位采用蟠龙抽水蓄能电站可研上下水库特征水位，其中上水库校核洪水位 996.79m，设计洪水位 996.55m，正常蓄水位 995.50m，死水位 981.00m；下水库校核洪水位 550.93m，设计洪水位 550.62m，正常蓄水位 549.00m，死水位 533.00m。进 / 出水口地形采用蟠龙下水库进 / 出水口地形。

（3）假定进 / 出水口地基为岩基，进 / 出水口边坡稳定，不考虑特殊地质条件下的基础处理措施。

（4）上水库进 / 出水口考虑设置拦污栅，按照不设永久启吊设备进行方案设计；下水库除方案九与方案十考虑设置拦污栅，同时设置永久启吊设备进行方案设计外，其余各方案均按设置拦污栅，不设永久启吊设备进行方案设计。

（5）上水库进 / 出水口同时考虑侧式与竖井式进 / 出水口进行方案设计；下水库进 / 出水口仅考虑侧式进 / 出水口进行方案设计。

第 5 章　主 要 设 计 原 则

5.1　进 / 出水口型式选择

5.1.1　进 / 出水口主要型式

抽水蓄能电站进 / 出水口型式主要分为侧式和竖井式两种，其中以侧式进 / 出水口应用较多；侧式进 / 出水口根据布置型式的不同又可分为闸门竖井式、岸塔式和岸坡式 3 种布置方式，又以闸门竖井式和岸塔式应用最多。

5.1.2　进 / 出水口型式选择的一般条件

进 / 出水口型式的选择，应根据电站与输水系统布置的特点、地形地质条件及运行要求，经不同布置方案的技术经济比较，因地制宜选择侧式（岸塔式与闸门竖井式）、竖井式或其他型式。

进 / 出水口型式选择的一般条件如下。

（1）具备良好的水力条件。不管进 / 出水口采用何种型式，均应具备良好的水力条件，这是进 / 出水口水力设计的基本要求。主要包括：

1）进流时，各级运行水位下进 / 出水口附近不产生有害的漩涡。

2）出流时，水流扩散均匀，水头损失小。

3）进 / 出水口附近库内水流流态良好，无有害回流或环流出现，水面波动小。

4）防止漂浮物、泥沙等进入进 / 出水口。

（2）水库库岸地势较高、山坡较陡，输水系统与水库连接具备水平向布置的地形地质条件时，宜采用侧式进 / 出水口。当进 / 出水口地质条件较好，岩体完整、稳定，具备闸门竖井开挖成洞条件时，宜采用闸门竖井式进 / 出水口；当进 / 出水口地质条件较差，风化层厚或边坡陡峭，采用闸门竖井式进 / 出水口时易产生高边坡，土石方开挖与支护工程量较大时，宜采用岸塔式进 / 出水口。

（3）水库库岸地势较低、山坡较缓，输水系统与水库连接不具备水平向布置的地形地质条件时，宜采用竖井式进 / 出水口。

（4）高地震区有较高抗震要求的进 / 出水口，宜优先采用闸门竖井式或岸塔式进 / 出水口。

5.2　结构与布置设计

5.2.1　进 / 出水口的组成

1. 侧式进 / 出水口

侧式进 / 出水口主要由引水明渠段、防涡梁段（含拦污栅）、调整段、扩散段、隧洞段、闸门段、渐变段、拦污栅启闭机排架、闸门启闭机排架与机房、交通桥、配电房等组成，见图 5-1。

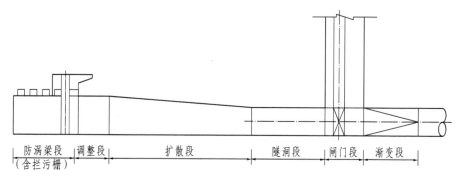

图 5-1　侧式进/出水口

2. 竖井式进/出水口

竖井式进/出水口主要由进水池、塔体段、喇叭口段、竖井（直管）段、弯管段、连接扩散段、隧洞段、闸门段、渐变段、闸门启闭机排架与机房、交通桥、配电房等组成，见图 5-2。

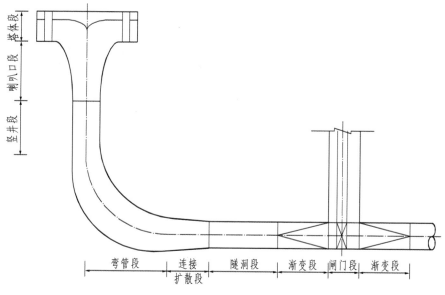

图 5-2　竖井式进/出水口

5.2.2　主要控制高程的确定

1. 拦污栅与闸门操作平台高程的确定

进/出水口拦污栅与闸门操作平台高程应根据水库正常运行最高水位（正常蓄水位或设计洪水位）和非常运行最高水位（校核洪水位），分别考虑水库水面风雍高度以及安全超高后确定。通常，进/出水口拦污栅与闸门操作平台高程可取大坝坝顶高程。对于坝顶设有防浪墙，且防浪墙采用与大坝连接成整体的钢筋混凝土结构，墙身具有足够的刚度与强度，并设置止水具备挡水条件时，进/出水口拦污栅及闸门操作平台高程可取防浪墙墙顶高程。对于闸门竖井式或者竖井式进/出水口，当闸门前隧洞段较长时，闸门操作平台高程还应不低于水库最高运行水位下机组甩负荷时闸门井处产生的最大涌浪高程。

对于设置拦污栅、不设永久启吊设备的进/出水口拦污栅检修平台高程，宜按高出水库死水位 0.50～1.00m 确定。拦污栅检修平台应设置检修通道，便于拦污栅的清污与检修。

2. 进/出水口底板高程的确定

抽水蓄能电站工程进/出水口底板高程的确定除应考虑地形地质条件外，通常还应满足以下三方面的要求。

（1）最小淹没深度要求。抽水蓄能电站工程进/出水口通常为有压式进水口，进/出水口应保证在水库最低运行水位以下有足够的淹没深度，其中最小淹没深度可参照 DL/T 5398《水电站进水口设计规范》附录 B.4.1 推荐的戈登公式进行计算，并不小于 B4.2 规定以不产生负压时的最小淹没深度要求。满足最小淹没深度要求时的底板高程按照式（5-1）进行计算，取高程较低者作为进/出水口底板高程计算值，并在此基础上留有适当的裕度，最终确定进/出水口底板设计高程。

$$\nabla = \min\{\nabla_{DL} - h - S - t_i, \nabla_{DL} - h' - a - S' - t_i\} \qquad (5-1)$$

式中　∇——进/出水口底板高程，m；

∇_{DL}——水库死水位，m；

h——闸门孔口高，m；

h'——拦污栅孔口高，m；

a——防涡梁高，m；

S——有压进水口最小淹没深度，不应小于1.5m；

S'——防涡梁上最小淹没深度，不应小于0.5m；

t_i——气候严寒地区水库最大冰盖厚度，m。

（2）淤沙高程要求。进／出水口底板高程应高出进／出水口前缘水库淤沙高程，淤沙高程的设计年限不应小于电站设计使用年限，通常可采用50年或100年。当进／出水口底板高程低于设计淤沙高程时，进／出水口前缘应设置拦沙坎，拦沙坎顶高程应高于设计淤沙高程，以防止泥沙进入输水道内，堵塞进／出水口闸门槽，并减少粗颗粒对水轮机叶片的磨损。

（3）有压隧洞全线洞顶最小压力条件。进／出水口后有压隧洞在最不利的运行条件下，洞顶最小压力不应小于2.0m水头。对于未设上游引水调压室，且引水隧洞上平段较长的抽水蓄能电站工程，当有压隧洞洞顶最小压力不满足要求时，可采取适当降低进／出水口底板高程和增大引水隧洞纵坡的方式予以解决。

抽水蓄能电站工程进／出水口底板高程，在满足上述要求下，宜采用较高的底板高程，以减小进／出水口土建与金属结构工程量，降低造价，提高电站的经济性。

5.2.3　结构与布置设计

5.2.3.1　侧式进／出水口

1. 引水明渠段

引水明渠底板一般由反坡段与水平段组成，反坡段坡比不宜陡于1∶4，水平段长度不宜小于一倍拦污栅高，宽度与进／出水口前缘同宽，两侧扩散角可取5°～15°。引水渠底板应根据地质条件，进行适当衬护，衬护可选择干砌石、浆砌石、钢筋混凝土面板等型式。对于泥沙量较多的水库，引水明渠出口反坡段末端应设置拦沙坎，拦沙坎坎顶高程应高于水库设计淤沙高程，高度宜不低于2.0～3.0m，以防止泥沙进入输水道内；水平段底板处宜设置沉沙池，用于沉沙或施工期排水，池深根据淤沙量的

大小，一般可取1.0～2.0m。

2. 防涡梁段（含拦污栅）

为防止吸气漩涡，进／出水口拦污栅顶部应设置防涡梁。防涡梁通常采用钢筋混凝土结构，数量不应少于3根，宜选用4～5根，流量大的进／出水口宜选用根数多的。防涡梁的间距以不小于0.5m为宜，梁高1.0～2.0m。防涡梁有矩形和平行四边形两种型式，通常以矩形应用较多。防涡梁的数量、尺寸、型式以及防涡效果最终应通过数值模型计算或水工模型试验验证后采用。

根据进／出水口设计流量的大小，防涡梁段拦污栅的孔口数量一般分为2～4孔，宜优选3孔，流量较大时也可多至5～6孔。拦污栅孔口采用边墩与中墩分隔，中墩与边墩厚度应以满足拦污栅栅槽处一期混凝土最小尺寸不小于0.4m为宜，一般可采用1.5～2.0m。拦污栅分流隔墩头部形状宜采用半圆形、尖圆形或椭圆形，以减小进／出水口水头损失。

拦污栅过流断面积应根据过栅流速与设计流量经计算后确定。通常抽水蓄能电站进／出水口过栅净流速以0.8～1.0m/s为宜，最大不应超过1.2m/s。在缺乏资料的条件下，拦污栅过流净面积可按毛面积的70%取用。

进／出水口前缘宽度可按照式（5-2）计算：

$$B = N[2b_1 + nb_0 + (n-1)b_2] \tag{5-2}$$

式中　B——进／出水口前缘总宽度，m；

N——进／出水口数量；

n——单个进／出水口拦污栅孔口数；

b_0——拦污栅孔口宽度，m；

b_1——拦污栅边墩厚度，m；

b_2——拦污栅中墩厚度，m。

进／出水口拦污栅孔口高度可按照式（5-3）计算：

$$h = \frac{Q}{0.7vnb_0} \tag{5-3}$$

式中　h——拦污栅孔口高度，m；

Q——单个进／出水口设计流量，m³/s；

v——拦污栅过栅净流速，m/s；

n——单个进／出水口拦污栅孔口数；

b_0——拦污栅孔口宽度，m。

3. 调整段

调整段位于防涡梁段与扩散段之间，顶部平行底板，有利于消除顶面负流速。当进／出水口扩散段顶板扩张角大于 5°时，宜在扩散段末设置调整段，其长度可采用 0.4 倍的扩散段长度。

4. 扩散段

扩散段位于防涡梁（或调整段）与闸门段之间，其体型设计是进／出水口水力设计成败的关键。扩散段应尽量布置于明挖段，如受地形条件限制可考虑部分布置于地下洞挖段。扩散段的平面扩散角，可根据管道直径、拦污栅孔口数量、宽度以及设计流量的大小，在 25°～45°范围内选用。扩散段的纵剖面，宜采用顶板单侧扩张式。顶板扩张角宜在 3°～5°范围内选用。

为避免扩散段内水流在平面上产生分离，应采用分流隔墙将扩散段分成若干孔流道，其末端与拦污栅段分流墩相接。分流隔墙数量与拦污栅隔墩数相同，以每孔流道的平面扩张角在 10°以下为宜，一般分成 2～4 孔。分流隔墙的布置，应使各孔流道的过流量基本均匀，分流比以不超过 1.1 为宜。分流隔墙墩头形状以尖形或渐缩式小圆头为宜，以减少水头损失，同时也避免在首部布置上过于拥挤。

扩散段体型与分流隔墙的布置应采用数值模型计算或水工模型试验进行验证后采用。

扩散段长度可按照式（5-4）计算：

$$L = \max \left\{ \frac{B_1 - B_2}{2\tan\alpha}, \frac{H_1 - H_2}{\tan\theta} \right\} \tag{5-4}$$

式中　L——扩散段长度，m；

B_1——扩散段末端宽度，m；

B_2——扩散段始端宽度，m；

α——扩散段平面扩散角，（°）；

H_1——扩散段末端孔口高度，m；

H_2——扩散段始端孔口宽度，m；

θ——扩散段顶板单侧扩张角，（°）。

5. 隧洞段

当扩散段距离闸门段较远时，需设置隧洞段。闸门竖井式进／出水口通常需设置隧洞段。隧洞段长度一般根据进／出水口地形地质条件确定，断面可采用矩形或圆形，尺寸可与闸门孔口尺寸或引水隧洞径相同。当隧洞段长度较短时，宜采用矩形断面，避免断面型式变化过勤，恶化水流条件，增大水头损失，同时加大隧洞施工难度；反之宜采用圆形断面。

6. 闸门段

闸门段是进／出水口的重要组成部分，用于紧急事故或检修情况下截断输水道内水流。闸门段通常内设检修闸门、事故闸门和通气孔，顶部设门机或闸门启闭机排架及机房。闸门段采用钢筋混凝土塔体或竖井式结构，其断面型式主要有矩形与圆形两种。当进／出水口围岩破碎，地质条件较差时，为确保围岩的开挖稳定，可采用圆形断面。

抽水蓄能电站工程上水库进／出水口宜设置一道事故闸门，门后设通气孔。对于长尾水系统且采用一洞多机布置时，通常应在厂房下游尾水支管上方布置尾水闸门室，内设一道事故闸门，并在下水库进／出水口设置一道检修闸门，门后厂房侧设通气孔；对于短尾水系统且采用单机单洞布置时，一般将事故闸门移出尾闸室布置在下水库进／出水口，并宜在事故闸门下水库侧设置一道检修闸门，事故闸门后厂房侧设通气孔。

当闸门后隧洞有检修要求且无其他可用检修通道时，通气孔宜考虑兼作检修通道进行设计，断面型式一般采用圆形，也可采用矩形。通气孔断面尺寸除应满足通气要求外，还应满足检修人员的通行要求，并考虑孔口保护措施。事故闸门门后通气孔面积初估时可按闸门后输水道断面面积的 3%～5%选用，检修闸门门后通气孔面积大于或等于充水管面积，实际采用时应按 DL/T 5398 《水电站进水口设计规范》附录 B.5 的有关公式计算后确定，其允许风速不宜大于 50m/s。

通气孔的布置宜结合闸门井后隧洞检修要求设置检修吊篮或不锈钢

爬梯。根据运行管理及安全要求，有条件布置时通气孔出口宜从塔顶附近水平拐出；无布置条件需要将通气孔直通闸门井顶部平台时，宜高出平台一定高度，并做好孔口部位的安全防护措施。对于北方气候严寒地区，还应采取气幕、气泡、水流扰动等有效的防冰冻措施，防止通气孔被冻住，给电站运行带来安全隐患。

7. 渐变段

渐变段位于闸门段与引水隧洞之间，用于闸门段矩形断面与引水隧洞圆形断面之间的过渡与连接。渐变段长度通常取 $1.5 \sim 2.0$ 倍的隧洞洞径（或洞宽）。考虑抽水蓄能电站工程渐变段双向水流的特点，为减小水头损失，在其他条件允许的情况下，渐变段长度宜取较大值。

8. 拦污栅启闭机排架

根据水库污物及污物来源情况，进／出水口拦污栅的布置通常有以下3种方式：不设拦污栅；设拦污栅，不设永久启吊设施；设拦污栅，同时设永久启吊设施。当抽水蓄能电站上、下水库完全或大部分由人工开挖筑坝而成又无污物和污物源（包括高坡滚石、泥石流等）时，进／出水口可不设拦污栅；当上、下水库基本无污物，且水库存在低水位或放空时段，具备拦污栅检修条件时，进／出水口宜设置拦污栅，不设永久启吊设施；否则进／出水口应设拦污栅，同时设永久启吊设施。拦污栅永久启吊设施宜采用门机。门机操作平台布置有交通桥的一端宜设拦污栅检修平台，便于拦污栅的检修与日常维护。

9. 闸门启闭机排架及机房

在进水塔或闸门井顶部，通常设置门机或启闭机排架及机房。对于工作闸门或事故闸门，宜采用固定卷扬式启闭机启闭，特殊情况可考虑液压式启闭机。对于检修闸门，当闸门孔口数量较少，如 $1 \sim 2$ 孔时，宜采用固定卷扬式启闭机启闭；当闸门孔口数量较多，如 3 孔（含）以上时，宜采用门机启闭。

闸门启闭机排架采用钢筋混凝土结构，对于北方气候严寒地区，排架柱宜采用全封闭式结构，并设置楼梯间，便于进／出水口防寒保暖，防止门槽冻结，影响闸门正常工作；对于南方气候温和地区，排架柱宜采用开放式结构，楼梯宜采用外挂式楼梯。楼梯宽度不宜小于 1.0m。启闭机排

架柱高度可按照式（5-5）估算：

$$H=h_1+h_2+h_3 \tag{5-5}$$

式中　H——启闭机排架估算高度，m；

　　　h_1——闸门门底离地高度，通常可取 $0.5 \sim 0.8$m；

　　　h_2——闸门悬吊时，启闭机吊轴中心至闸门底高度，m；

　　　h_3——启闭机吊钩上极限位置时吊轴中心距离启闭机室楼面平台估算高度（表5-1），m。

表5-1　启闭机吊钩上极限位置时吊轴中心距离启闭机室楼面平台的估算高度取值表

启闭容量 /kN	800	1250	1600	2000	2500	3200	4000	5000	6300
h_3/m	2.5	3.0	3.5	4.0	4.5	4.5	5.0	5.0	6.0

启闭机室通常采用钢筋混凝土框架式结构。当启闭机数量较多，且间距较小时，宜采用联系廊桥把各启闭机室连通，或采用整体连通式启闭机室，便于巡视及设备维护。启闭机室结构与装饰装修设计应充分考虑南、北方不同的气候特点。北方气候寒冷，宜采用封闭式结构以防止冰雪灾害；南方降雨量大，应采取合理的排水措施。启闭机室的外观设计，应与工程所在地及风景区的建筑风格相协调。

10. 交通桥

进水塔及库内拦污栅启闭机排架应设置交通桥与坝顶或环库公路或进／出水口联系公路相连接。交通桥的布置应根据进／出水口地形地质条件，采用垂直或平行隧洞轴线布置。交通桥的布置与结构设计应满足拦污栅或闸门最大构件的运输与吊装要求。

11. 配电房

进／出水口配电房一般由配电室、控制室组成，特殊情况下需设置备用电源时，可加配柴油发电机室。当进／出水口与电站厂用电源较近时，宜直接从厂用电源取电，可不再单独设置配电房。

配电房的选址宜靠近负荷中心，并应优先考虑布置在上、下水库进／出水口平台上，既便于电缆的敷设，也便于运行管理。当进／出水口与大坝泄洪或水库放空设施距离较近时，进／出水口配电房宜与上、下水库大

坝用电设施一并考虑；反之，进／出水口配电房可独立设计。

配电房的结构与建筑设计应充分考虑南、北方不同的气候特点。北方气候寒冷，应防止冰雪灾害；南方降雨量大，应采取合理的排水措施。配电房的外观设计，应与工程所在地及风景区与进／出水口启闭机室的建筑风格协调一致。

5.2.3.2 竖井式进／出水口

1. 塔体段

塔体段与喇叭口段是竖井式进／出水口设计的关键。塔体段主要由顶盖（含整流锥）、径向分流隔墩、底板、拦污栅组成。鉴于竖井式进／出水口进流时，设置顶盖比开敞式不设顶盖的防涡效果要好得多，大型抽水蓄能电站竖井式进／出水口宜设顶盖。顶盖采用圆内接正多边形，其中心正下方、喇叭口正上方应设整流锥。拦污栅孔口数根据设计流量的大小与过栅流速确定，通常采用 4～8 孔，采用分流隔墩分隔。拦污栅分流隔墩头部形状宜采用半圆形、尖圆形或椭圆形，以减小进／出水口水头损失。拦污栅可采用直立式或倾斜式布置。

2. 喇叭口段

喇叭口段是塔体段与竖井段的连接段，用于调整和扩散水流，其体型宜采用四分之一椭圆曲线。竖井式进／出水口体型应通过水工模型试验验证后最终确定。

3. 竖井段

竖井段又称作直管段，是喇叭口段与弯管段的连接段，用于调整水流。竖井段断面型式通常为圆形，洞径可与隧洞段相同。竖井段高度不宜过小，亦不宜过大，过小则起不到调整水流的作用，过大则加大进／出水口闸门设计水头，通常可取竖井洞径的 2～3 倍。

4. 弯管段

弯管段宜设计成肘型管，其末端断面流速宜小于 5m/s，断面直径同竖井段洞径，首末端断面比宜取 0.6～0.7。

5. 连接扩散段

为使出流时水流经过弯管段后不致产生严重分离，力求上部各出口出

流均匀，宜在隧洞段与弯管段间设置双向连接扩散段，扩散段长度不宜小于 1.0 倍弯管段起始断面洞径，且该段单侧扩散角宜在 3°～7° 范围内选取。

6. 隧洞段

隧洞段将连接扩散段与闸门段连接起来。隧洞段断面型式可采用圆形，洞径可与竖井段或引水隧洞相同。

7. 闸门段

竖井式进／出水口闸门段的设计原则同侧式进／出水口。

8. 渐变段

隧洞段与闸门段以及闸门段与引水隧洞之间均应设置渐变段。渐变段长度通常取 1.5～2.0 倍的隧洞洞径（或洞宽）。考虑抽水蓄能电站工程渐变段双向水流的特点，为减小水头损失，在其他条件允许的情况下，渐变段长度宜取较大值。

9. 拦污栅启闭机排架

竖井式进／出水口拦污栅启闭机排架设计原则同侧式进／出水口。

10. 闸门启闭机排架及机房

竖井式进／出水口闸门启闭机排架及机房的设计原则同侧式进／出水口。

11. 交通桥

进水塔或库内拦污栅启闭机排架应设置交通桥与坝顶或环库公路或进／出水口联系公路相连接。交通桥的布置与结构设计应满足拦污栅或闸门最大构件的运输与吊装要求。

12. 配电房

竖井式进／出水口配电房的设计原则同侧式进／出水口。

5.3 拦污设施

5.3.1 拦污栅的布置

上、下水库进／出水口应根据上、下水库构筑型式及污物源的实际情况确定设置拦污栅的必要性。当上、下水库由人工开挖筑坝而成又无污物源（包括高坡滚石、泥石流等）的情况下，其进／出水口可

不设拦污栅。

设置拦污栅的进／出水口建筑物应具有良好的水力学特性，必要时应通过水力学模型试验进行优化，达到进／出水流平顺、均匀。一般情况下，通过拦污栅断面的平均出水流速不宜大于1.2m/s。

当上、下水库存在低水位或放空时段，且该时段满足拦污栅检修要求时，拦污栅宜采用固定式或活动紧固式，可不配置专用的永久启闭设备。否则，拦污栅应采用活动式，并结合水工建筑物的布置，通过技术经济比较后合理配置专用永久启闭设备和确定备用拦污栅的数量。

5.3.2 拦污栅的结构设计

拦污栅的结构应进行静力核算和动力核算。静力核算所采用的水压差宜适当加大，拦污栅结构应具有足够的强度、刚度和抗振动能力；动力核算一般应包括单根栅条固有频率的估算，判断发生共振的可能性并确定相应的处理措施。

对于短尾水系统或短引水系统且水流流态差的进／出水口拦污栅，必要时宜进行专题研究，或采取工程措施。

拦污栅梁格的双向迎水面宜采用近似流线型，栅条横断面宜采用方形，栅条的宽厚比应大于7。活动式拦污栅应采用刚性滑道支承。

5.4 事故、检修闸门及启闭设备

5.4.1 上水库输水系统进／出水口闸门及启闭设备的设计

一般应在上水库进／出水口与每条引水道衔接的水平段适当位置设置一道事故闸门。当高压管道和厂房对该闸门有快速闭门要求时，应结合水工建筑物的布置，在该处设置一道快速闸门。

闸门应采用现地启、闭操作和远方自动闭门操作。现地和远方均应设置可靠的闸门位置显示装置。闸门的启闭设备应设置各种闸门位置控制开关，其电控系统与机组的电控系统之间应进行安全闭锁。

当闸门悬挂在闸门井顶部时，应使闸门的底缘高于上水库最高运行水位，闸门下部的正向、反向和侧向支承均应位于门槽内。当闸门处于闸门井水体中时，必须论证机组甩负荷时所产生的涌波对闸门的影响。闸门（启闭设备）应设置可靠并能满足远方自动闭门操作要求的锁定（制动）装置。

闸门的充水平压装置必须安全、可靠、操作灵活，其充水量应满足不同时期的充水时间要求。

5.4.2 下水库输水系统进／出水口闸门及启闭设备的设计

对于长尾水系统，应在每台机组尾水支管的适当位置设置一道尾水事故闸门，在尾水道和下水库进／出水口衔接处的适当位置设置一道检修闸门。

对于短尾水系统，尾水事故闸门宜设置在每条尾水道和下水库进／出水口衔接处的适当位置，并宜在事故闸门的下水库侧设置一道检修闸门。若经过论证，当事故闸门及门槽具备维护条件时，也可取消检修闸门。

无论是长尾水系统还是短尾水系统，都应根据机组和厂房的安全要求及事故排水设施的配置情况，通过技术经济比较后确定尾水闸门的性能。

尾水闸门为事故门时，应采用现地启、闭操作和远方自动闭门操作。现地和远方均应设置可靠的闸门位置显示装置。闸门（启闭设备）应设置可靠的并能满足远方自动闭门操作要求的锁定（制动）装置。闸门的启闭设备应设置各种闸门位置控制开关，其电控系统与机组和机组上游侧工作阀的电控系统之间均应进行安全闭锁。只有在工作阀处于关闭状态下，该事故闸门才能进行启闭操作和处于闭门挡水状态。

尾水闸门为事故门时，当闸门悬挂在闸门井顶部时，应使闸门的底缘高于下水库最高运行水位，闸门下部的正向、反向和侧向支承均应位于门槽内。当闸门处于闸门井水体中时，必须论证机组甩负荷时所产生的涌波对闸门的影响。

闸门的充水平压装置必须安全、可靠、操作灵活，其充水量应满足不同时期的充水时间要求。

5.5 防冰设计

为保证位于严寒地区的抽水蓄能电站冬季正常运行，对于上、下水库进/出水口拦污栅、闸门及启闭机等设备，除了应结合当地环境条件按照规定选择有关零部件的材质外，还应根据设备的工作条件、在水工建筑物中的位置及冬季运行工况等具体情况，采取必要的防冰冻和保温措施。

5.5.1 上、下水库进/出水口拦污栅

国内严寒地区已建水电站多年运行情况表明，当拦污栅在最低运行水位以下 2～3m 时，一般不会被冰凌、冰块堵塞。抽水蓄能电站上、下水库进出水口拦污栅防冰设计宜从布置上考虑，将拦污栅布置于最低运行水位 2m 以下，一般不再考虑其他防冰冻措施。

5.5.2 上、下水库进/出水口闸门及启闭机

抽水蓄能电站的上、下水库进/出水口闸门井，一般布置在山体内

或库水位以下，在地温与水温自调节作用下，结冰的概率较低。在寒冷地区，闸门井顶部以上排架采用封闭结构，必要时采取一定的取暖保温措施，保证闸门正常运行。除此之外，根据具体情况还可考虑以下几种防冰冻的措施。

（1）循环热油法。该方法利用低压油泵使热油在门槽埋件冰盖范围内循环，以达到防冻目的。考虑到混凝土耐热强度，油温以不超过 60℃ 为宜。

（2）新的防冻材料。沙茨赫尼西水电站在溢流渠壁的混凝土表面和钢闸门挡水面上贴一层含硅的有机化合物和某些导电掺和料组成的一种混合物。这是一种低温半导体材料，当通以 15V 电压时，温度能升高至 60～70℃，该电站在冬季 -22℃ 温度下仍未结冰。

（3）埋设喷水管。在门槽侧面，从正常蓄水位到死水位范围内，沿高程方向分层埋设多个喷水管，层间距取 1.0～2.0m。通过水泵喷水，使门槽范围内的水保持流动状态，防止冰冻。

第6章　通用设计使用总体说明

本通用设计中，主要设计内容包括设计说明、使用说明、进/出水口结构布置图、闸门启闭机室机电设备布置图、上下水库配电房电气设备布置图、启闭机室与配电房建筑设计与效果图及三维模型等。根据国内大型抽水蓄能电站工程的建设经验、建设特点及发展趋势，按照进/出水口不同空间位置、不同结构型式、不同机组台数、不同供水方式共拟定了 10 个典型设计方案，在具体的工程设计中，还应综合考虑各方面因素，并与现行国家、行业标准相关内容配套使用。

6.1 各方案使用范围

（1）方案一：主要对应装机 4 台，引水系统采用一洞两机方式供水，进口设拦污栅、不设永久启吊设施的抽水蓄能电站工程上水库侧式（闸门

竖井式）进/出水口的布置设计。

（2）方案二：主要对应装机 4 台，引水系统采用一洞两机方式供水，进口设拦污栅、不设永久启吊设施的抽水蓄能电站工程上水库侧式（岸塔式）进/出水口的布置设计。

（3）方案三：主要对应装机 4 台，引水系统采用一洞两机方式供水，进口设拦污栅、不设永久启吊设施的抽水蓄能电站工程上水库竖井式进/出水口（闸门布置在山体内）的布置设计。

（4）方案四：主要对应装机 4 台，引水系统采用一洞两机方式供水，进口不设拦污栅的抽水蓄能电站工程上水库竖井式进/出水口（闸门布置在水库内）的布置设计。

（5）方案五：主要对应装机 4 台，尾水系统采用单机单洞方式输水，

进口设拦污栅、不设永久启吊设施的抽水蓄能电站工程下水库侧式（闸门竖井式）进／出水口的布置设计。

（6）方案六：主要对应装机 4 台，尾水系统采用单机单洞方式输水，进口设拦污栅、不设永久启吊设施的抽水蓄能电站工程下水库侧式（岸塔式）进／出水口的布置设计。

（7）方案七：主要对应装机 4 台，尾水系统采用两机一洞方式输水，进口设拦污栅、不设永久启吊设施的抽水蓄能电站工程下水库侧式（闸门竖井式）进／出水口的布置设计。

（8）方案八：主要对应装机 4 台，尾水系统采用两机一洞方式输水，进口设拦污栅、不设永久启吊设施的抽水蓄能电站工程下水库侧式（岸塔式）进／出水口的布置设计。

（9）方案九：主要对应装机 6 台，尾水系统采用两机一洞方式输水，进口设拦污栅、同时设永久启吊设施的抽水蓄能电站工程下水库侧式（闸门竖井式）进／出水口的布置设计。

（10）方案十：主要对应装机 6 台，尾水系统采用两机一洞方式输水，进口设拦污栅、同时设永久启吊设施的抽水蓄能电站工程下水库侧式（岸塔式）进／出水口的布置设计。

6.2 其他说明

（1）本通用设计的主要目的是确定进／出水口的布置原则与布置格局，各方案附图中结构尺寸、高程等均作为进／出水口布置原则与布置格局的工程实例，不针对某一特定工程。

（2）在使用本通用设计时，应根据工程进／出水口的地形地质、水文地质条件以及枢纽布置的实际情况，在满足安全可靠、技术先进、投资合理、标准统一、运行高效的设计原则下，进一步强化工程安全、投资节约、提高效率、降低运行成本的思路，对方案中的各种条件进行研究分析，形成符合实际要求的抽水蓄能电站工程上、下水库进／出水口的布置设计。

（3）本通用设计假定进／出水口单机额定流量 81m³/s，上、下水库特征水位采用蟠龙抽水蓄能电站可研上、下水库特征水位，对于设计流量或上、下水库特征水位不同的抽水蓄能电站工程，进／出水口结构及机电设备尺寸存在差异，可根据实际情况参照本报告第 1 篇第 5 章规定的主要设计原则进行调整，但整个进／出水口应参照通用设计各建筑物及主要机电设备布置格局进行布置。

（4）本通用设计中闸门启闭机室与配电房的外观设计考虑现代与古典两种设计风格，其中启闭机室排架又综合考虑南、北方不同气候特点分别考虑开放式与封闭式两种设计风格，形成了"古典＋开放""古典＋封闭""现代＋开放"和"现代＋封闭"4 种不同设计风格。在使用本通用设计时，应根据工程实际所处地理位置、气候特点、电站周边环境及景区建筑规划，选择并形成符合实际要求的外观设计方案，使之保持与工程所在地及风景区的建筑风格、气候特点相协调。

（5）考虑进／出水口配电房位置选择受进／出水口地形等条件影响较大，本通用设计未考虑配电房的具体位置，配电房实际选址时应对方案中的各种条件进行研究分析，并参照本报告第 1 篇第 5 章规定的主要设计原则，形成符合实际要求的配电房选址设计。

（6）本通用设计方案五、方案六适用于短尾水系统，尾水事故闸门布置在尾水隧洞出口处；方案七至方案十适用于长尾水系统，尾水事故闸门布置在尾水管出口、尾水支洞中部适当位置或尾水调压室（井）内。

（7）关于高程、尺寸的单位：本书各方案附图中桩号、高程以 m 计，其余尺寸均以 mm 计。

第2篇 上水库进/出水口

第7章 概 述

7.1 总的部分

抽水蓄能电站枢纽工程主要由上水库工程、输水系统工程、地下厂房工程以及下水库工程组成。相对下水库而言，上水库通常具有以下特点。

（1）水库以新建为主，库容较小，水库消落深度相对较大。

（2）水库完全或大部分由人工开挖筑坝而成的情况居多。

（3）水库集水面积较小，污物来源少，库水多数较为清洁。

（4）水库一般存在低水位或放空时段，具备库底以及进/出水口拦污栅等的维护与检修条件。

（5）水库有时利用山顶平台开挖成库，库周地形较缓，输水系统与水库连接通常不具备水平向布置的地形地质条件，上水库采用竖井式进/出水口情况相对较多。

（6）引水系统供水方式绝大多数采用一洞多机的布置方式，进/出水口多设置一道事故闸门。

7.2 方案说明及适用条件

针对抽水蓄能电站工程上水库的特点，本次通用设计方案拟定时，按照上水库进/出水口不同结构型式和电站装机台数，共拟定了4个典型设计方案，其中侧式进/出水口2个，竖井式进/出水口2个。考虑上水库通常污物来源少，以人工开挖筑坝成库情况居多，库水多数较为清洁，且一般存在低水位或放空时段，具备库底以及进/出水口拦污栅的维护与检修条件，进/出水口拦污设施按照设置拦污栅（方案四除外），不设永久启吊设备进行方案设计。若上水库不满足上述条件，需设置拦污栅永久启吊设备时，则可参照下水库方案九与方案十进行拦污设施方案设计。上水库进/出水口各方案适用条件如下。

（1）方案一：主要适用装机4台，引水系统采用一洞两机方式供水，进口设拦污栅、不设永久启吊设施的抽水蓄能电站工程上水库侧式（闸门竖井式）进/出水口的布置设计。

（2）方案二：主要适用装机4台，引水系统采用一洞两机方式供水，进口设拦污栅、不设永久启吊设施的抽水蓄能电站工程上水库侧式（岸塔式）进/出水口的布置设计。

（3）方案三：主要适用装机4台，引水系统采用一洞两机方式供水，进口设拦污栅、不设永久启吊设施的抽水蓄能电站工程上水库竖井式进/出水口（闸门布置在山体内）的布置设计。

（4）方案四：主要适用装机 4 台，引水系统采用一洞两机方式供水，进口不设拦污栅的抽水蓄能电站工程上水库竖井式进／出水口（闸门布置在水库内）的布置设计。

第 8 章　侧式进／出水口

8.1　方案一（四台机，一洞两机，闸门竖井式布置）

8.1.1　设计说明

8.1.1.1　总的部分

本方案为通用设计方案一，主要对应装机 4 台，引水系统采用一洞两机方式供水，进口设拦污栅、不设永久启吊设施的抽水蓄能电站工程上水库侧式（闸门竖井式）进／出水口的布置设计。

对于装机 6 台，引水系统采用一洞两机方式供水，进口设拦污栅、不设永久启吊设施的抽水蓄能电站工程上水库侧式（闸门竖井式）进／出水口的布置设计，可在本方案的基础上增加一个进／出水口单元进行方案设计。

8.1.1.2　土建部分

本方案由两个侧式（闸门竖井式）进／出水口并排布置而成，进／出水口主要由引水明渠段、防涡梁段（含拦污栅）、扩散段、隧洞段、闸门段、渐变段、拦污栅检修平台、闸门启闭机排架与机房、配电房等组成。

引水明渠段长 38.8m，由出口水平段、中间反坡段和进口水平段等三段组成。出口水平段高程 968.00m，长 8.8m，宽 72.662m，为防止库底淤泥进入流道，其前端设有 2.5m 高的混凝土拦沙坎；中间反坡段长 10m，坡比 1：10；进口水平段高程 967.00m，长 20m，宽 66.8m，为防止明渠段淤沙进入流道，该段与进口拦污栅段连接处设有 1.0m 深的沉沙池。引水明渠反坡

段与进口水平段两侧扩散角 5°，底板采用素混凝土护底，厚 0.5m。

防涡段底板高程 968.00m，长 14.20m（含拦污栅段），高 12.5m，共设置 5 根矩形钢筋混凝土防涡梁。防涡梁梁体宽 1.5m，高 1.5m，梁净间距 1.18m，梁上最小淹没水深 2.5m。拦污栅段宽 5.7m，高 5.0m，顶部设检修平台，宽 8.75m，平台高程 982.00m，高出死水位 1.0m。拦污栅检修与水库的维护相结合，利用施工临时道路改建的检修通道运送临时启吊设备至检修平台启吊拦污栅。单个进／出水口拦污栅由中墩和边墩分隔成 4 孔，尺寸 6.0m×9.0m（宽×高），其中中墩宽 1.8m，边墩宽 2.0m，前缘总宽 33.4m，最大过栅净流速约 1.07m/s。拦污栅中墩与边墩墩头采用半圆形，有利于减小进／出水口水头损失。

扩散段采用扁平钢筋混凝土箱形结构，长 38m，断面为矩形，内设 3 个分流隔墙，孔口尺寸由 29.4m×9.0m（宽×高）收缩为 6.0m×6.5m（宽×高）。扩散段两侧边墙宽 1.5m，隔墩宽 1.0m，底板厚 1.5m，顶板厚 1.0m。扩散段平面收缩角 34.227°，立面采用顶部单侧扩张，顶板扩张角 3.764°。

隧洞段位于扩散段与闸门段之间，长 24.05m，断面为 6.0m×6.5m（宽×高）的矩形，采用钢筋混凝土衬砌，厚 1.0m。

闸门井段长 7.4m，宽 11.0m，顶部高程同大坝坝顶高程 998.60m，井深 32.60m，闸门井内设事故闸门一道，闸门孔口尺寸 6.0m×6.5m。事故闸门后设置 2φ1.20m 通气孔。事故闸门采用固定卷扬式启闭机启闭，启闭机容量 2500kN。启闭机房排架采用钢筋混凝土框架结构，高 14m，共设 4 层联系梁，层高 3.5m。启闭机室采用钢筋混凝土框架结构，顺水流向宽 8.5m，垂直水流向长 10.6m，机房高 7.5m。

闸门井后设渐变段与引水隧洞相接。渐变段长12m，断面由6.0m×6.5m矩形渐变为直径6.5m的圆。

上水库进/出水口配电房由配电室与控制室组成，平面尺寸20.48m×6.24m（长×宽），高4.6m。配电房与启闭机室的建筑设计见本书第4篇相关内容。

8.1.1.3　金属结构部分

本方案上水库进/出水口设置有拦污栅、事故闸门及其启闭机。

1. 上水库进/出水口拦污栅

上水库进/出水口设有2条引水隧洞，为确保机组免遭意外污物进入而引起破坏，每条引水隧洞进/出水口设4孔4套拦污栅，共计8套上水库进/出水口拦污栅。

根据水工专业初拟拦污栅孔口尺寸，按照本通用设计第5章规定的进/出水口拦污栅过栅流速不大于1.2m/s设计原则，本方案拦污栅孔口尺寸定为6.0m×9.0m（宽×高），底板高程968.00m。拦污栅按5m水头差设计，拦污栅主框架采用焊接流线型箱型梁，栅条与主框架焊接。为抑制拦污栅的振动，利用锲形滑块和锲形栅槽配合将拦污栅卡紧在埋件上。

拦污栅主支承和反向支承均为MGE复合材料滑块，栅体材料Q345B；栅槽主、反支承座板材料1Cr18Ni9Ti，其余材料为Q235B。

上水库通常集水面积较小，无天然来流，污物较少，拦污栅的清污、维护或更换可能性很小，拦污栅检修可与水库的维护相结合，将拦污栅检修平台设在上水库维护水位以上，利用施工临时道路改建的检修通道运送临时启吊设备至检修平台启吊拦污栅。

2. 上水库进/出水口事故闸门

在每条引水隧洞进口的拦污栅下游处布置有一孔一扇事故闸门，共计两扇事故闸门，该闸门能在球阀或高压管道等出现事故时动水下门，切断水流，防止事故扩大。当球阀或管道等需要检修时，该闸门也可在静水中闭门。

闸门门型为潜孔式平面滑动闸门，孔口尺寸为6.0m×6.5m，底板高程968.00m，设计洪水位996.55m，设计水头为28.55m。闸门梁系采用实

腹式同层布置，面板布置在上水库侧，顶、侧水封布置在厂房侧，底水封布置在上水库侧，利用水柱动水闭门。闸门主支承钢基铜塑复合滑道、反向弹性滑块（头部镶嵌低摩复合材料）、侧向简支轮。

闸门操作条件为动水闭门，门顶设有充水阀，充水平压后静水启门，平时利用电动推杆操作的锁定装置锁定在孔口顶部。闸门及锁定装置可现场启闭操作，亦可远方自动闭门操作。

3. 上水库进/出水口事故闸门启闭机

闸门启闭机型式为固定卷扬式启闭机，采用一门一机型式，共两台，布置在排架高程1012.60m平台的机房中。启闭机容量为2500kN，扬程约为34.0m，启闭速度约为2.0m/min。为确保安全，每台启闭机均设两套制动器，一套为工作制动器，另一套为安全制动器。在每个启闭机室顶部设置有锚钩并配有手拉葫芦，用于卷扬式启闭机的检修和维护。

8.1.1.4　电气一次部分

电气一次设计包括上水库进/出水口用电系统、配电房选址及电气设备的布置设计。

1. 上水库进/出水口用电系统

上水库进/出水口用电供电电压采用0.4kV一级电压供电。

上水库进/出水口用电系统共有两个电源，分别取自厂用10.5kV母线Ⅰ、Ⅲ段，0.4kV侧采用单母线分段接线。

2. 配电房选址

上水库进/出水口配电房宜靠近负荷中心，优先考虑布置在进/出水口平台上，既便于电缆的敷设，也便于运行管理。

3. 电气设备布置

上水库进/出水口配电房设配电室和控制室，配电室内布置有10kV开关柜、干式变压器和低压配电盘，控制室内布置有控制盘柜。上水库进/出水口配电房内设室内电缆沟，并与户外电缆沟相连。

8.1.1.5　电气二次部分

上水库进/出水口设220V直流系统1套、上水库LCU（现地监控单元）

1 套。220V 直流系统由 1 面蓄电池柜、1 面直流充馈电柜组成（也可采用一体化电源设备），布置于上水库进／出水口配电室。上水库 LCU 柜、光配线架及工业电视控制柜布置于上水库进／出水口配电室。上水库进／出水口事故闸门每扇门设 1 套启动控制系统，布置于上水库进／出水口事故闸门各启闭机室内。

上水库 LCU 监控对象为：上水库进／出水口事故闸门、上水库水位、上水库水温、上水库配电设备和上水库直流电源系统等。

上水库 220V 直流系统负荷为：上水库 10kV 及 0.4kV 配电开关柜、上水库 LCU 柜、事故应急照明等。

8.1.2 主要设备清册

清册汇入了电气一次、电气二次与金属结构主要设备，其中桥架、电缆、管路、管架等材料未列入清册。电气一次主要设备清册见表 8-1，电气二次主要设备清册见表 8-2，金属结构主要设备清册见表 8-3。

表 8-1 电气一次主要设备清册

序号	设备名称	技术参数	单位	数量	布置地点	备注
1	高压开关柜	10.5kV	面	2	上水库配电房	
2	上水库干式变压器	SCB11-500kVA10.5±2×2.5%/0.4kV D，yn11	台	2	上水库配电房	
3	低压配电盘	0.4kV，抽屉式开关柜	面	7	上水库配电房	

表 8-2 电气二次主要设备清册

序号	设备名称	技术参数	单位	数量	布置地点	备注
1	上水库 LCU		套	1	上水库配电房	
2	启闭机启动控制系统		套	1	上水库启闭机室	每台启闭机设一套控制系统
3	直流系统		套	1	上水库配电房	电池柜及馈电柜各一面
4	光配线架		面	1	上水库配电房	
5	工业电视控制柜		面	1	上水库配电房	

表 8-3 金属结构主要设备清册

序号	设备名称	技术参数	单位	数量	布置地点	备注
1	上水库进／出水口拦污栅	6.0m×9.0m-5m	套	8	引水隧洞进水口	
2	上水库进／出水口拦污栅栅槽		孔	8	引水隧洞进水口	
3	上水库进／出水口事故闸门	6.0m×6.5m-28.55m	扇	2	引水隧洞进口的拦污栅下游处	
4	上水库进／出水口事故闸门门槽埋件		孔	2	引水隧洞进口的拦污栅下游处	
5	上水库进／出水口事故闸门启闭机	2500kN 固定卷扬式启闭机	台	2	排架高程 1012.60m 平台的机房中	

8.1.3 使用说明

8.1.3.1 概述

为了更好地使用本通用设计，特编制通用设计使用说明。通用设计使用说明重点是对设计方案的选用、设计方案的使用条件、设计方案的调整等内容进行具体说明，以方便使用者在具体的工程设计时使用。

各设计单位设计人员在使用本通用设计文件时，要根据具体工程的水文地质条件与枢纽布置实际情况，在安全可靠、技术先进、投资合理、标准统一、运行高效的设计原则下，进一步强化工程安全、投资节约、提高效率、降低运行成本的思路，对方案中的各种条件进行研究分析，形成符合实际要求的抽水蓄能电站工程上、下水库进／出水口布置设计。

本通用设计可用于实际工程的可行性研究与招标设计阶段，使用时还应与现行国家或行业标准等相关内容配套使用。使用者可根据实际工程适用条件、前期工作确定的原则进行分析，若实际工程的基本技术条件符合方案基本技术条件，便可直接采纳或稍加修改后作为抽水蓄能电站的本体设计；若通用设计中未包括的或因实际工程条件不同而变化较大时，则应按照本通用设计第 5 章规定的主要设计原则，对变化大的部分进行调整，完成整体设计。具体见 8.1.3.2 ～ 8.1.3.5 节中各专业的使用边界条件及特殊说明。

8.1.3.2　土建部分

（1）本方案适应装机 4 台，单机额定流量 $81\mathrm{m}^3/\mathrm{s}$，引水系统采用一洞两机方式供水，进口设拦污栅、不设永久启吊设施的抽水蓄能电站工程上水库侧式（闸门竖井式）进／出水口的布置设计。若机组额定流量有较大差别，则应按照本通用设计第 5 章规定的主要设计原则重新复核并重拟进／出水口主要建筑物的结构尺寸与控制高程。

对于装机 6 台，引水系统采用一洞两机方式供水，进口设拦污栅、不设永久启吊设施的抽水蓄能电站工程上水库侧式（闸门竖井式）进／出水口的布置设计，可直接在本方案的基础上增加一个进／出水口单元进行方案设计。

（2）本方案假定进／出水口地基为岩基，进／出水口边坡稳定，不考虑特殊地质条件下的基础处理和边坡开挖支护。工程实际设计时，应根据具体工程的实际地形地质条件、水文地质条件，采取合理的开挖坡比与支护措施，确保边坡安全稳定。边坡通常可采用锚喷支护、钢筋混凝土面板、网格梁植草等措施。

（3）本方案闸门启闭机室与配电房的外观设计采用古典设计风格，启闭机排架采用"开放式"。工程实际设计时，应根据工程实际所处地理位置、气候特点以及电站周边环境或景区规划，从第 4 篇建筑设计组合形成的"古典＋开放""古典＋封闭""现代＋开"和"现代＋封闭"4 种不同设计风格中，选择并形成符合实际要求的外观设计方案，使之保持与工程所在地及风景区的建筑风格和气候特点相协调。

（4）考虑进／出水口配电房位置选择受进／出水口地形地质等条件影响较大，本方案未考虑配电房的具体位置，配电房实际选址时应对方案中的各种条件进行研究分析，并参照本节第 1 篇第 5 章规定的主要设计原则，形成符合实际要求的配电房选址设计。

8.1.3.3　金属结构部分

（1）本方案适应装机 4 台，单机额定流量 $81\mathrm{m}^3/\mathrm{s}$，引水系统采用一洞两机方式供水，进口设拦污栅、不设永久启吊设施的抽水蓄能电站工程上水库侧式（闸门竖井式）进／出水口的布置设计。若机组额定流量有变化，则应按照本通用设计第 5 章规定的主要设计原则重新复核并重拟进／出水口拦污栅孔口尺寸。

（2）本方案假定上水库天然来水流较小，污物较少，且上水库维护时的水位在拦污栅检修平台以下，拦污栅的清污、维护或更换可与水库的维护相结合，可利用施工临时道路改建的检修通道运送临时启吊设备至检修平台启吊拦污栅。工程实际设计时，应根据具体工程的实际情况及拦污栅在上水库建筑物中的布置，确定拦污栅的启吊设备是采用临时启吊设备还是永久启吊设备。

（3）本方案闸门和启闭机选型与启闭机的布置只适用于本方案。工程实际设计时，应根据具体工程实际情况，按照本通用设计第 5 章规定的主要设计原则，重新复核并选择确定启闭机型式、参数及其排架高度。

（4）本方案启闭机室顶部设置有锚钩并配有手拉葫芦，用于卷扬式启闭机的检修和维护。工程实际设计时，应根据工程实际情况综合考虑是在机房顶部设置锚钩还是设置可移动式机房检修吊，用于卷扬式启闭机的检修和维护。

（5）本方案附有上水库进／出水口启闭机室机电设备布置图，图示吊物孔布置、尺寸均为参考尺寸，其实际尺寸应根据工程实际情况进行复核拟定。

8.1.3.4　电气一次部分

适用于上水库进／出水口配电房的布置设计。若上水库有泄洪设施供电需求，距离较近且未设置独立的配电房时，上水库进／出水口配电房可考虑增设柴油发电机室。

8.1.3.5　电气二次部分

按"无人值班"（少人值守）的原则进行设计。监控系统主控级和现地控制单元（上水库 LCU）之间采用光纤以太网连接。直流系统接线采用单母线接线方式，蓄电池按浮充方式运行。

8.1.4 设计图

设计图目录见表8-4。

表8-4 设 计 图 目 录

序号	图 名	图 号
1	上水库进/出水口全景图（方案一）	图8-1
2	上水库进/出水口俯视图（方案一）	图8-2
3	上水库进/出水口机电设备全景图（方案一）	图8-3
4	上水库进/出水口配电房电气设备全景图（方案一）	图8-4
5	上水库进/出水口结构布置平面图（方案一）	图8-5
6	上水库进/出水口结构布置纵剖面图（方案一）	图8-6
7	上水库进/出水口结构布置图（方案一）	图8-7
8	上水库进/出水口闸门启闭机室设备布置图（方案一）	图8-8
9	上水库进/出水口配电房电气设备布置图（方案一）	图8-9

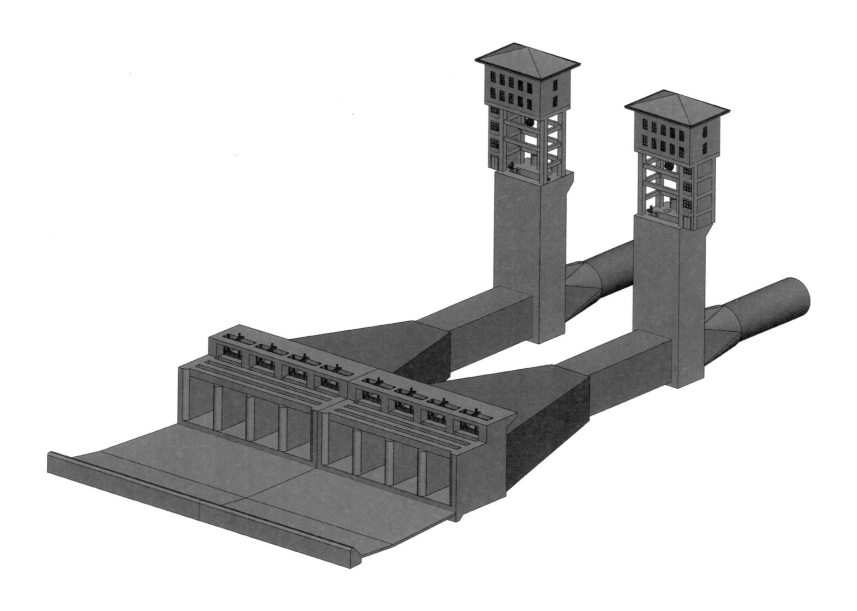

图 8-1　上水库进 / 出水口全景图（方案一）

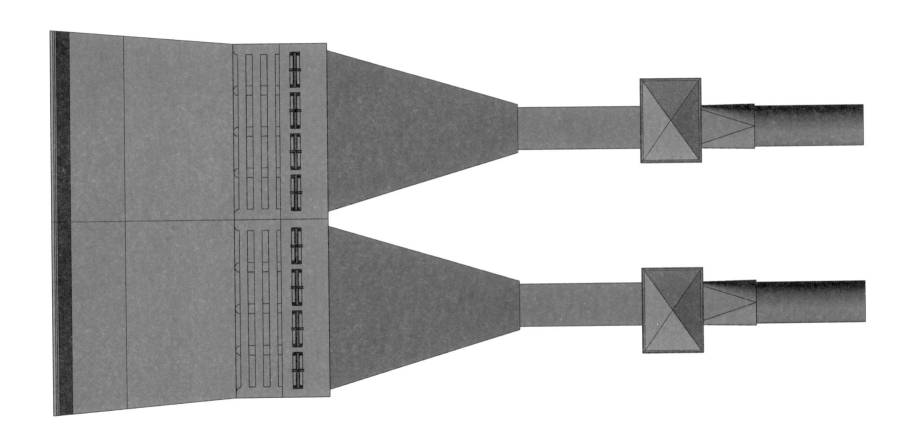

图 8-2 上水库进 / 出水口俯视图（方案一）

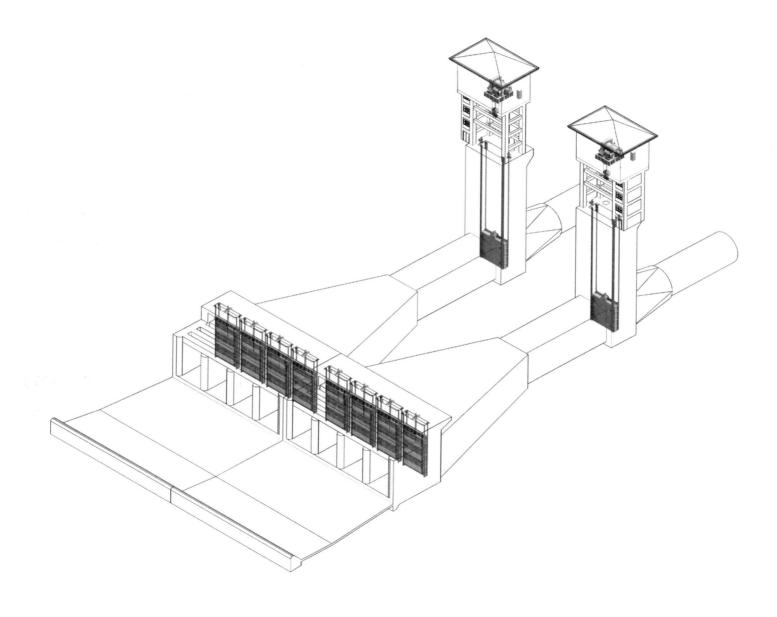

图 8-3　上水库进 / 出水口机电设备全景图（方案一）

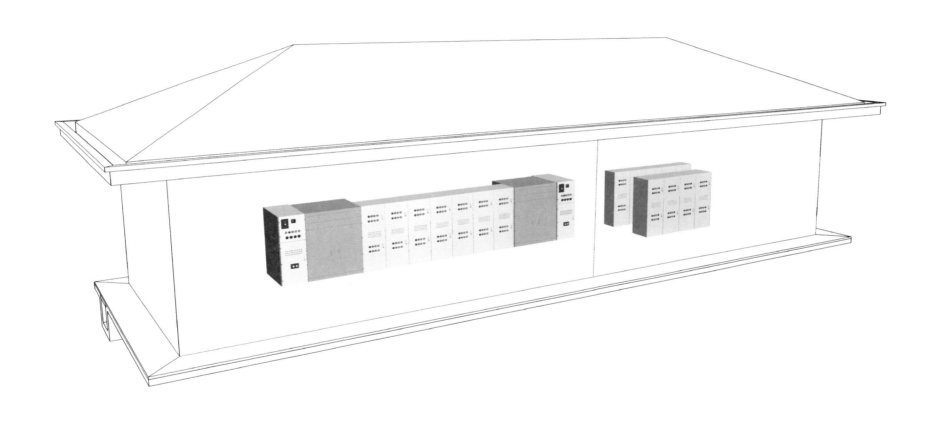

图 8-4　上水库进 / 出水口配电房电气设备全景图（方案一）

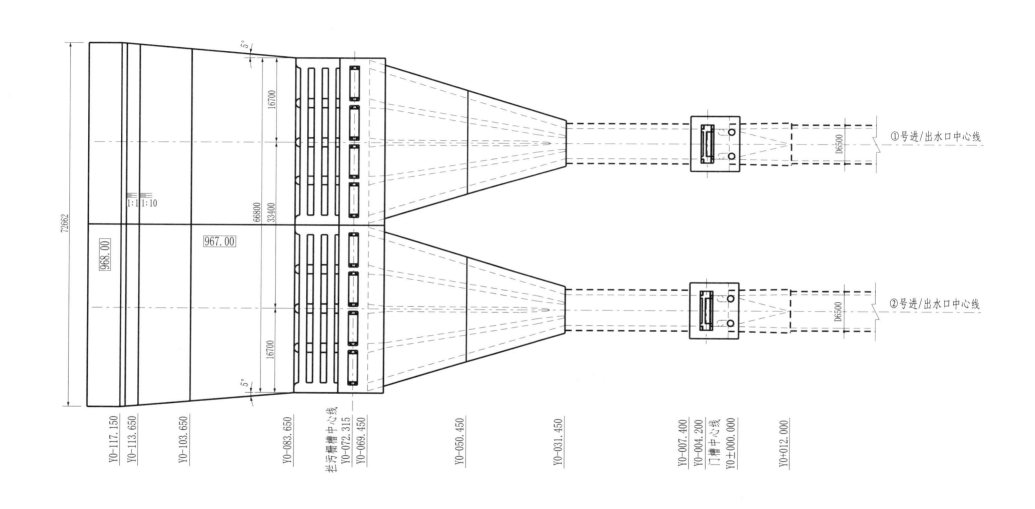

图 8-5　上水库进 / 出水口结构布置平面图（方案一）

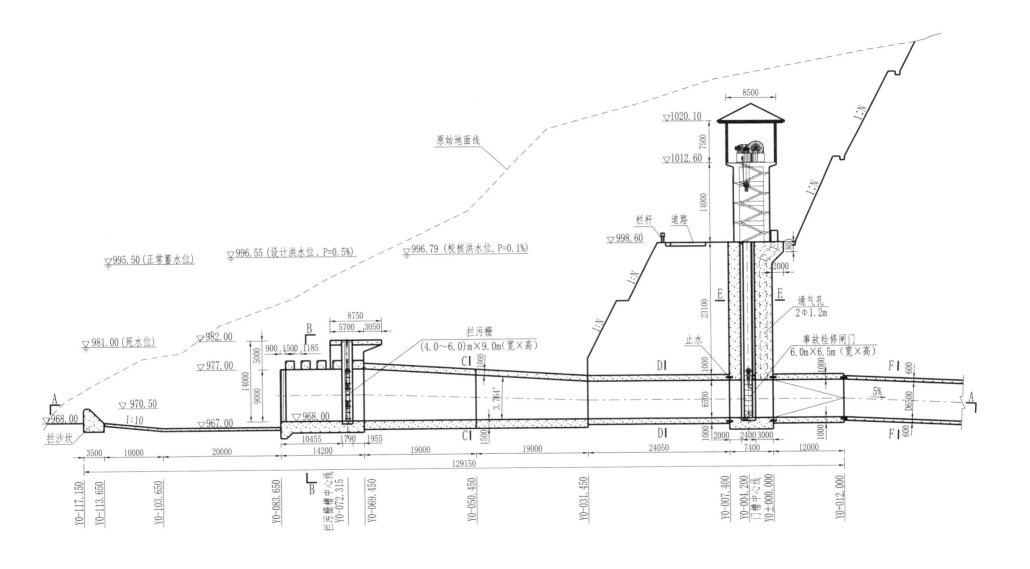

图 8-6 上水库进 / 出水口结构布置纵剖面图（方案一）

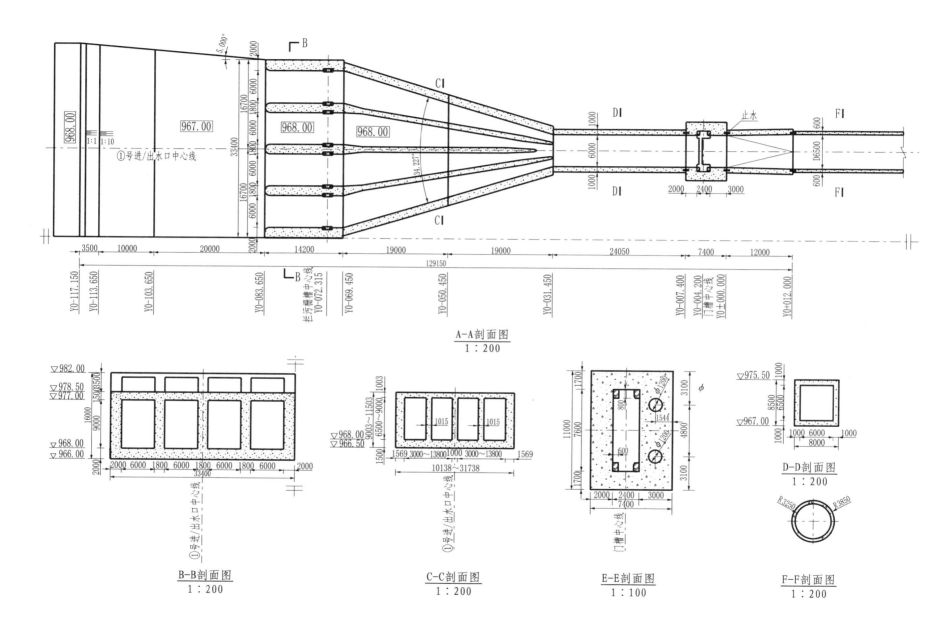

图 8-7 上水库进/出水口结构布置图（方案一）

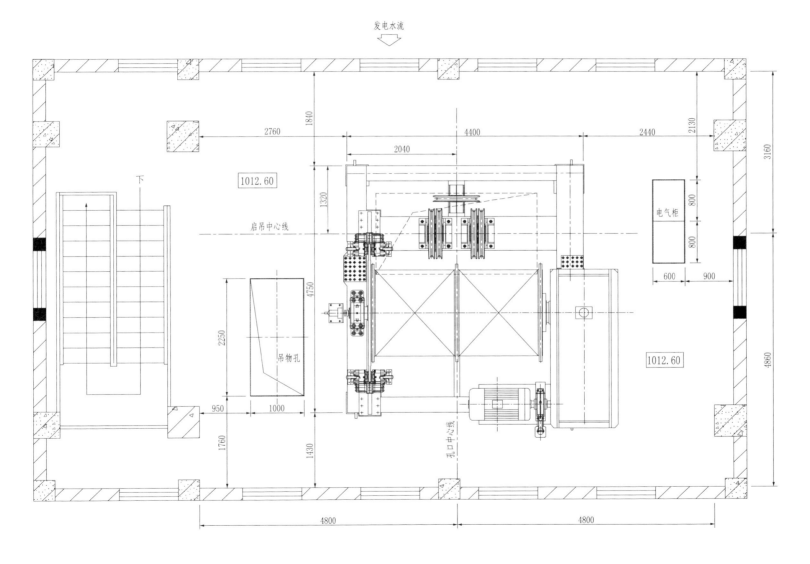

发电水流

1012.60

启吊中心线

下

吊物孔

电气柜

1012.60

孔口中心线

1840
2760
4400
2440
2130
3160
2040
1320
800
800
4750
600
900
2250
950
1000
1760
1430
4860
4800
4800

图 8-8　上水库进/出水口闸门启闭机室设备布置图（方案一）

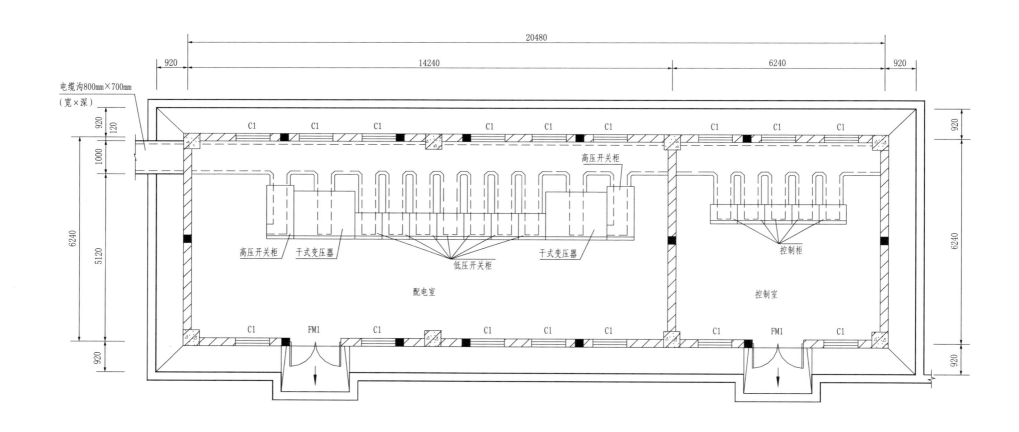

图 8-9　上水库进 / 出水口配电房电气设备布置图（方案一）

8.2 方案二（四台机，一洞两机，岸塔式布置）

8.2.1 设计说明

8.2.1.1 总的部分

本方案为通用设计方案二，主要对应装机 4 台，引水系统采用一洞两机方式供水，进口设拦污栅、不设永久启吊设施的抽水蓄能电站工程上水库侧式（岸塔式）进/出水口的布置设计。

对于装机 6 台，引水系统采用一洞两机方式供水，进口设拦污栅、不设永久启吊设施的抽水蓄能电站工程上水库侧式（岸塔式）进/出水口的布置设计，可在本方案的基础上增加一个进水口单元进行方案设计。

8.2.1.2 土建部分

本方案由两个侧式（岸塔式）进/出水口并排布置而成，进/出水口主要由引水明渠段、防涡梁段（含拦污栅）、扩散段、闸门段、渐变段、拦污栅检修平台、闸门启闭机排架与机房、配电房与交通桥等组成。

引水明渠段长 38.8m，由出口水平段、中间反坡段和进口水平段等三段组成。出口水平段高程 968.00m，长 8.8m，宽 72.662m，为防止库底淤泥进入流道，其前端设有 2.5m 高的混凝土拦沙坎；中间反坡段长 10m，坡比 1∶10；进口水平段高程 967.00m，长 20m，宽 66.8m，为防止明渠段淤沙进入流道，该段与进口拦污栅段连接处设有 1.0m 深的沉沙池。引水明渠反坡段与进口水平段两侧扩散角为 5°，底板采用素混凝土护底，厚 0.5m。

防涡段底板高程 968.00m，长 14.20m（含拦污栅段），高 12.5m，共设置 5 根矩形钢筋混凝土防涡梁。防涡梁梁体宽 1.5m，高 1.5m，梁净间距 1.18m，梁上最小淹没水深 2.5m。拦污栅段宽 5.7m，高 5.0m，顶部设检修平台，宽 8.75m，平台高程 982.00m，高出死水位 1.0m。拦污栅检修与水库的维护相结合，利用施工临时道路改建的检修通道运送临时启吊设备至检修平台启吊拦污栅。单个进/出水口拦污栅由中墩和边墩分隔成 4 孔，尺寸 6.0m×9.0m（宽×高），其中中墩宽 1.8m，边墩宽 2.0m，前缘总宽 33.4m，最大过栅净流速约 1.07m/s。拦污栅中墩与边墩墩头采用

半圆形，有利于减小进/出水口水头损失。

扩散段采用扁平钢筋混凝土箱形结构，长 38m，断面为矩形，内设 3 个分流隔墙，孔口尺寸由 29.4m×9.0m（宽×高）收缩为 6.0m×6.5m（宽×高）。扩散段两侧边墙宽 1.5m，隔墩宽 1.0m，底板厚 1.5m，顶板厚 1.0m。扩散段平面收缩角 34.227°，立面采用顶部单侧扩张，顶板扩张角 3.764°。

闸门塔体段长 8.5m，宽 12.0m，塔顶高程同大坝坝顶高程 998.60m，塔高 32.60m，闸门井内设事故闸门一道，闸门孔口尺寸 6.0m×6.5m。事故闸门后设置 2φ1.20m 通气孔。事故闸门采用固定卷扬式启闭机启闭，启闭机容量 2500kN。启闭机房排架采用钢筋混凝土框架结构，高 14m，共设 4 层联系梁，层高 3.5m。启闭机室采用钢筋混凝土框架结构，顺水流向宽 8.5m，垂直水流向长 10.6m，机房高 7.5m。

闸门井后设渐变段与引水隧洞相接。渐变段长 12m，断面由 6.0m×6.5m 矩形渐变为直径 6.5m 的圆。

上闸门塔顶操作平台布置有交通桥。交通桥按单向行车设计，桥面宽 5.7m，跨度 21.4m，共 2 跨。交通桥桥面梁采用现浇整体式钢筋混凝土 T 形简支梁，梁肋根数为 3 根，桥面梁高 1.7m，防水混凝土铺装层厚 120mm。

上水库进/出水口配电房由配电室与控制室组成，平面尺寸 20.48m×6.24m（长×宽），高 4.6m。配电房与启闭机室的建筑设计见本书第 4 篇相关内容。

8.2.1.3 金属结构部分

本方案上水库进/出水口设置有拦污栅、事故闸门及启闭设备。

1. 上水库进/出水口拦污栅

上水库进/出水口设有 2 条引水隧洞，为确保机组免遭意外污物进入而引起破坏，每条引水隧洞进/出水口设 4 孔 4 套拦污栅，共计 8 套上水库进/出水口拦污栅。

根据水工专业初拟拦污栅孔口尺寸，按照本通用设计第 5 章规定的进/出水口拦污栅过栅流速不大于 1.2m/s 设计原则，本方案拦污栅孔口尺寸定为 6.0m×9.0m（宽×高），底板高程 968.00m。拦污栅按 5m 水头

差设计，拦污栅主框架采用焊接流线型箱型梁，栅条与主框架焊接。为抑制拦污栅的振动，利用锲形滑块和锲形栅槽配合将拦污栅卡紧在埋件上。

拦污栅主支承和反向支承均为 MGE 复合材料滑块，栅体材料 Q345B；栅槽主、反支承座板材料 1Cr18Ni9Ti，其余材料为 Q235B。

上水库天然来流较小，污物较少，拦污栅的清污、维护或更换可能性很小，拦污栅检修可与水库的维护相结合，将拦污栅检修平台设在上水库维护水位以上，利用施工临时道路改建的检修通道运送临时启吊设备至检修平台启吊拦污栅。

2. 上水库进／出水口事故闸门

在每条引水隧洞进口的拦污栅下游处布置有 1 孔 1 扇事故闸门，共计 2 扇事故闸门，该闸门能在球阀或高压管道等出现事故时动水下门，切断水流，防止事故扩大。当球阀或管道等需要检修时，该闸门也可在静水中闭门。

闸门门型为潜孔式平面滑动闸门，孔口尺寸为 6.0m×6.5m，底板高程 968.0m，设计洪水位 996.55m，设计水头为 28.55m。闸门梁系采用实腹式同层布置，面板布置在上水库侧，顶、侧水封布置在厂房侧，底水封布置在上水库侧，利用水柱动水闭门。闸门主支承钢基铜塑复合滑道、反向弹性滑块（头部镶嵌低摩复合材料）、侧向简支轮。

闸门操作条件为动水闭门，门顶设有充水阀，充水平压后静水启门，平时利用电动推杆操作的锁定装置锁定在孔口顶部。闸门及锁定装置可现场启闭操作，亦可远方自动闭门操作。

3. 上水库进／出水口事故闸门及启闭设备

闸门启闭机型式为固定卷扬式启闭机，采用一门一机型式，共 2 台，布置在排架高程 1012.60m 平台的机房中。启闭机容量为 2500kN，扬程约为 34.0m，启闭速度约为 2.0m/min。为确保安全，每台启闭机均设两套制动器，1 套为工作制动器，另 1 套为安全制动器。在每个启闭机室顶部设置有锚钩并配有手拉葫芦，用于卷扬式启闭机的检修和维护。

8.2.1.4 电气一次部分

电气一次设计包括上水库进／出水口用电系统、配电房选址及电气设

备的布置设计。

1. 上水库进／出水口用电系统

上水库进／出水口用电供电电压采用 0.4kV 一级电压供电。

上水库进／出水口用电系统共有 2 个电源，分别取自厂用 10.5kV 母线 I 、III 段，0.4kV 侧采用单母线分段接线。

2. 配电房选址

上水库进／出水口配电房宜靠近负荷中心，优先考虑布置在靠近进／出水口的岸边平地上，同时应便于电缆的敷设和运行管理。

3. 电气设备布置

上水库进／出水口配电房设配电室和控制室，配电室内布置有 10kV 开关柜、干式变压器和低压配电盘，控制室内布置有控制盘柜。上水库进／出水口配电房内设室内电缆沟，并与户外电缆沟相连。

8.2.1.5　电气二次部分

上水库进／出水口设 220V 直流系统 1 套、上水库 LCU（现地监控单元）1 套。220V 直流系统由 1 面蓄电池柜、1 面直流充馈电柜组成（也可采用一体化电源设备），布置于上水库进／出水口配电室。上水库 LCU 柜、光配线架及工业电视控制柜布置于上水库进／出水口配电室。上水库进／出水口事故闸门每扇门设 1 套启动控制系统，布置于上水库进／出水口各事故闸门启闭机室内。

上水库 LCU 监控对象为：上水库进／出水口事故闸门、上水库水位、上水库水温、上水库配电设备和上水库直流电源系统等。

上水库 220V 直流系统负荷为：上水库 10kV 及 0.4kV 配电开关柜、上水库 LCU 柜、事故应急照明等。

8.2.2　主要设备清册

清册汇入了电气一次、电气二次与金属结构主要设备，其中桥架、电缆、管路、管架等材料未列入清册。电气一次主要设备清册见表 8-5，电气二次主要设备清册见表 8-6，金属结构主要设备清册见表 8-7。

表 8-5 电气一次主要设备清册

序号	设备名称	技术参数	单位	数量	布置地点	备注
1	高压开关柜	10.5kV	面	2	上水库配电房	
2	上水库干式变压器	SCB11–500kVA 10.5±2×2.5%/0.4kV D，yn11	台	2	上水库配电房	
3	低压配电盘	0.4kV，抽屉式 开关柜	面	7	上水库配电房	

表 8-6 电气二次主要设备清册

序号	设备名称	技术参数	单位	数量	布置地点	备 注
1	上水库 LCU		套	1	上水库配电房	
2	启闭机启动控制系统		套	1	上水库启闭机室	每台启闭机设一套控制系统
3	直流系统		套	1	上水库配电房	电池柜及馈电柜各一面
4	光配线架		面	1	上水库配电房	
5	工业电视控制柜		面	1	上水库配电房	

表 8-7 金属结构主要设备清册

序号	设备名称	技术参数	单位	数量	布置地点	备注
1	上水库进／出水口拦污栅	6.0m×9.0m—5m	套	8	引水隧洞进水口	
2	上水库进／出水口拦污栅栅槽		孔	8	引水隧洞进水口	
3	上水库进／出水口事故闸门	6.0m×6.5m— 28.55m	扇	2	引水隧洞进口的 拦污栅下游处	
4	上水库进／出水口事故闸门门 槽埋件		孔	2	引水隧洞进口的 拦污栅下游处	
5	上水库进／出水口事故闸门启 闭机	2500kN 固定卷 扬式启闭机	台	2	排架高程1012.60m 平台的机房中	

8.2.3　使用说明

8.2.3.1　概述

为了更好地使用本通用设计，特编制通用设计使用说明。通用设计使用说明重点是对设计方案的选用、设计方案的使用条件、设计方案的调整

等内容进行具体说明，以方便使用者在具体的工程设计时使用。

各设计单位设计人员在使用本通用设计文件时，要根据具体工程的水文地质条件与枢纽布置实际情况，在安全可靠、技术先进、投资合理、标准统一、运行高效的设计原则下，进一步强化工程安全、投资节约、提高效率、降低运行成本的思路，对方案中的各种条件进行研究分析，形成符合实际要求的抽水蓄能电站工程上、下水库进／出水口布置设计。

本通用设计可用于实际工程的可行性研究与招标设计阶段，使用时还应与现行国家或行业标准等相关内容配套使用。使用者可根据实际工程适用条件、前期工作确定的原则进行分析，若实际工程的基本技术条件符合方案基本技术条件，便可直接采纳或稍加修改后作为抽水蓄能电站的本体设计；若通用设计中未包括的或因实际工程条件不同而变化较大时，则应按照本通用设计第5章规定的主要设计原则，对变化大的部分进行调整，完成整体设计。具体见8.2.3.2～8.2.3.5节中各专业的使用边界条件及特殊说明。

8.2.3.2　土建部分

（1）本方案适应装机 4 台，单机额定流量 $81m^3/s$，引水系统采用一洞两机方式供水，进口设拦污栅、不设永久启吊设施的抽水蓄能电站工程上水库侧式（岸塔式）进／出水口的布置设计。若机组额定流量有较大差别，则应按照本通用设计第 5 章规定的主要设计原则重新复核并重拟进／出水口主要建筑物的结构尺寸与控制高程。

对于装机 6 台，引水系统采用一洞两机方式供水，进口设拦污栅、不设永久启吊设施的抽水蓄能电站工程上水库侧式（岸塔式）进／出水口的布置设计，可直接在本方案的基础上增加一个进／出水口单元进行方案设计。

（2）本方案假定进／出水口地基为岩基，进／出水口边坡稳定，不考虑特殊地质条件下的基础处理和边坡开挖支护。工程实际设计时，应根据具体工程的实际地形地质条件、水文地质条件，采取合理的开挖坡比与支护措施，确保边坡安全稳定。边坡通常可采用锚喷支护、钢筋混凝土面板、网格梁植草等措施。

（3）本方案闸门启闭机室与配电房的外观设计采用古典设计风格，启闭机排架采用"开放式"。工程实际设计时，应根据工程实际所处地理位置、气候特点以及电站周边环境或景区规划，从第4篇建筑设计组合形成的"古典＋开放""古典＋封闭""现代＋开放"和"现代＋封闭"4种不同设计风格中，选择并形成符合实际要求的外观设计方案，使之保持与工程所在地及风景区的建筑风格和气候特点相协调。

（4）考虑进／出水口配电房位置选择受进／出水口地形地质等条件影响较大，本方案未考虑配电房的具体位置，配电房实际选址时应对方案中的各种条件进行研究分析，并参照本报告第1篇第5章规定的主要设计原则，形成符合实际要求的配电房选址设计。

8.2.3.3 金属结构部分

（1）本方案适应装机4台，单机额定流量81m^3/s，引水系统采用一洞两机方式供水，进口设拦污栅、不设永久启吊设施的抽水蓄能电站工程上水库侧式（岸塔式）进／出水口的布置设计。若机组额定流量有变化，则应按照本通用设计第5章规定的主要设计原则重新复核并重拟进／出水口拦污栅孔口尺寸。

（2）本方案假定上水库天然来流较小，污物较少，且上水库维护时的水位在拦污栅检修平台以下，拦污栅的清污、维护或更换可与水库的维护相结合，可利用施工临时道路改建的检修通道运送临时启吊设备至检修平台启吊拦污栅。工程实际设计时，应根据具体工程的实际情况及拦污栅在上水库建筑物中的布置，确定拦污栅的启吊设备是采用临时启吊设备还是永久启吊设备。

（3）本方案闸门和启闭机选型与启闭机的布置只适用于本方案。工程实际设计时，应根据具体工程实际情况，按照本通用设计第5章规定的主要设计原则，重新复核并选择确定启闭机型式、参数及其排架高度。

（4）本方案启闭机室顶部设置有锚钩并配有手拉葫芦，用于卷扬式启闭机的检修和维护。工程实际设计时，应根据工程实际情况综合考虑是在机房顶部设置锚钩还是设置可移动式机房检修吊，用于卷扬式启闭机的检修和维护。

（5）本方案附有上水库进／出水口启闭机室机电设备布置图，图示吊物孔布置、尺寸均为参考尺寸，其实际尺寸应根据工程实际情况进行复核拟定。

8.2.3.4 电气一次部分

适用于上水库进／出水口配电房的布置设计。若上水库有泄洪设施供电需求，距离较近且未设置独立的配电房时，上水库进／出水口配电房可考虑增设柴油发电机室。

8.2.3.5 电气二次部分

按"无人值班"（少人值守）的原则进行设计。监控系统主控级和现地控制单元（上水库LCU）之间采用光纤以太网连接。直流系统接线采用单母线接线方式，蓄电池按浮充方式运行。

8.2.4 设计图

设计图目录见表8-8。

表8-8 设 计 图 目 录

序号	图 名	图 号
1	上水库进／出水口全景图（方案二）	图8-10
2	上水库进／出水口俯视图（方案二）	图8-11
3	上水库进／出水口机电设备全景图（方案二）	图8-12
4	上水库进／出水口配电房电气设备全景图（方案二）	图8-13
5	上水库进／出水口结构布置平面图（方案二）	图8-14
6	上水库进／出水口结构布置纵剖面图（方案二）	图8-15
7	上水库进／出水口结构布置图（方案二）	图8-16
8	上水库进／出水口闸门启闭机室设备布置图（方案二）	图8-17
9	上水库进／出水口配电房电气设备布置图（方案二）	图8-18

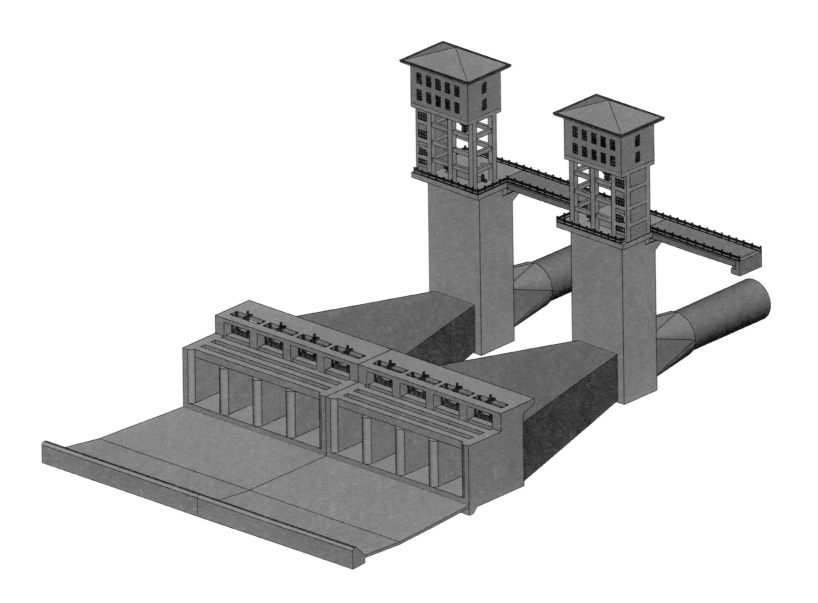

图 8-10　上水库进/出水口全景图（方案二）

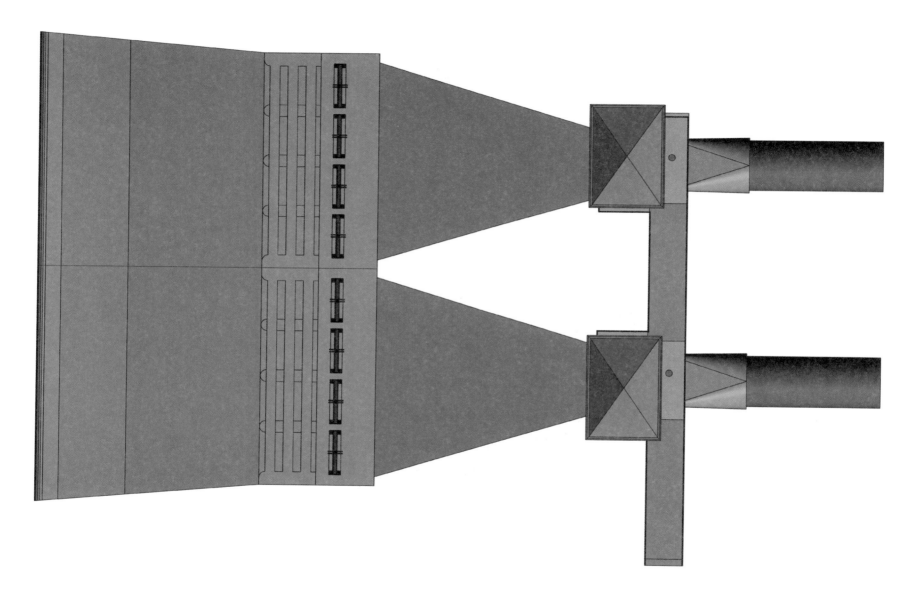

图 8-11　上水库进 / 出水口俯视图（方案二）

第 2 篇　上水库进 / 出水口

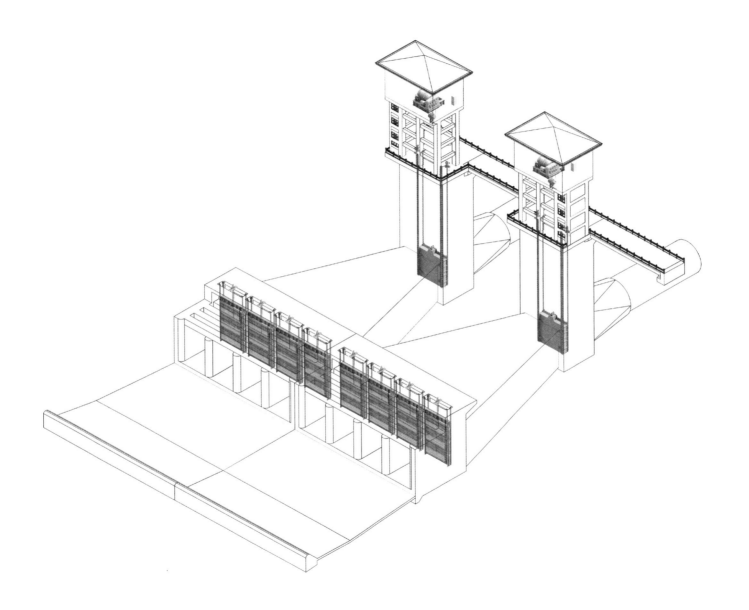

图 8-12　上水库进 / 出水口机电设备全景图（方案二）

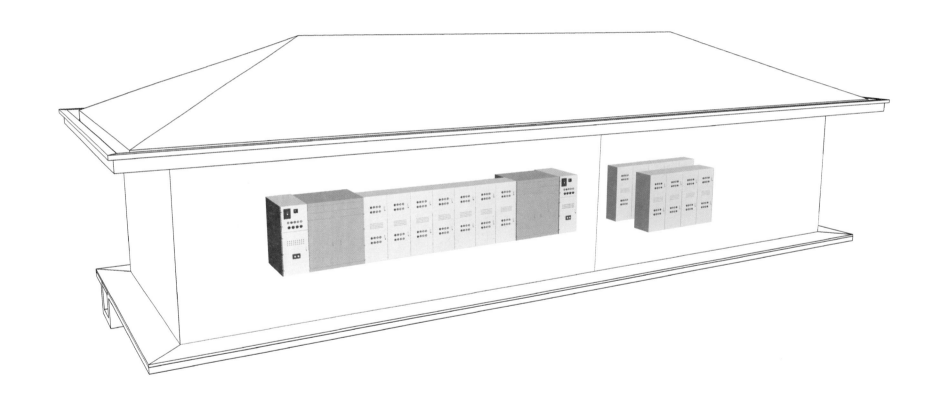

图 8-13　上水库进 / 出水口配电房电气设备全景图（方案二）

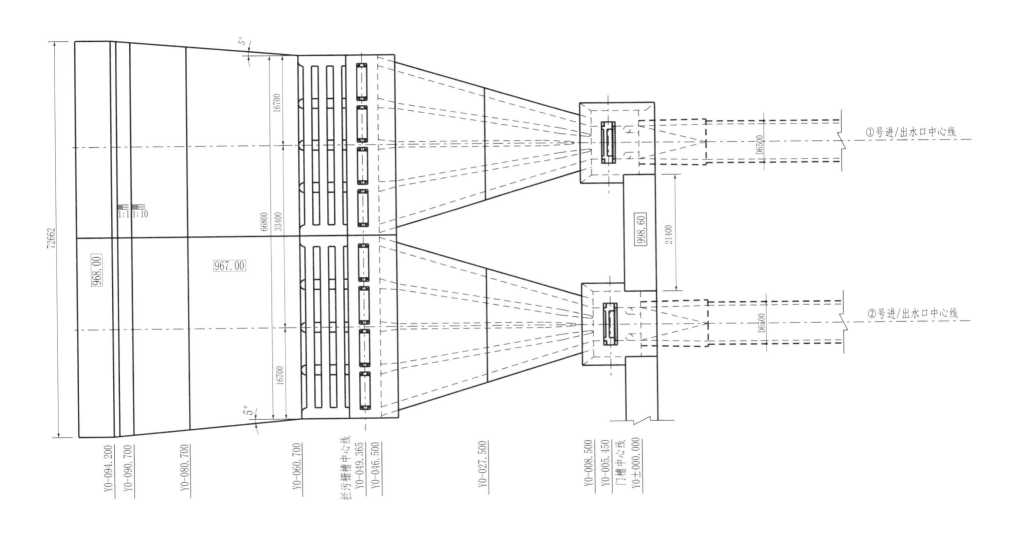

图 8-14 上水库进/出水口结构布置平面图（方案二）

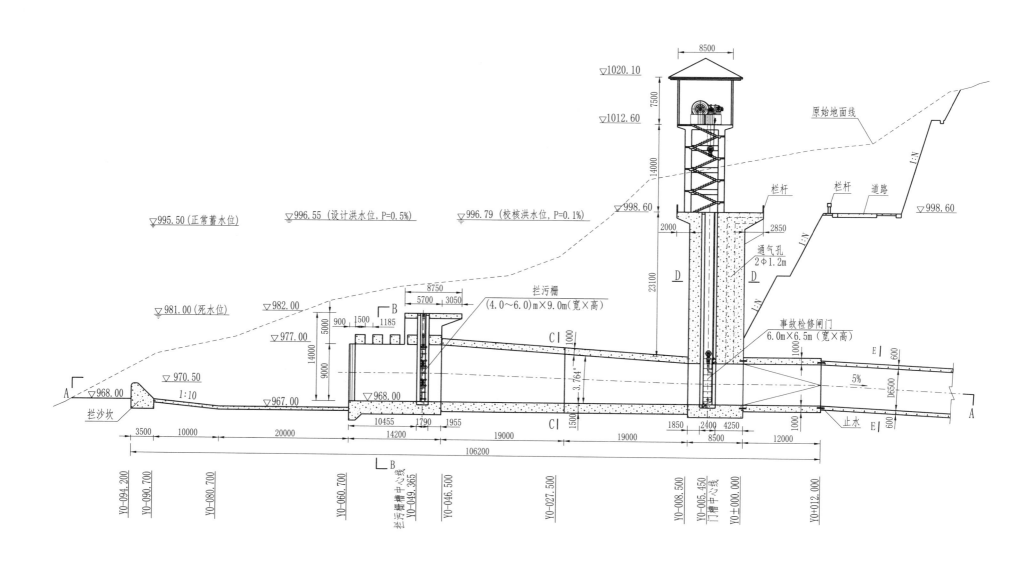

图 8-15　上水库进/出水口结构布置纵剖面图（方案二）

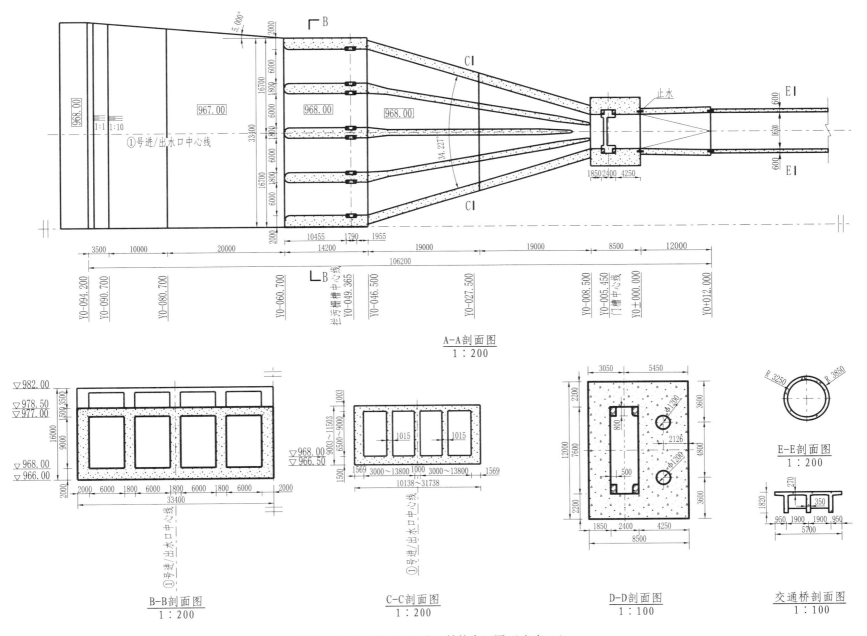

图 8-16　上水库进 / 出水口结构布置图（方案二）

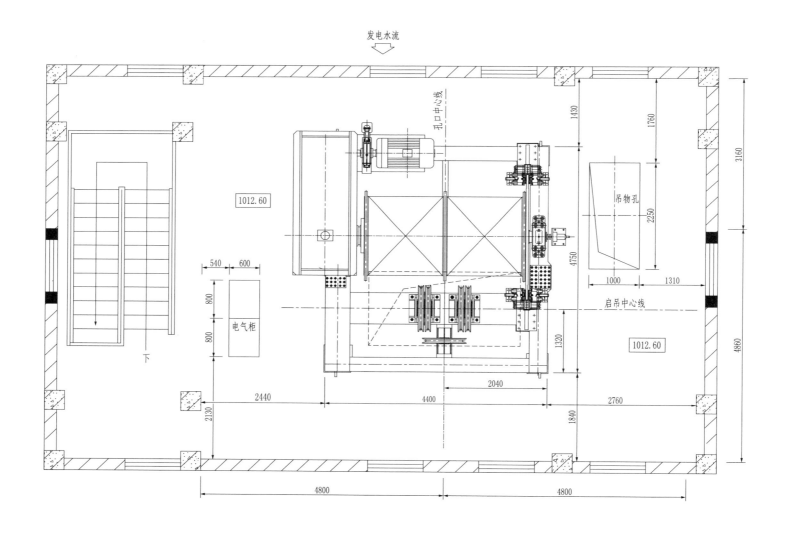

发电水流

孔口中心线

1430
1760
3160

1012.60

吊物孔

2250

4750

540 600

800

电气柜

800

1000 1310

启吊中心线

1012.60

1320

4860

2040

2440 4400 2760

2130 1840

4800 4800

图 8-17　上水库进 / 出水口闸门启闭机室设备布置图（方案二）

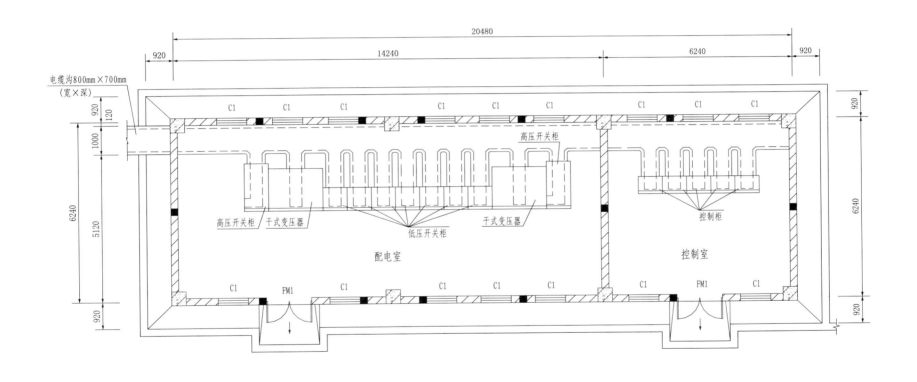

图 8-18　上水库进 / 出水口配电房电气设备布置图（方案二）

第9章 竖井式进/出水口

9.1 方案三（四台机，一洞两机，竖井式，闸门布置在山体内）

9.1.1 设计说明

9.1.1.1 总的部分

本方案为通用设计方案三，主要对应装机4台，引水系统采用一洞两机方式供水，进口设拦污栅、不设永久启吊设施的抽水蓄能电站工程上水库竖井式进/出水口（闸门布置在山体内）的布置设计。

9.1.1.2 土建部分

本方案由两个竖井式进/出水口并排布置而成，进/出水口主要由进水池段、喇叭口段（含拦污栅）、竖井段、弯管段、连接扩散段、隧洞段、闸门段、渐变段、闸门启闭机排架与机房、配电房等组成。

进水池段由库底水平段、中间反坡段和进口水平段3段组成。库底水平段高程同库底高程975.10m；中间反坡段长20m，坡比1∶5；进口水平段高程971.10m，中间矩形尺寸40m×38m，两端采用半圆连接，圆弧半径19m。为防止明渠段淤沙进入流道，该段与进口拦污栅段连接处设有1.0m深的沉沙池。进水池底板采用素混凝土护底，厚0.5m。为方便水库低水位情况下进/出水口拦污栅的检修，进水池段自库底至进水口水平段间设有连接道路，宽6.0m，坡比1∶10。

塔体段主要由顶盖（含整流锥）、径向分流隔墩、底板、拦污栅及喇叭口组成。顶盖采用圆内接正八边形，边长9.95m，板厚1.5m，顶部高程979.50m，低于水库死水位1.5m，其中心正下方、喇叭口正上方设有整流锥。进/出水口共设有8孔立式拦污栅，孔口尺寸5.0m×5.4m（宽×高），最大过栅净流速约1.07m/s。拦污栅分流隔墩头部形状为三心圆弧，尾部采用尖圆形，以减小进/出水口水头损失。底板为圆形，直径26m，厚2.0m。

喇叭口采用四分之一椭圆曲线，长半径22.5m，短半径4.5m。

喇叭口段下方紧接竖井段。竖井段又称直管段，为内径6.5m的圆形隧洞，钢筋混凝土衬砌厚1.0m，井高13m。

竖井段后接弯管段。弯管段采用肘型管，其末端断面流速4.88m/s。为使出流时水流经过弯管段后不致产生严重分离，使得上部各出口出流均匀，在隧洞段与弯管段间设置双向连接扩散段。连接扩散段长10m，单侧扩散角4.5°。

隧洞段位于连接扩散段与闸门段之间，长40m，断面为内径6.5m的圆，采用钢筋混凝土衬砌，厚0.6m。

闸门井段长7.4m，宽11.0m，顶部高程同大坝坝顶高程998.60m，井深89.87m，闸门井内设事故闸门一道，闸门孔口尺寸6.0m×6.5m。事故闸门后设置2φ1.20m通气孔。事故闸门采用固定卷扬式启闭机启闭，启闭机容量6300kN。启闭机房排架采用钢筋混凝土框架结构，高16.5m，共设4层联系梁，层高3.95m。启闭机室采用钢筋混凝土框架结构，顺水流向宽12.5m，垂直水流向长14.5m，机房高10m。为方便启闭机的检修与维护，机房内设有可移动式检修吊，最大启吊重量30kN。

闸门井前后分别设渐变段与隧洞段和引水隧洞相接。渐变段长12m，断面分别由直径6.5m的圆渐变为6.0m×6.5m矩形和6.0m×6.5m矩形渐变为直径6.5m的圆。

上水库进/出水口配电房由配电室与控制室组成，平面尺寸20.48m×6.24m（长×宽），高4.6m。配电房与启闭机室的建筑设计见本通用设计第4篇相关内容。

9.1.1.3 金属结构部分

本方案上水库进/出水口设置有拦污栅、事故闸门及启闭设备。

1. 上水库进／出水口拦污栅

上水库设有 2 个竖井式进／出水口，为确保机组免遭意外污物进入而引起破坏，每个竖井式进／出水塔分隔成 8 个孔口，设 8 孔 8 套拦污栅，共计 16 套上水库进／出水口拦污栅。

根据水工专业初拟拦污栅孔口尺寸，按照本通用设计第 5 章规定的进／出水口拦污栅过栅流速不大于 1.2m/s 设计原则，本方案拦污栅孔口尺寸定为 5.0m×5.4m（宽×高），底板高程 972.60m。拦污栅按 5m 水头差设计，拦污栅主框架采用焊接流线型箱型梁，栅条与主框架焊接。为抑制拦污栅的振动，利用锲形滑块和锲形栅槽配合将拦污栅卡紧在埋件上。

拦污栅主支承和反向支承均为 MGE 复合材料滑块，栅体材料 Q345B；栅槽主、反支承座板材料 1Cr18Ni9Ti，其余材料为 Q235B。

上水库天然来流较小，污物较少，拦污栅的清污、维护或更换可能性很小，且拦污栅布置在库中，综合考虑，不设置高排架检修平台，拦污栅需要检修时，可将水库放空至进／出水口底板高程以下，并利用至拦污栅处的检修道路，运送临时设备，采用临时启吊设备启吊拦污栅。

2. 上水库进／出水口事故闸门

在每条引水隧洞进口的拦污栅下游闸门井段处布置有 1 孔 1 扇事故闸门，共计 2 扇事故闸门，该闸门能在球阀或高压管道等出现事故时动水下门，切断水流，防止事故扩大。当球阀或管道等需要检修时，该闸门也可在静水中闭门。

闸门门型为潜孔式平面滑动闸门，孔口尺寸为 6.0m×6.5m，底板高程 910.73m，设计洪水位 996.55m，设计水头为 85.82m。闸门梁系采用实腹式同层布置，面板布置在上水库侧，顶、侧水封布置在厂房侧，底水封布置在上水库侧，利用水柱动水闭门。闸门主支承钢基铜塑复合滑道、反向弹性滑块（头部镶嵌低摩复合材料）、侧向简支轮。

闸门操作条件为动水闭门，门顶设有充水阀，充水平压后静水启门。平时利用电动推杆操作的锁定装置锁定在孔口顶部。闸门及锁定装置可现场启闭操作，亦可远方自动闭门操作。

3. 上水库进／出水口事故闸门及启闭设备

闸门启闭机型式为固定卷扬式启闭机，采用一门一机型式，共 2 台，布置在排架高程 1015.10m 平台的机房中。启闭机容量为 6300kN，扬程约为 92.0m，启闭速度约为 2m/min。为确保安全，每台启闭机均设两套制动器，1 套为工作制动器，另 1 套为安全制动器。在每个启闭机室顶部设置有可移动式检修吊，用于卷扬式启闭机的检修和维护。

9.1.1.4　电气一次部分

电气一次设计包括上水库进／出水口用电系统、配电房选址及电气设备的布置设计。

1. 上水库进／出水口用电系统

上水库进／出水口用电供电电压采用 0.4kV 一级电压供电。

上水库进／出水口用电系统共有 2 个电源，分别取自厂用 10.5kV 母线 Ⅰ、Ⅲ 段，0.4kV 侧采用单母线分段接线。

2. 配电房选址

上水库进／出水口配电房宜靠近负荷中心，优先考虑布置在进／出水口平台上，既便于电缆的敷设，也便于运行管理。

3. 电气设备布置

上水库进／出水口配电房设配电室和控制室，配电室内布置有 10kV 开关柜、干式变压器和低压配电盘，控制室内布置有控制盘柜。上水库进／出水口配电房内设室内电缆沟，并与户外电缆沟相连。

9.1.1.5　电气二次部分

上水库进／出水口设 220V 直流系统 1 套、上水库 LCU（现地监控单元）1 套。220V 直流系统由 1 面蓄电池柜、1 面直流充馈电柜组成（也可采用一体化电源设备），布置于上水库进／出水口配电室。上水库 LCU 柜、光配线架及工业电视控制柜布置于上水库进／出水口配电室。上水库进／出水口事故闸门每扇门设 1 套启动控制系统，布置于进／出水口各事故闸门启闭机机房内。

上水库 LCU 监控对象为：上水库进／出水口事故闸门、上水库水位、上水库水温、上水库配电设备和上水库直流电源系统等。

上水库 220V 直流系统负荷为：上水库 10kV 及 0.4kV 配电开关柜、上水库 LCU 柜、事故应急照明等。

9.1.2 主要设备清册

清册汇入了电气一次、电气二次与金属结构主要设备，其中桥架、电缆、管路、管架等材料未列入清册。电气一次主要设备清册见表 9-1，电气二次主要设备清册见表 9-2，金属结构主要设备清册见表 9-3。

表 9-1　　　　　　电气一次主要设备清册

序号	设备名称	技术参数	单位	数量	布置地点	备注
1	高压开关柜	10.5kV	面	2	上水库配电房	
2	上水库干式变压器	SCB11-500kVA $10.5 \pm 2 \times 2.5\%/0.4kV$ D，yn11	台	2	上水库配电房	
3	低压配电盘	0.4kV，抽屉式开关柜	面	7	上水库配电房	

表 9-2　　　　　　电气二次主要设备清册

序号	设备名称	技术参数	单位	数量	布置地点	备注
1	上水库 LCU		套	1	上水库配电房	
2	启闭机启动控制系统		套	1	上水库启闭机室	每台启闭机设一套控制系统
3	直流系统		套	1	上水库配电房	电池柜及馈电柜各一面
4	光配线架		面	1	上水库配电房	
5	工业电视控制柜		面	1	上水库配电房	

表 9-3　　　　　　金属结构主要设备清册

序号	设备名称	技术参数	单位	数量	布置地点	备注
1	上水库进/出水口拦污栅	5.0m×5.4m—5m	套	16	竖井式进/出水塔	
2	上水库进/出水口拦污栅栅槽		孔	16	竖井式进/出水塔	
3	上水库进/出水口事故闸门	6.0m×6.5m—85.82m	扇	2	引水隧洞进口的拦污栅下游闸门井段处	
4	上水库进/出水口事故闸门门槽埋件		孔	2	引水隧洞进口的拦污栅下游闸门井段处	
5	上水库进/出水口事故闸门启闭机	6300kN 固定卷扬式启闭机	台	2	排架高程 1015.10m 平台的机房中	
6	机房检修吊	30kN 可移动式	台	1	启闭机房顶部	含轨道

9.1.3 使用说明

9.1.3.1 概述

为了更好地使用本通用设计，特编制通用设计使用说明。通用设计使用说明重点是对设计方案的选用、设计方案的使用条件、设计方案的调整等内容进行具体说明，以方便使用者在具体的工程设计时使用。

各设计单位设计人员在使用本通用设计文件时，要根据具体工程的水文地质条件与枢纽布置实际情况，在安全可靠、技术先进、投资合理、标准统一、运行高效的设计原则下，进一步强化工程安全、投资节约、提高效率、降低运行成本的思路，对方案中的各种条件进行研究分析，形成符合实际要求的抽水蓄能电站工程上、下水库进/出水口布置设计。

本通用设计可用于实际工程的可行性研究与招标设计阶段，使用时还应与现行国家或行业标准等相关内容配套使用。使用者可根据实际工程适用条件、前期工作确定的原则进行分析，若实际工程的基本技术条件符合方案基本技术条件，便可直接采纳或稍加修改后作为抽水蓄能电站的本体设计；若通用设计中未包括的或因实际工程条件不同而变化较大时，则应按照本通用设计第 5 章规定的主要设计原则，对变化大的部分进行调整，完成整体设计。具体见 9.1.3.2 ～ 9.1.3.5 节中各专业的使用边界条件及特殊说明。

9.1.3.2 土建部分

（1）本方案适应装机 4 台，单机额定流量 $81m^3/s$，引水系统采用一洞两机方式供水，进口设拦污栅、不设永久启吊设施的抽水蓄能电站工程上水库竖井式进/出水口（闸门布置在山体内）的布置设计。若机组额定流量有较大差别，则应按照本通用设计第 5 章规定的主要设计原则重新复核并重拟进/出水口主要建筑物的结构尺寸与控制高程。

（2）本方案假定进/出水口地基为岩基，进/出水口边坡稳定，不考虑特殊地质条件下的基础处理和边坡开挖支护。工程实际设计时，应根据具体工程的实际地形地质条件、水文地质条件，采取合理的开挖坡比与支护措施，确保边坡安全稳定。边坡通常可采用锚喷支护、钢筋混凝土面板、网格梁植草等措施。

（3）本方案闸门启闭机室与配电房的外观设计采用古典设计风格，启闭机排架采用"开放式"。工程实际设计时，应根据工程实际所处地理位置、气候特点以及电站周边环境或景区规划，从第4篇建筑设计组合形成的"古典＋开放""古典＋封闭""现代＋开放"和"现代＋封闭"4种不同设计风格中，选择并形成符合实际要求的外观设计方案，使之保持与工程所在地及风景区的建筑风格和气候特点相协调。

（4）考虑进／出水口配电房位置选择受进／出水口地形地质等条件影响较大，本方案未考虑配电房的具体位置，配电房实际选址时应对方案中的各种条件进行研究分析，并参照本报告第1篇第5章规定的主要设计原则，形成符合实际要求的配电房选址设计。

9.1.3.3　金属结构部分

（1）本方案适应装机4台，单机额定流量81m³/s，引水系统采用一洞两机方式供水，进口设拦污栅、不设永久启吊设施的抽水蓄能电站工程上水库竖井式进／出水口（闸门布置在山体内）的布置设计。若机组额定流量有变化，则应按照本通用设计第5章规定的主要设计原则重新复核并重拟进／出水口拦污栅孔口尺寸。

（2）本方案假定上水库天然来流较小，污物较少，且上水库维护时的水位在拦污栅检修平台以下，拦污栅的清污、维护或更换可与水库的维护相结合，拦污栅可采用临时启吊设备启吊维护。工程实际设计时，应根据具体工程的实际情况及拦污栅在上水库建筑物中的布置，确定拦污栅的启吊设备是采用临时启吊设备还是永久启吊设备。

（3）本方案闸门和启闭机选型与启闭机的布置只适用于本方案。工程实际设计时，应根据具体工程实际情况，按照本通用设计第5章规定的主要设计原则，重新复核并选择确定启闭机型式、参数及其排架高度。

（4）本方案启闭机室顶部设置有可移动式检修吊，用于卷扬式启闭机的检修和维护。工程实际设计时，应根据工程实际情况综合考虑是在机房顶部设置锚钩还是设置可移动式机房检修吊，用于卷扬式启闭机的检修

和维护。

（5）本方案附有上水库进／出水口启闭机室机电设备布置图，图示吊物孔布置、尺寸均为参考尺寸，其实际尺寸应根据工程实际情况进行复核拟定。

9.1.3.4　电气一次部分

适用于上水库进／出水口配电房的布置设计。若上水库有泄洪设施供电需求，距离较近且未设置独立的配电房时，上水库进／出水口配电房可考虑增设柴油发电机室。

9.1.3.5　电气二次部分

按"无人值班"（少人值守）的原则进行设计。监控系统主控级和现地控制单元（上水库LCU）之间采用光纤以太网连接。直流系统接线采用单母线接线方式，蓄电池按浮充方式运行。

9.1.4　设计图

设计图目录见表9-4。

表9-4　　　　　　　　　设 计 图 目 录

序号	图　名	图号
1	上水库进／出水口全景图（方案三）	图9-1
2	上水库进／出水口俯视图（方案三）	图9-2
3	上水库进／出水口机电设备全景图（方案三）	图9-3
4	上水库进／出水口配电房电气设备全景图（方案三）	图9-4
5	上水库进／出水口结构布置平面图（方案三）	图9-5
6	上水库进／出水口结构布置纵剖面图（方案三）	图9-6
7	上水库进／出水口结构布置图一（方案三）	图9-7
8	上水库进／出水口结构布置图二（方案三）	图9-8
9	上水库进／出水口闸门启闭机室设备布置图（方案三）	图9-9
10	上水库进／出水口配电房电气设备布置图（方案三）	图9-10

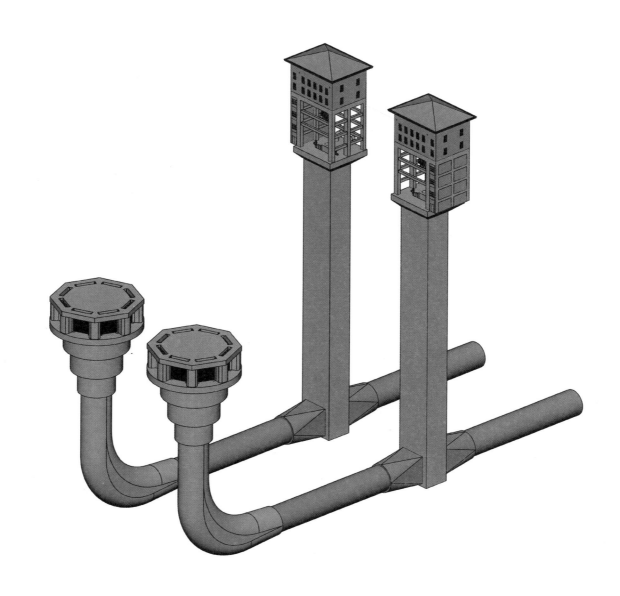

图 9-1　上水库进 / 出水口全景图（方案三）

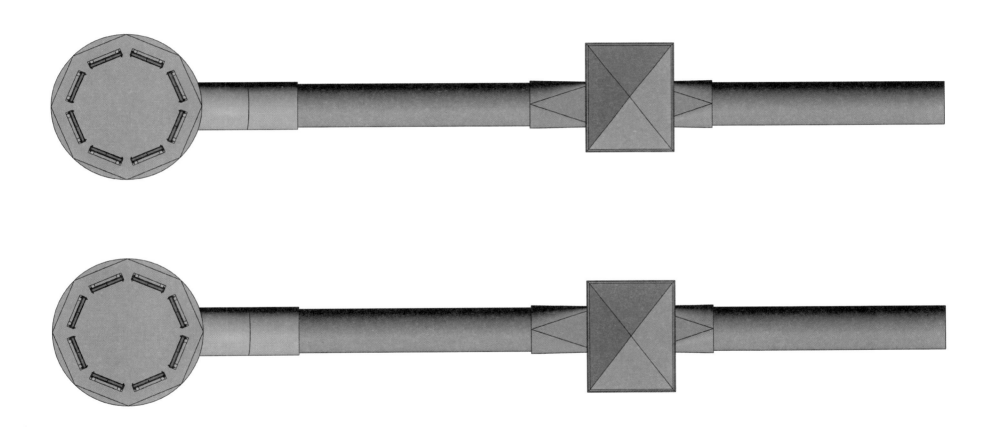

图 9-2　上水库进 / 出水口俯视图（方案三）

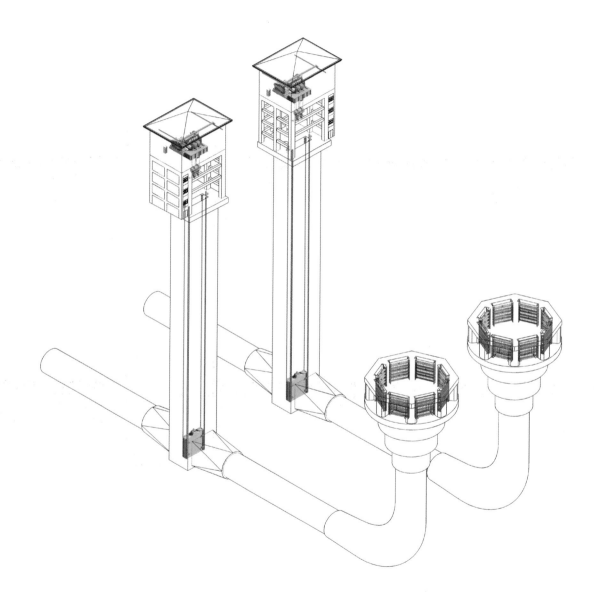

图 9-3　上水库进 / 出水口机电设备全景图（方案三）

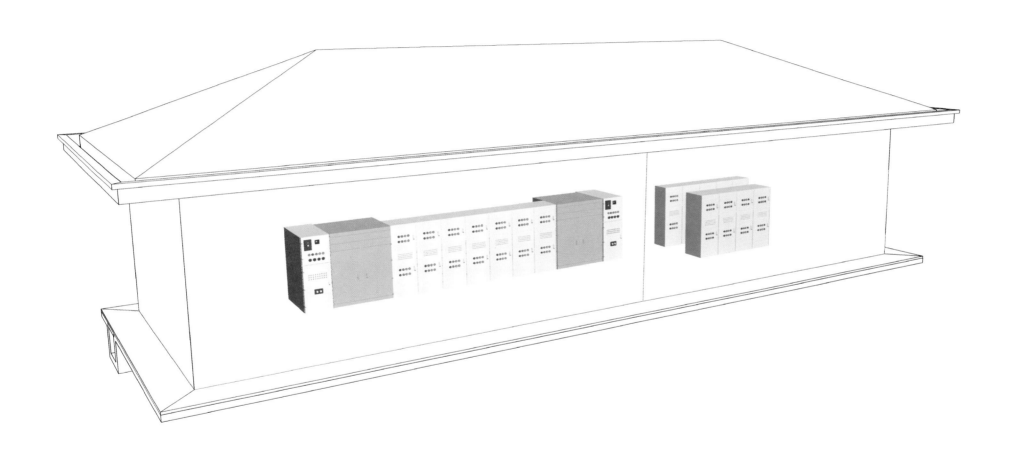

图 9-4　上水库进 / 出水口配电房电气设备全景图（方案三）

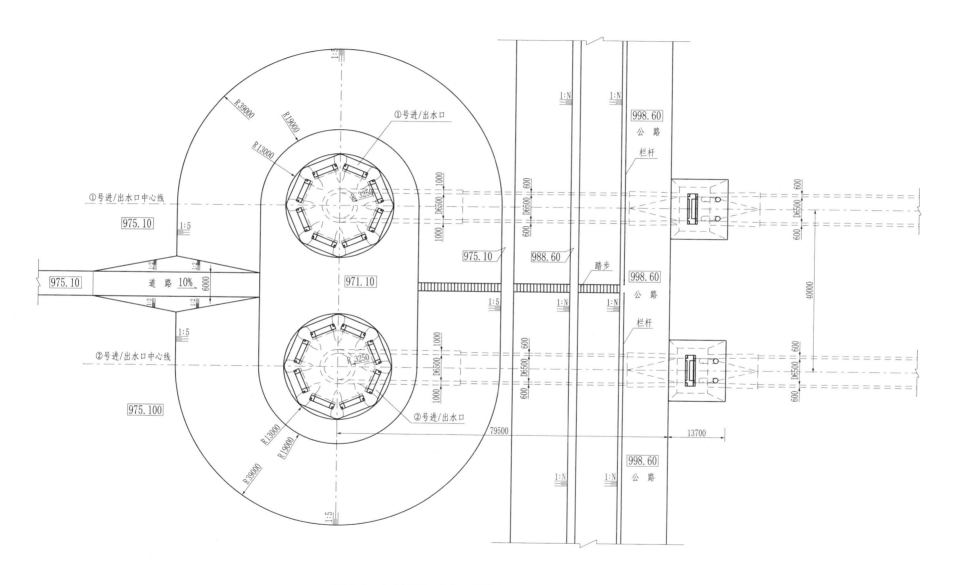

①号进/出水口

①号进/出水口中心线

975.10

1:5

975.10

道 路 10%

②号进/出水口中心线

975.100

②号进/出水口

R39000

R19000

R13000

R 3250

R 3250

R13000

R19000

R39000

971.10

栏杆

998.60

公 路

975.10

988.60

踏步

998.60

公 路

栏杆

998.60

公 路

79500

13700

40000

图 9-5　上水库进 / 出水口结构布置平面图（方案三）

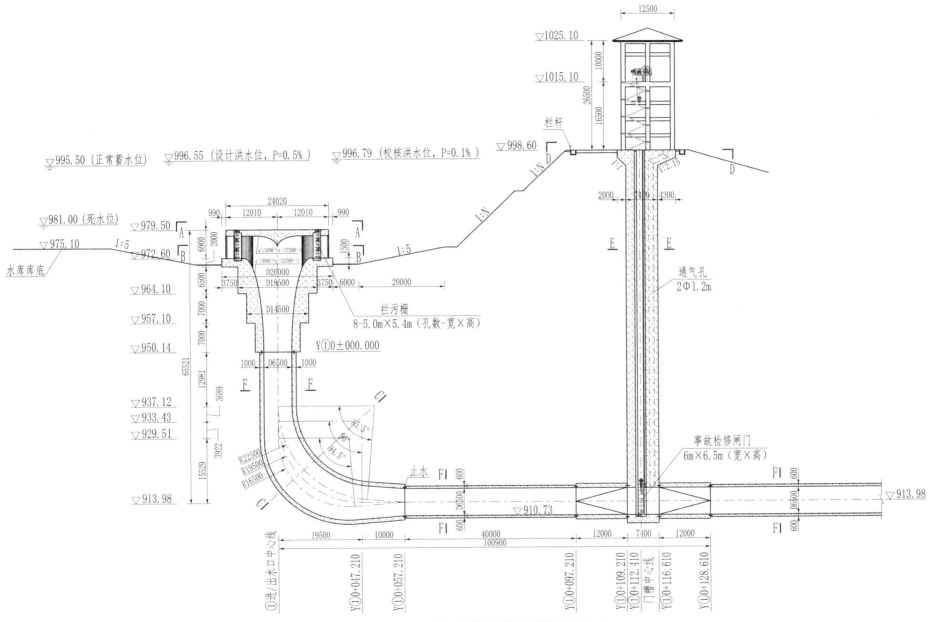

图 9-6　上水库进/出水口结构布置纵剖面图（方案三）

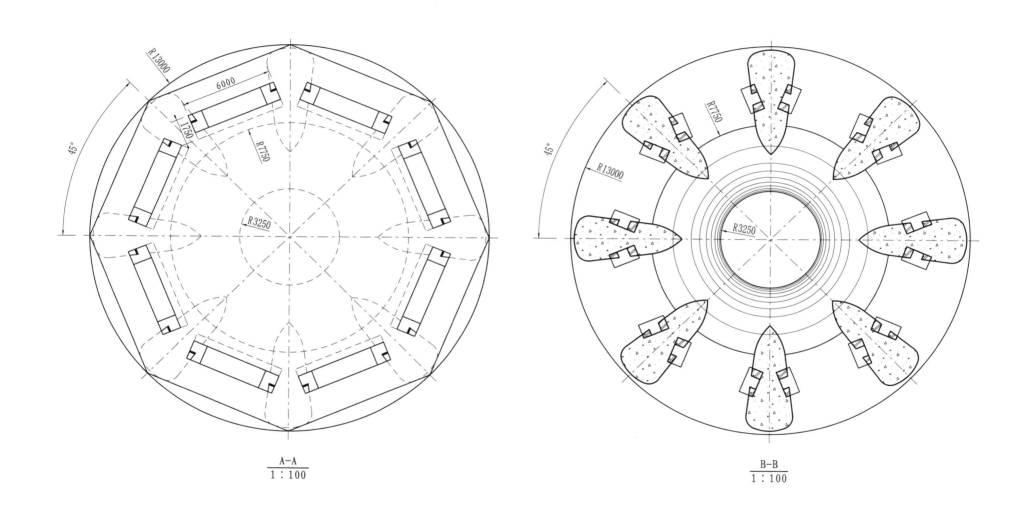

图 9-7　上水库进 / 出水口结构布置图一（方案三）

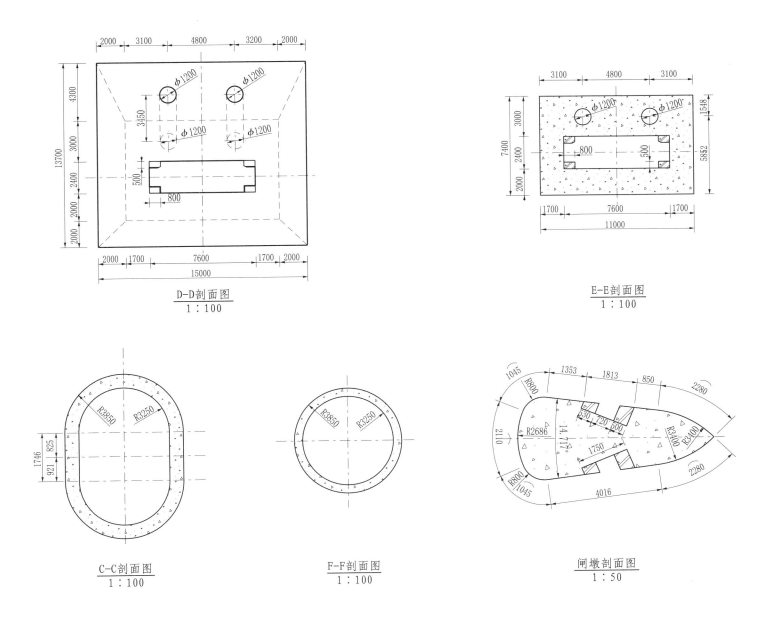

图 9-8　上水库进 / 出水口结构布置图二（方案三）

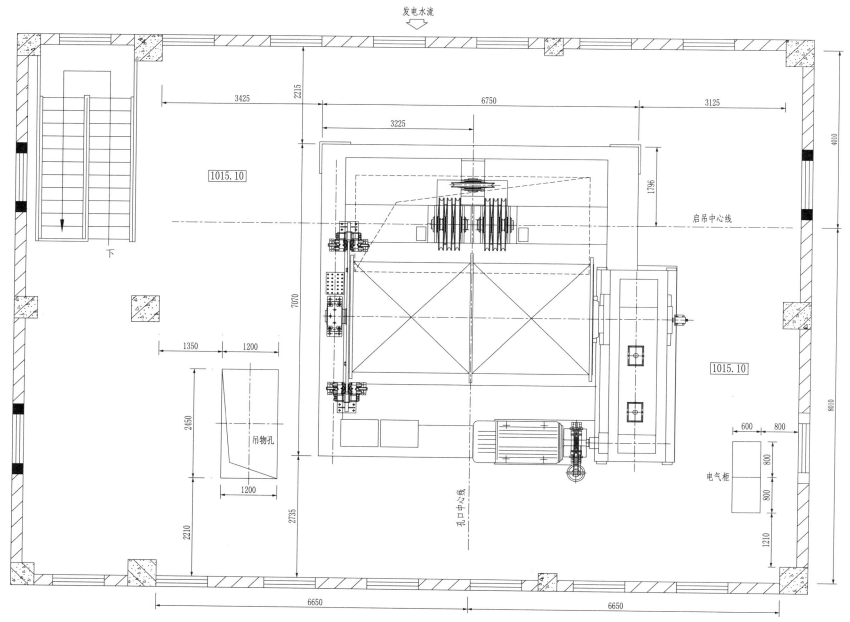

图 9-9 上水库进 / 出水口闸门启闭机室设备布置图（方案三）

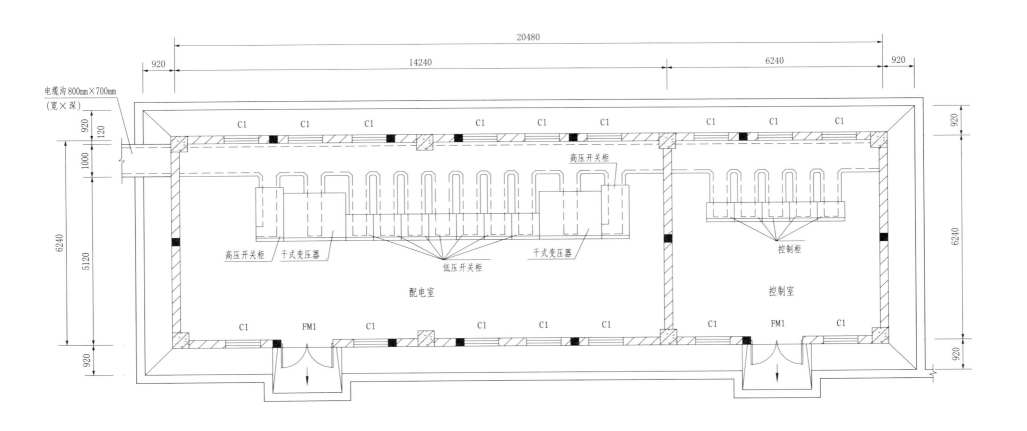

图 9-10 上水库进 / 出水口配电房电气设备布置图（方案三）

9.2 方案四（四台机，一洞两机，竖井式，闸门布置在水库内）

9.2.1 设计说明

9.2.1.1 总的部分

本方案为通用设计方案四，主要对应装机 4 台，引水系统采用一洞两机方式供水，进口不设拦污栅的抽水蓄能电站工程上水库竖井式进／出水口（闸门布置在水库内）的布置设计。

9.2.1.2 土建部分

本方案由两个竖井式进／出水口并排布置而成，进／出水口主要由进水池段、喇叭口段（含事故闸门）、竖井段、弯管段、连接扩散段、闸门启闭机排架与机房、交通桥、配电房等组成。

进水池段由库底水平段、中间反坡段和进口水平段 3 段组成。库底水平段高程同库底高程 975.10m；中间反坡段长 20m，坡比 1∶5；进口水平段高程 971.10m，中间矩形尺寸 40m×40m，两端采用半圆连接，圆弧半径 20m。为防止明渠段淤沙进入流道，该段与进口底板连接处设有 1.0m 深的沉沙池。进水池底板采用素混凝土护底，厚 0.5m。

塔体段主要由顶盖（含整流锥）、径向分流隔墩、底板、事故闸门及喇叭口组成。顶盖采用圆形，直径 28m，板厚 1.5m，顶部高程 979.50m，低于水库死水位 1.5m，其中心正下方、喇叭口正上方设有整流锥。进／出水口共设有 8 扇事故闸门，孔口尺寸 4.8m×5.4m（宽×高）。分流隔墩头部形状为三心圆弧，尾部采用尖圆形，以减小进／出水口水头损失。事故闸门后分流墩尾部设有 8φ0.8m 通气孔。底板为圆形，直径 28m，厚 2.0m。喇叭口采用 1/4 椭圆曲线，长半径 22.5m，短半径 4.5m。

喇叭口段下方紧接竖井段。竖井段又称直管段，为内径 6.5m 的圆形隧洞，钢筋混凝土衬砌厚 1.0m，井高 13m。

竖井段后接弯管段。弯管段采用肘型管，其末端断面流速 4.88m/s。为使出流时水流经过弯管段后不致产生严重分离，使得上部各出口出流均

匀，在隧洞段与弯管段间设置双向连接扩散段。连接扩散段长 10m，单侧扩散角 4.5°。

闸门启闭机排架顶部高程同大坝坝顶高程 998.60m，高 19.1m。事故闸门采用 8 台固定卷扬式启闭机启闭，单台启闭机容量 1250kN。启闭机房排架采用圆形框架结构，高 13m，共设 3 层联系梁，层高 4.33m。启闭机室采用钢筋混凝土框架结构，外径 34m，内径 13m，机房高 7.0m。为方便启闭机的检修与维护，机房内设有可移动式检修吊，最大起吊重量 30kN。检修吊采用圆弧轨道，轨距 7.0m。

上闸门塔顶操作平台以及两塔顶之间布置有交通桥。交通桥按单向行车设计，桥面宽 5.7m，共 2 跨。交通桥桥面梁采用现浇整体式钢筋混凝土 T 形简支梁，梁肋根数为 3 根，桥面梁高 1.7m，防水混凝土铺装层厚 120mm。

上水库进／出水口配电房由配电室与控制室组成，平面尺寸 20.48m×6.24m（长×宽），高 4.6m。配电房与启闭机室的建筑设计见本通用设计第 4 篇相关内容。

9.2.1.3 金属结构部分

本方案上水库进／出水口设置有事故闸门及其启闭设备。

本方案考虑上水库没有天然来流，无污物源，也无高坡滚石和泥石流等不安全因素的存在情况，进／出水口不设置拦污栅。

1. 上水库进／出水口事故闸门

上水库设有 2 个竖井式进／出水塔，每个进／出水塔分隔成 8 个孔口，设有 8 孔 8 扇事故闸门，共计 16 扇事故闸门，该闸门能在球阀或高压管道等出现事故时动水下门，切断水流，防止事故扩大。当球阀或管道等需要检修时，该闸门也可在静水中闭门。

闸门门型为潜孔式平面滑动闸门，孔口尺寸为 4.8m×5.4m，底板高程 972.60m，设计洪水位 996.55m，设计水头为 23.95m。闸门梁系采用实腹式同层布置，面板布置在上水库侧，顶、侧水封布置在竖井侧，底水封布置在上水库侧，利用水柱动水闭门。闸门主支承钢基铜塑复合滑道、反向弹性滑块（头部镶嵌低摩复合材料）、侧向简支轮。

闸门操作条件为动水闭门，门顶设有充水阀，充水平压后静水启门。平时利用电动推杆操作的锁定装置锁定在孔口顶部。闸门及锁定装置可现场启闭操作，亦可远方自动闭门操作。

2. 上水库进 / 出水口事故闸门启闭设备

闸门启闭机型式为固定卷扬式启闭机，采用一门一机型式，共 16 台，布置在排架高程 1011.60m 平台的机房中。启闭机容量为 1250kN，扬程约为 30.0m，启闭速度约为 2.0m/min。为确保安全，每台启闭机均设两套制动器，1 套为工作制动器，另 1 套为安全制动器。在圆形框架结构的启闭机室顶部设置有可移动式检修吊，最大启吊重量 30kN，检修吊采用圆弧轨道，轨距 7.0m，用于卷扬式启闭机的检修和维护。

9.2.1.4　电气一次部分

电气一次设计包括上水库进 / 出水口用电系统、配电房选址及电气设备的布置设计。

1. 上水库进 / 出水口用电系统

上水库进 / 出水口用电供电电压采用 0.4kV 一级电压供电。

上水库进 / 出水口用电系统共有 2 个电源，分别取自厂用 10.5kV 母线 I、III 段，0.4kV 侧采用单母线分段接线。

2. 配电房选址

上水库进 / 出水口配电房宜靠近负荷中心，优先考虑布置在进 / 出水口平台上，既便于电缆的敷设，也便于运行管理。

3. 电气设备布置

上水库进 / 出水口配电房设配电室和控制室，配电室内布置有 10kV 开关柜、干式变压器和低压配电盘，控制室内布置有控制盘柜。上水库进 / 出水口配电房内设室内电缆沟，并与户外电缆沟相连。

9.2.1.5　电气二次部分

上水库进 / 出水口设 220V 直流系统 1 套、上水库 LCU（现地监控单元）1 套。220V 直流系统由 1 面蓄电池柜、1 面直流充馈电柜组成（也可采用一体化电源设备），布置于上水库进 / 出水口配电室。上水库 LCU 柜、光

配线架及工业电视控制柜布置于上水库配电室。上水库进 / 出水口事故闸门每扇门设 1 套启动控制系统，布置于进 / 出水口各事故闸门启闭机机房内。

上水库 LCU 监控对象为：上水库进 / 出水口事故闸门、上水库水位、上水库水温、上水库配电设备和上水库直流电源系统等。

上水库 220V 直流系统负荷为：上水库 10kV 及 0.4kV 配电开关柜、上水库 LCU 柜、事故应急照明等。

9.2.2　主要设备清册

清册汇入了电气一次、电气二次与金属结构主要设备，其中桥架、电缆、管路、管架等材料未列入清册。电气一次主要设备清册见表 9-5，电气二次主要设备清册见表 9-6，金属结构主要设备清册见表 9-7。

表 9-5　　　　　　　电气一次主要设备清册

序号	设备名称	技术参数	单位	数量	布置地点	备注
1	高压开关柜	10.5kV	面	2	上水库配电房	
2	上水库干式变压器	SCB11-500kVA 10.5±2×2.5%/0.4kV D，yn11	台	2	上水库配电房	
3	低压配电盘	0.4kV，抽屉式开关柜	面	7	上水库配电房	

表 9-6　　　　　　　电气二次主要设备清册

序号	设备名称	技术参数	单位	数量	布置地点	备注
1	上水库 LCU		套	1	上水库配电房	
2	启闭机启动控制系统		套	1	上水库启闭机室	每台启闭机设一套控制系统
3	直流系统		套	1	上水库配电房	电池柜及馈电柜各一面
4	光配线架		面	1	上水库配电房	
5	工业电视控制柜		面	1	上水库配电房	

表 9-7　　　　　　　　　　　金属结构主要设备清册

序号	设备名称	技术参数	单位	数量	布置地点	备注
1	上水库进/出水口事故闸门	6.0m×6.5m-23.95m	扇	16	竖井式进/出水塔	
2	上水库进/出水口事故闸门门槽埋件		孔	16	竖井式进/出水塔	
3	上水库进/出水口事故闸门启闭机	1250kN 固定卷扬式启闭机	台	16	排架高程 1011.60m 平台的机房中	
4	机房检修吊	30kN 可移动式	台	1	启闭机房顶部	含轨道

9.2.3　使用说明

9.2.3.1　概述

为了更好地使用本通用设计,特编制通用设计使用说明。通用设计使用说明重点是对设计方案的选用、设计方案的使用条件、设计方案的调整等内容进行具体说明,以方便使用者在具体的工程设计时使用。

各设计单位设计人员在使用本通用设计文件时,要根据具体工程的水文地质条件与枢纽布置实际情况,在安全可靠、技术先进、投资合理、标准统一、运行高效的设计原则下,进一步强化工程安全、投资节约、提高效率、降低运行成本的思路,对方案中的各种条件进行研究分析,形成符合实际要求的抽水蓄能电站工程上、下水库进/出水口布置设计。

本通用设计可用于实际工程的可行性研究与招标设计阶段,使用时还应与现行国家或行业标准等相关内容配套使用。使用者可根据实际工程适用条件、前期工作确定的原则进行分析,若实际工程的基本技术条件符合方案基本技术条件,便可直接采纳或稍加修改后作为抽水蓄能电站的本体设计;若通用设计中未包括的或因实际工程条件不同而变化较大时,则应按照本通用设计第5章规定的主要设计原则,对变化大的部分进行调整,完成整体设计。具体见9.2.3.2～9.2.3.5节中各专业的使用边界条件及特殊说明。

9.2.3.2　土建部分

(1)本方案适应装机4台,单机额定流量81m³/s,引水系统采用一洞两机方式供水,进口不设拦污栅的抽水蓄能电站工程上水库竖井式进/出水口(闸门布置在水库内)的布置设计。若机组额定流量有较大差别,则应按照本通用设计第5章规定的主要设计原则重新复核并重拟进/出水口主要建筑物的结构尺寸与控制高程。

(2)本方案假定进/出水口地基为岩基,进/出水口边坡稳定,不考虑特殊地质条件下的基础处理和边坡开挖支护。工程实际设计时,应根据具体工程的实际地形地质条件、水文地质条件,采取合理的开挖坡比与支护措施,确保边坡安全稳定。边坡通常可采用锚喷支护、钢筋混凝土面板、网格梁植草等措施。

(3)本方案闸门启闭机室与配电房的外观设计采用现代设计风格,启闭机排架采用"开放式"。工程实际设计时,应根据工程实际所处地理位置、气候特点以及电站周边环境或景区规划,按照第4篇建筑设计所规定的设计原则与要求,选择并形成符合实际要求的外观设计方案,使之保持与工程所在地及风景区的建筑风格和气候特点相协调。

(4)考虑进/出水口配电房位置选择受进/出水口地形地质等条件影响较大,本方案未考虑配电房的具体位置,配电房实际选址时应对方案中的各种条件进行研究分析,并参照本报告第1篇第5章规定的主要设计原则,形成符合实际要求的配电房选址设计。

9.2.3.3　金属结构部分

(1)本方案适用上水库没有天然来流,无污物源,可不设置拦污栅的情况。工程实际设计时,应根据具体工程的实际情况,确定是否设置拦污栅以及拦污栅的启吊设备。

(2)本方案闸门和启闭机选型与启闭机的布置只适用于本方案。工程实际设计时,应根据具体工程实际情况,按照本通用设计第5章规定的主要设计原则,重新复核并选择确定启闭机型式、参数及其排架高度。

(3)本方案启闭机室顶部设置有可移动式检修吊,用于卷扬式启闭机的检修和维护。工程实际设计时，应根据工程实际情况综合考虑是在机房顶部设置锚钩还是设置机房可移动式检修吊，用于卷扬式启闭机的检修和维护。

（4）本方案附有上水库进／出水口启闭机室机电设备布置图，图示吊物孔布置、尺寸均为参考尺寸，其实际尺寸应根据工程实际情况进行复核拟定。

9.2.3.4　电气一次部分

适用于上水库进／出水口配电房的布置设计。若上水库有泄洪设施供电需求，距离较近且未设置独立的配电房时，上水库进／出水口配电房可考虑增设柴油发电机室。

9.2.3.5　电气二次部分

按"无人值班"（少人值守）的原则进行设计。监控系统主控级和现地控制单元（上水库LCU）之间采用光纤以太网连接。直流系统接线采用单母线接线方式，蓄电池按浮充方式运行。

9.2.4　设计图

设计图目录见表 9-8。

表 9-8　　　　　　　　　设 计 图 目 录

序号	图　名	图　号
1	上水库进/出水口全景图（方案四）	图 9-11
2	上水库进/出水口俯视图（方案四）	图 9-12
3	上水库进/出水口机电设备全景图（方案四）	图 9-13
4	上水库进/出水口配电房电气设备全景图（方案四）	图 9-14
5	上水库进/出水口结构布置平面图（方案四）	图 9-15
6	上水库进/出水口结构布置纵剖面图（方案四）	图 9-16
7	上水库进/出水口结构布置图一（方案四）	图 9-17
8	上水库进/出水口结构布置图二（方案四）	图 9-18
9	上水库进/出水口结构布置图三（方案四）	图 9-19
10	上水库进/出水口闸门启闭机室设备布置图（方案四）	图 9-20
11	上水库进/出水口配电房电气设备布置图（方案四）	图 9-21

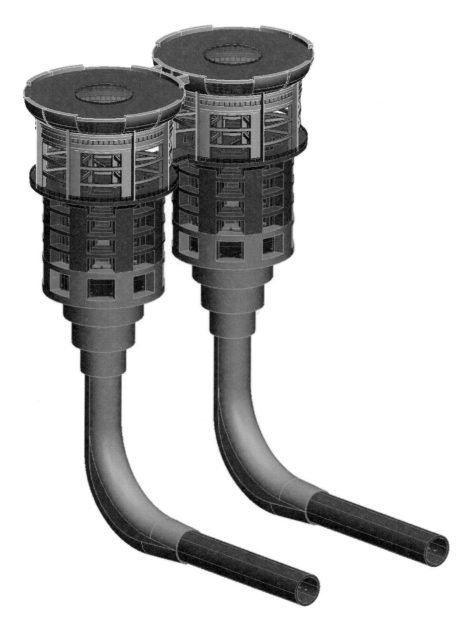

图 9-11 上水库进 / 出水口全景图（方案四）

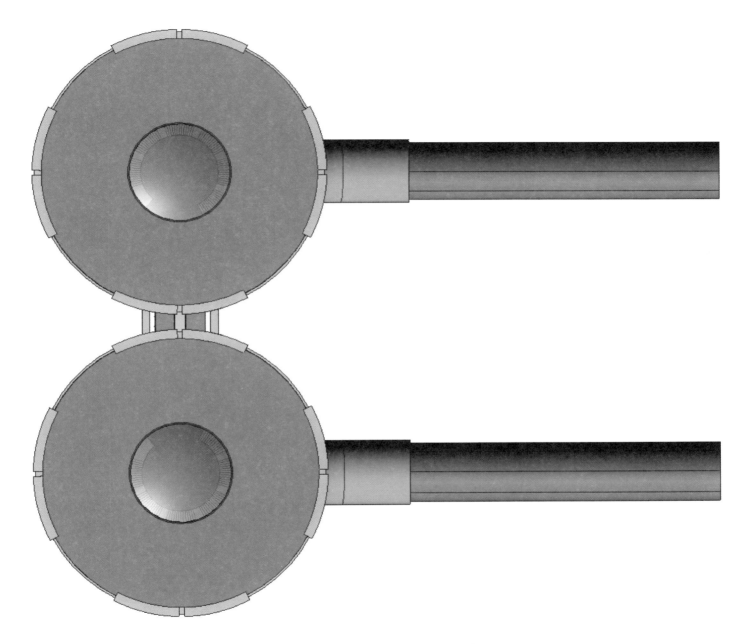

图 9-12　上水库进 / 出水口俯视图（方案四）

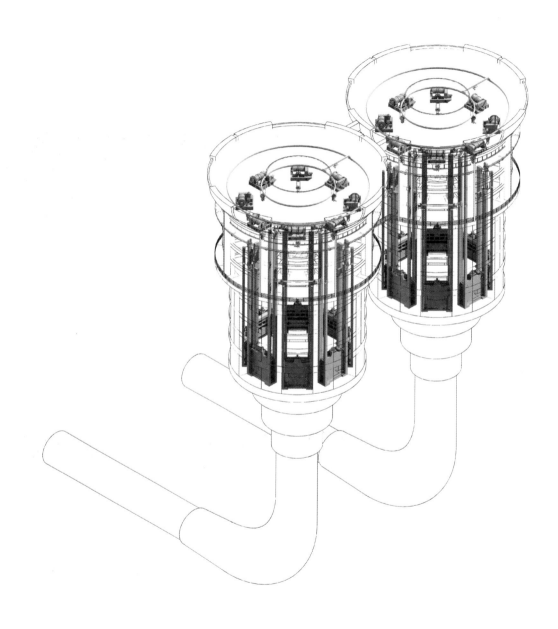

图 9-13　上水库进 / 出水口机电设备全景图（方案四）

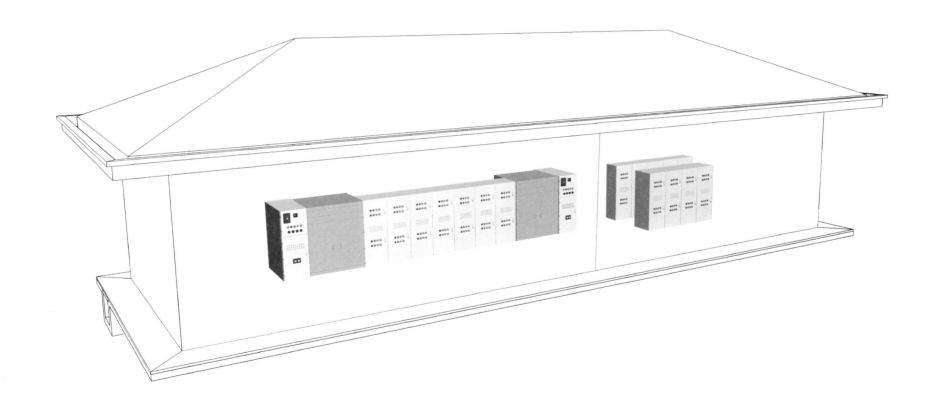

图 9-14　上水库进 / 出水口配电房电气设备全景图（方案四）

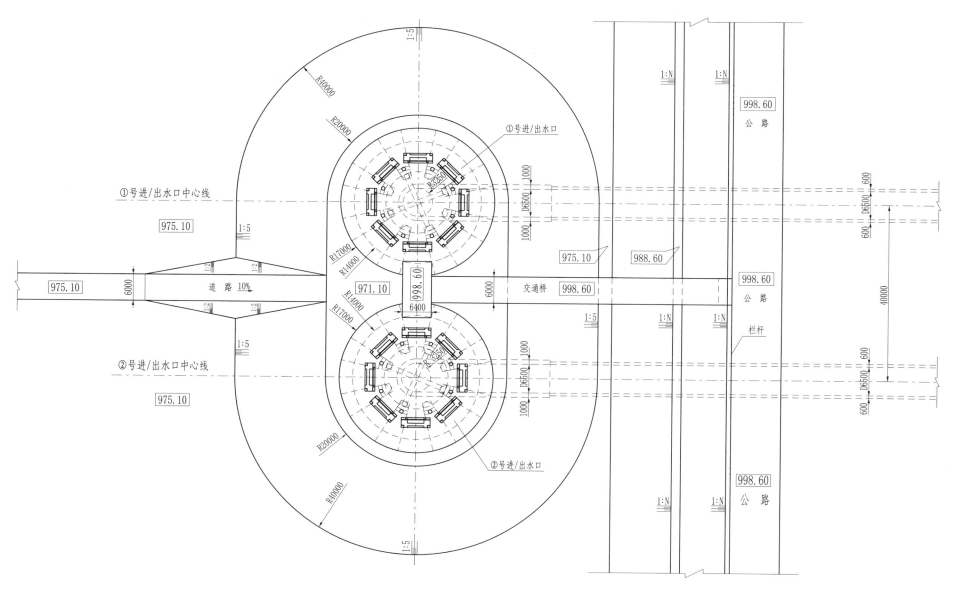

图 9-15　上水库进 / 出水口结构布置平面图（方案四）

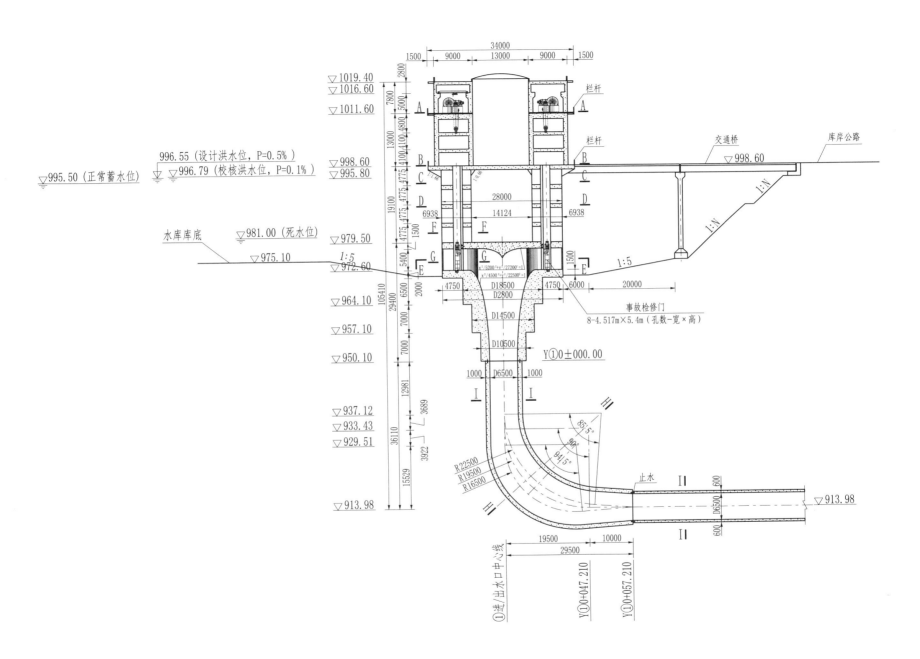

图 9-16　上水库进/出水口结构布置纵剖面图（方案四）

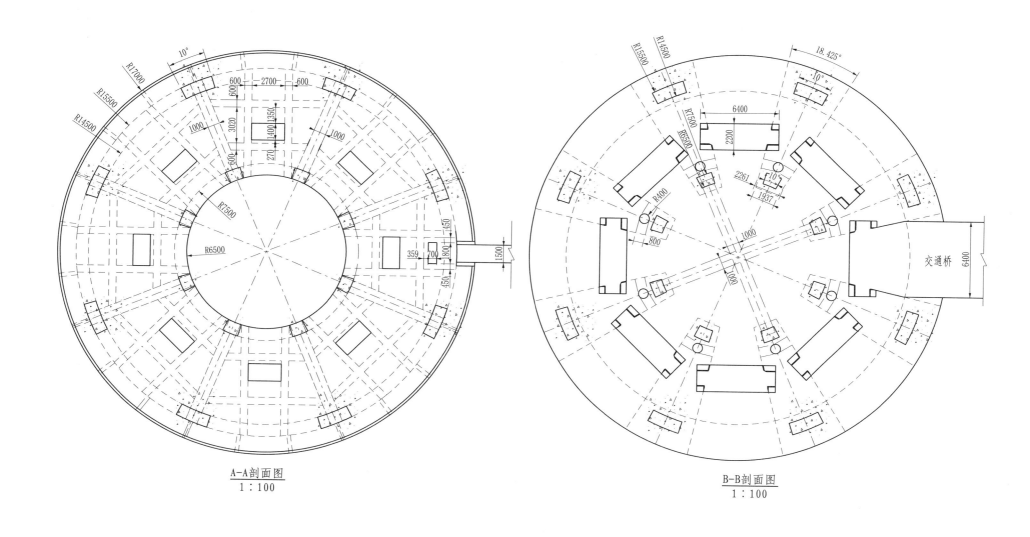

A–A剖面图
1:100

B–B剖面图
1:100

图 9-17　上水库进/出水口结构布置图一（方案四）

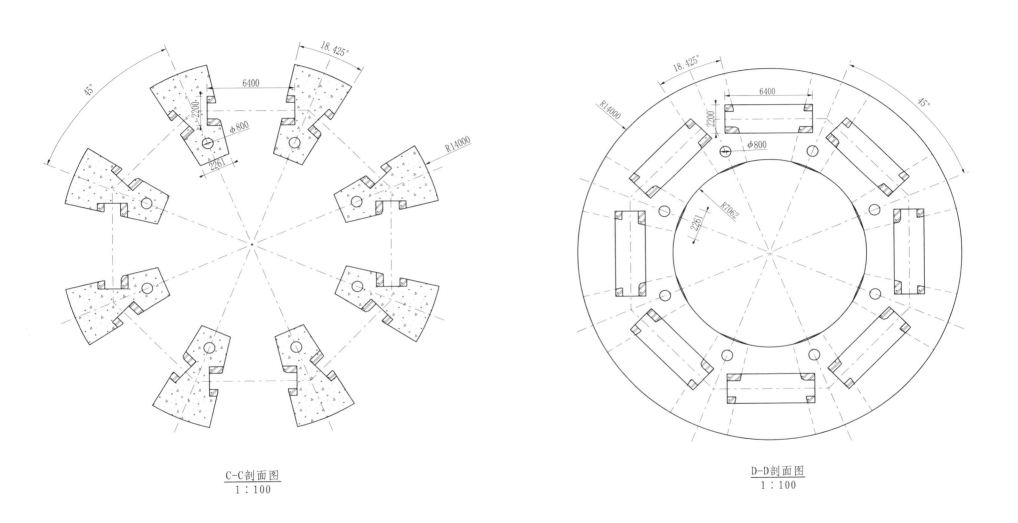

图 9-18　上水库进 / 出水口结构布置图二（方案四）

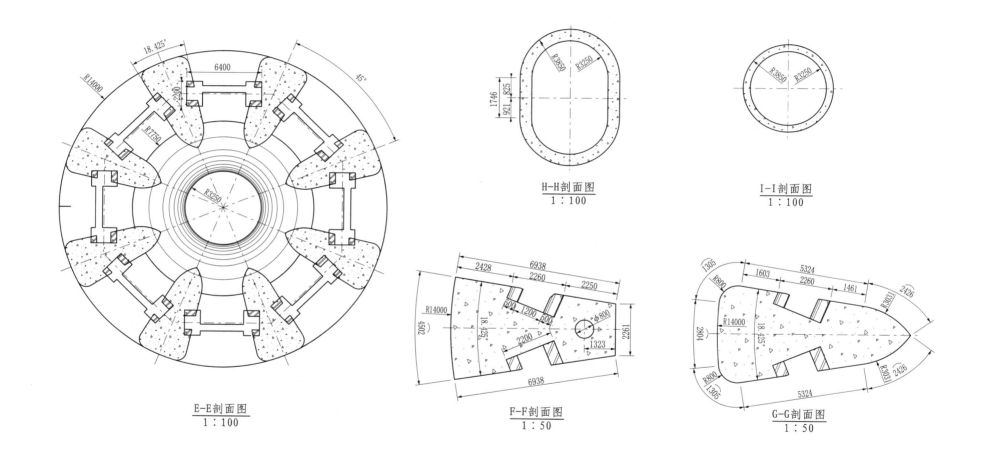

E-E剖面图
1:100

H-H剖面图
1:100

I-I剖面图
1:100

F-F剖面图
1:50

G-G剖面图
1:50

图9-19　上水库进/出水口结构布置图三（方案四）

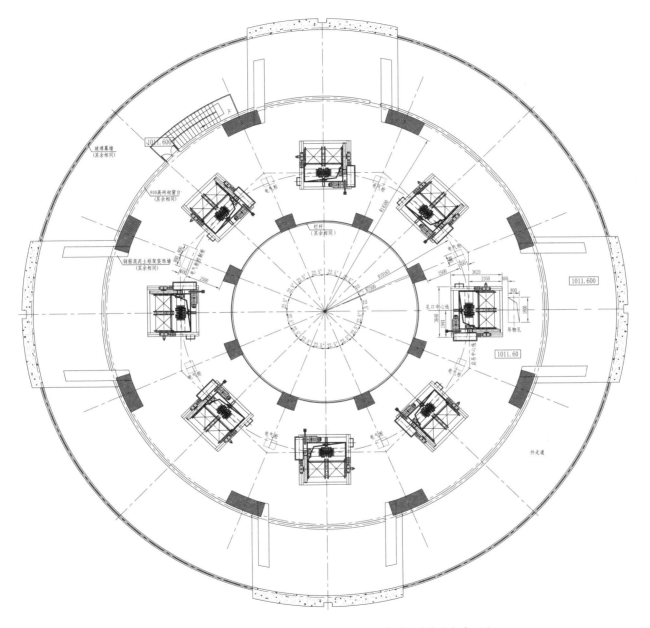

图 9-20　上水库进 / 出水口闸门启闭机室设备布置图（方案四）

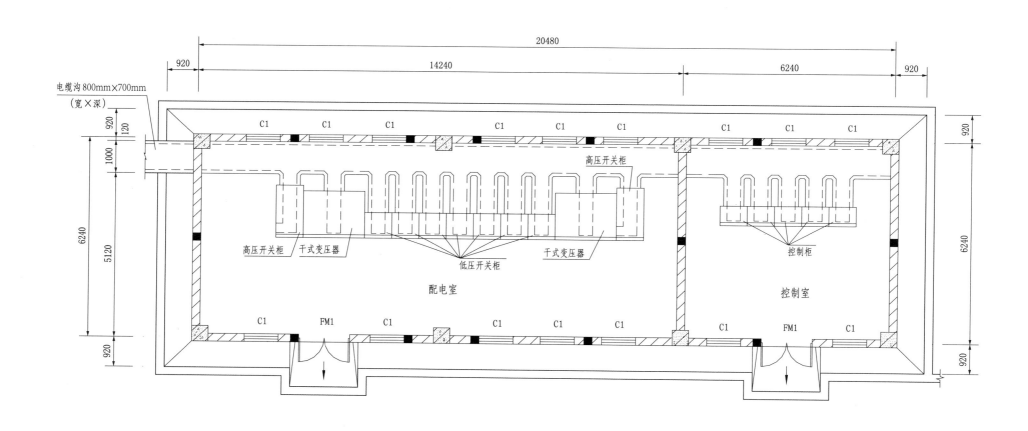

电缆沟800mm×700mm
(宽×深)

C1 C1 C1 C1 C1 C1 C1 C1 C1

高压开关柜

高压开关柜 干式变压器 干式变压器

低压开关柜

控制柜

配电室

控制室

C1 FM1 C1 C1 C1 C1 C1 FM1 C1

20480

920 14240 6240 920

920
120
1000
6240
5120
920

920
6240
920

图 9-21　上水库进 / 出水口配电房电气设备布置图（方案四）

第3篇 下水库进/出水口

第10章 概 述

10.1 总的部分

抽水蓄能电站枢纽工程主要由上水库工程、输水系统工程、地下厂房工程以及下水库工程组成。相对上水库而言，下水库通常具有以下特点：

(1) 水库库容通常较大，水库消落深度相对较小。

(2) 水库利用已建水库或湖泊的情况居多。

(3) 水库集水面积大，污物来源较多。

(4) 水库存在低水位或放空的时段一般较少，通常不具备库底以及进/出水口拦污栅等的维护与检修条件。

(5) 水库库岸周边地形较为陡峭，输水系统与水库连接通常具备水平向布置的地形地质条件，下水库采用侧式进/出水口情况相对较多。

(6) 尾水系统输水方式采用单机单洞或两机一洞的布置方式均较为常见。

10.2 方案说明及适用条件

针对抽水蓄能电站工程下水库的特点，本次通用设计方案拟定时，按照下水库进/出水口不同结构型式、不同输水方式以及电站装机台数，

共拟定了6个典型设计方案。考虑下水库具备竖井式进/出水口布置条件的情况较为少见，且水库集水面积通常较大，污物来源较多，典型方案拟定时全部考虑侧式进/出水口，方案五～方案八拦污设施按设置拦污栅、不设永久启吊设备进行方案设计；方案九与方案十则按设置拦污栅，同时设永久启吊设备进行方案设计。若下水库不满足侧式进/出水口地形地质条件，需采用竖井式进/出水口时，则可参照上水库竖井式进/出水口进行方案设计；若方案五～方案八需设拦污栅永久启吊设备，或者方案九、方案十不需设拦污栅永久启吊设备时，则可相互参照进行拦污设施方案设计。下水库进/出水口各方案适用条件如下：

(1) 方案五：主要对应装机4台，尾水系统采用单机单洞方式输水，进口设拦污栅、不设永久启吊设施的抽水蓄能电站工程下水库侧式（闸门竖井式）进/出水口的布置设计。

(2) 方案六：主要对应装机4台，尾水系统采用单机单洞方式输水，进口设拦污栅、不设永久启吊设施的抽水蓄能电站工程下水库侧式（岸塔式）进/出水口的布置设计。

(3) 方案七：主要对应装机4台，尾水系统采用两机一洞方式输水，进口设拦污栅、不设永久启吊设施的抽水蓄能电站工程下水库侧式（闸门

（4）方案八：主要对应装机 4 台，尾水系统采用两机一洞方式输水，进口设拦污栅、不设永久启吊设施的抽水蓄能电站工程下水库侧式（岸塔式）进／出水口的布置设计。

（5）方案九：主要对应装机 6 台，尾水系统采用两机一洞方式输水，

进口设拦污栅、同时设永久启吊设施的抽水蓄能电站工程下水库侧式（闸门竖井式）进／出水口的布置设计。

（6）方案十：主要对应装机 6 台，尾水系统采用两机一洞方式输水，进口设拦污栅、同时设永久启吊设施的抽水蓄能电站工程下水库侧式（岸塔式）进／出水口的布置设计。

第 11 章 侧式进／出水口

11.1　方案五（四台机，单机单洞，闸门竖井式布置）

11.1.1　设计说明

11.1.1.1　总的部分

本方案为通用设计方案五，主要对应装机 4 台，尾水系统采用单机单洞方式输水，进口设拦污栅、不设永久启吊设施的抽水蓄能电站工程下水库侧式（闸门竖井式）进／出水口的布置设计。

11.1.1.2　土建部分

本方案由 4 个侧式（闸门竖井式）进／出水口并排布置而成，进／出水口主要由引水明渠段、防涡梁段（含拦污栅）、扩散段、隧洞段、闸门段、渐变段、闸门启闭机排架与机房、配电房等组成。

引水明渠段长 38.8m，由出口水平段、中间反坡段和进口水平段 3 段组成。出口水平段高程 522.00m，长 8.8m，宽 96.174m，为防止库底淤泥进入流道，其前端设有 2.5m 高的混凝土拦沙坎；中间反坡段长 10m，坡比 1：10；进口水平段高程 521.00m，长 20m，宽 90.4m，为防止明渠段淤沙进入流道，该段与进口拦污栅段连接处设有 1.0m 深的沉沙池。引水明渠反坡段与进口水平段两侧扩散角 5°，底板采用素混凝土护底，厚 0.5m。

防涡段底板高程 522.00m，长 11.2m（含拦污栅段），高 10m，共设置 4 根矩形钢筋混凝土防涡梁。防涡梁梁体宽 1.5m，高 1.5m，梁净间距

1.04m，梁上最小淹没水深 2.5m。拦污栅段宽 5.7m，高 5.0m，顶部设检修平台，宽 8.75m，平台高程 534.00m，高出死水位 1.0m。拦污栅检修与水库的维护相结合，利用施工临时道路改建的检修通道运送临时启吊设备至检修平台启吊拦污栅。单个进／出水口拦污栅由中墩和边墩分隔成 3 孔，尺寸 5.0m×7.0m（宽×高），其中中墩宽 1.8m，边墩宽 2.0m，前缘总宽 22.6m，最大过栅净流速约 1.10m/s。拦污栅中墩与边墩墩头采用半圆形，有利于减小进／出水口水头损失。

扩散段采用扁平钢筋混凝土箱形结构，长 27m，断面为矩形，内设 2 个分流隔墙，孔口尺寸由 18.6m×7.0m（宽×高）收缩为 4.8m×5.2m（宽×高）。扩散段两侧边墙宽 1.2m，隔墩宽 1.0m，底板厚 1.2m，顶板厚 1.0m。扩散段平面收缩角 28.671°，立面采用顶部单侧扩张，顶板扩张角 3.814°。

隧洞段位于扩散段与闸门段之间，长 26.81m，断面为 4.8m×5.2m（宽×高）的矩形，采用钢筋混凝土衬砌，厚 1.0m。

闸门井段长 15m，宽 9.5m，顶部高程同大坝坝顶高程 552.30m，井深 32.30m，闸门井内设事故闸门与检修闸门各一道，闸门孔口尺寸 4.8m×5.2m。事故闸门后设置 2φ0.8m 通气孔。事故闸门采用固定卷扬式启闭机启闭，启闭机容量 2000kN；检修闸门采用门机启闭。四个检修门槽孔口共设一扇检修闸门，门库布置于②、③进／出水口闸门井之间，尺寸 2.2m×6.4m×8.0m（宽×长×高）。启闭机房排架采用钢筋混凝土框架结构，高 13m，共设 3 层联系梁，层高 4.33m。启闭机室采用钢筋混

凝土框架结构，顺水流向宽 8.1m，垂直水流向长 9.5m，机房高 6.5m。为方便巡视检修，各启闭机房间采用联系廊道连接，廊道宽 1.8m。

闸门井后设渐变段与引水隧洞相接。渐变段长 10m，断面由 4.8m×5.2m 矩形渐变为直径 5.2m 的圆。

下水库进／出水口配电房由配电室与控制室组成，平面尺寸 20.48m×6.24m（长×宽），高 4.6m。配电房与启闭机室的建筑设计见本书第 4 篇相关内容。

11.1.1.3 金属结构部分

本方案下水库进／出水口设置有拦污栅、事故闸门、检修闸门及其启闭设备。

1. 下水库进／出水口事故闸门

当电站机组的尾水隧洞较短，采用单机单洞布置时，为检修机组或尾水隧洞时能封堵下水库的水源或当地下厂房内与尾水隧洞相连接的管路等部件出现事故时，能动水截断下水库的水流，达到保护机组、避免水淹厂房等事故的发生，在每个尾水隧洞出口处设置一套事故闸门。

事故闸门系平面滑动式闸门，闸门处孔口尺寸为 4.8m×5.2m，底坎高程 522.00m，设计水位 550.620m，设计水头 28.62m。事故门门体的梁系为实腹式同层布置，门叶面板布置在下水库侧，顶、侧水封布置在厂房侧，底水封布置在下水库侧，利用水柱动水闭门。闸门主支承钢基铜塑复合滑道、反向弹性滑块（头部镶嵌低摩复合材料）、侧向简支轮。

闸门操作条件为动水闭门，门顶设有充水阀，用于充水平压后静水启门。事故闸门平时悬挂在孔口上，用启闭机的制动装置制动。

2. 下水库进／出水口事故闸门启闭机

事故闸门启闭机系固定卷扬式启闭机，一台启闭机操作一扇闸门，启闭机布置在排架高程 565.30m 平台的机房中。启闭机容量为 2000kN，扬程约为 35.0m，启闭速度为 0.5～5m/min（变频调速）。为确保安全，设两套制动装置，一套为工作制动器，另一套为安全制动器。启闭机可现场操作，亦可远方操作。为避免误操作，在球阀与事故闸门之间设置互相闭锁装置，即只有在球阀关闭状态时，事故闸门关闭指令才能执行；只有事

故闸门在全开状态时，球阀的打开指令才能执行。在每个启闭机室顶部设置有锚钩并配有手拉葫芦，用于卷扬式启闭机的检修和维护。

3. 下水库进／出水口检修闸门

在下水库事故闸门的下水库侧设置一道检修闸门，以便在机组大修时，封堵来自下水库的水源，为检修事故闸门和门槽及其启闭机提供条件。每个尾水隧洞出口处均设置 1 套检修闸门门槽，4 套门槽共用 1 扇闸门。

闸门门型为潜孔式平面滑动式闸门，闸门处孔口尺寸为 4.8m×5.2m，底坎高程 522.00m，设计水位 550.620m，设计水头 28.62m。门体的梁系为实腹式同层布置，闸门面板及水封布置在厂房侧。闸门主支承为复合滑道、反向弹性滑块（头部镶嵌低摩复合材料）、侧向简支轮。

闸门门顶设有充水阀充水平压，静水启闭，用单向门式启闭机操作，闸门平时存放在检修闸门门库内。

4. 下水库进／出水口检修闸门单向门机

下水库进／出水口布置 1 台 500kN 的检修闸门单向门式启闭机，用于下水库进／出水口检修闸门的启闭操作。门机容量 500kN，启闭速度 0.2～2m/min，扬程约 34.0m，门机轨距 5m，行走速度 2～20m/min，门机轨道安装在闸门井高程 552.30m 平台上。

门机供电方式采用电缆卷筒供电，控制方式采用现地控制方式。

5. 下水库进／出水口拦污栅

为确保机组免遭意外污物进入而引起破坏，每条引水隧洞进／出水口设 3 孔 3 套拦污栅，共计 12 扇下水库进／出水口拦污栅。

根据水工专业初拟拦污栅孔口尺寸，按照本通用设计第 5 章规定的进／出水口拦污栅过栅流速不大于 1.2m/s 设计原则，本方案拦污栅孔口尺寸定为 5.0m×7.0m（宽×高），底板高程 522.00m。拦污栅按 5m 水头差设计，拦污栅主框架采用焊接流线型箱型梁，栅条与主框架焊接。为抑制拦污栅的振动，利用锲形滑块和锲形栅槽配合将拦污栅卡紧在埋件上。

拦污栅主支承和反向支承均为 MGE 复合材料滑块，栅体材料 Q345B；栅槽主、反支承座板材料 1Cr18Ni9Ti，其余材料为 Q235B。

拦污栅检修可与水库的维护相结合，将拦污栅检修平台设在下水库维护水位以上，利用施工临时道路改建的检修通道运送临时启吊设备至检修

平台启吊拦污栅。

11.1.1.4 电气一次部分

电气一次设计包括下水库进/出水口用电系统、配电房选址及电气设备的布置设计。

1. 下水库进/出水口用电系统

下水库进/出水口用电供电电压采用 0.4kV 一级电压供电。

下水库进/出水口用电系统共有 2 个电源，分别取自厂用 10.5kV 母线 I、III段，0.4kV 侧采用单母线分段接线。

2. 配电房选址

下水库进/出水口配电房宜靠近负荷中心，并宜优先考虑布置在下水库进/出水口平台上，便于电缆的敷设和运行管理。

3. 电气设备布置

下水库进/出水口配电房设配电室和控制室，配电室内布置有 10kV 开关柜、干式变压器和低压配电盘，控制室内布置有控制盘柜。下水库进/出水口配电房内设室内电缆沟，并与户外电缆沟相连。

11.1.1.5 电气二次部分

下水库进/出水口设 220V 直流系统 1 套、下水库 LCU（现地监控单元）1 套。220V 直流系统由 1 面蓄电池柜、1 面直流充馈电柜组成（也可采用一体化电源设备）布置于下水库配电室。下水库 LCU 柜、光配线架及工业电视控制柜也布置于下水库配电室。下水库进/出水口每扇事故闸门设 1 套启动控制系统，布置于各进/出水口闸门启闭机机房内。

下水库 LCU 监控对象为：下水库进/出水口事故闸门、下水库水位、下水库水温、下水库配电设备和下水库直流电源系统等。

下水库 220V 直流系统负荷为：下水库 10kV 及 0.4kV 配电开关柜、下水库 LCU 柜、事故应急照明等。

11.1.2 主要设备清册

清册汇入了电气一次、电气二次与金属结构主要设备，其中桥架、电缆、管路、管架等材料未列入清册。电气一次主要设备清册见表 11-1，电气二次主要设备清册见表 11-2，金属结构主要设备清册见表 11-3。

表 11-1   电气一次主要设备清册

序号	设备名称	技术参数	单位	数量	布置地点	备注
1	高压开关柜	10.5kV	面	2	下水库配电房	
2	下水库干式变压器	SCB11-800kVA 10.5±2×2.5%/0.4kV D, yn11	台	2	下水库配电房	
3	低压开关柜	0.4kV，抽屉式开关柜	面	8	下水库配电房	

表 11-2   电气二次主要设备清册

序号	设备名称	技术参数	单位	数量	布置地点	备注
1	下水库 LCU		套	1	下水库配电房	
2	启闭机启动控制系统		套	1	下水库启闭机室	每台启闭机设一套控制系统
3	直流系统		套	1	下水库配电房	电池柜及馈电柜各一面
4	光配线架		面	1	下水库配电房	
5	工业电视控制柜		面	1	下水库配电房	

表 11-3   金属结构主要设备清册

序号	设备名称	技术参数	单位	数量	布置地点	备注
1	下水库进/出水口事故闸门	4.8m×5.2m-28.62m	扇	4	尾水隧洞出口处	
2	下水库进/出水口事故闸门门槽埋件		孔	4	尾水隧洞出口处	
3	下水库进/出水口事故闸门启闭机	2000kN 固定卷扬式启闭机	台	4	排架高程 565.30m 平台的机房中	
4	下水库进/出水口检修闸门	4.8m×5.2m-28.62m	扇	1	事故闸门下水库侧	
5	下水库进/出水口检修闸门门槽埋件		孔	4	事故闸门下水库侧	
6	下水库进/出水口检修闸门门库埋件		孔	1	事故闸门下水库侧	
7	下水库进/出水口检修闸门启闭机	500kN 单向门机	台	1	检修门槽顶部高程 552.30m 平台上	
8	下水库进/出水口拦污栅	5.0m×7.0m-5m	套	12	尾水隧洞进/出水口	
9	下水库进/出水口拦污栅槽埋件		孔	12	尾水隧洞进/出水口	

11.1.3 使用说明

11.1.3.1 概述

为了更好地使用本通用设计，特编制通用设计使用说明。通用设计使用说明重点是对设计方案的选用、设计方案的使用条件、设计方案的调整等内容进行具体说明，以方便使用者在具体的工程设计时使用。

各设计单位设计人员在使用本通用设计文件时，要根据具体工程的水文地质条件与枢纽布置实际情况，在安全可靠、技术先进、投资合理、标准统一、运行高效的设计原则下，进一步强化工程安全、投资节约、提高效率、降低运行成本的思路，对方案中的各种条件进行研究分析，形成符合实际要求的抽水蓄能电站工程上、下水库进／出水口布置设计。

本通用设计可用于实际工程的可行性研究与招标设计阶段，使用时还应与现行国家或行业标准等相关内容配套使用。使用者可根据实际工程适用条件、前期工作确定的原则进行分析，若实际工程的基本技术条件符合方案基本技术条件，便可直接采纳或稍加修改后作为抽水蓄能电站的本体设计；若通用设计中未包括的或因实际工程条件不同而变化较大时，则应按照本通用设计第 5 章规定的主要设计原则，对变化大的部分进行调整，完成整体设计。具体见 11.1.3.2～11.1.3.5 节中各专业的使用边界条件及特殊说明。

11.1.3.2 土建部分

（1）本方案适应装机 4 台，单机额定流量 $81m^3/s$，尾水系统采用单机单洞方式输水，进口设拦污栅不设永久启吊设备的抽水蓄能电站工程下水库侧式（闸门竖井式）进／出水口的布置设计。若机组额定流量有较大差别，则应按照本通用设计第 5 章规定的主要设计原则重新复核并重拟进／出水口主要建筑物的结构尺寸与控制高程。

（2）本方案假定进／出水口地基为岩基，进／出水口边坡稳定，不考虑特殊地质条件下的基础处理和边坡开挖支护。工程实际设计时，应根据具体工程的实际地形地质条件、水文地质条件，采取合理的开挖坡比与支护措施，确保边坡安全稳定。边坡通常可采用锚喷支护、钢筋混凝土面

板、网格梁植草等措施。

（3）本方案闸门启闭机室与配电房的外观设计采用古典设计风格，启闭机排架采用"开放式"。工程实际设计时，应根据工程实际所处地理位置、气候特点以及电站周边环境或景区规划，从第 4 篇建筑设计组合形成的"古典＋开放""古典＋封闭""现代＋开放"和"现代＋封闭"4 种不同设计风格中，选择并形成符合实际要求的外观设计方案，使之保持与工程所在地及风景区的建筑风格和气候特点相协调。

（4）考虑进／出水口配电房位置选择受进／出水口地形地质等条件影响较大，本方案未考虑配电房的具体位置，配电房实际选址时应对方案中的各种条件进行研究分析，并参照本书第 1 篇第 5 章规定的主要设计原则，形成符合实际要求的配电房选址设计。

11.1.3.3 金属结构部分

（1）本方案适应装机 4 台，单机额定流量 $81m^3/s$，尾水系统采用单机单洞方式输水，进口设拦污栅不设永久启吊设备的抽水蓄能电站工程下水库侧式（闸门竖井式）进／出水口的布置设计。若机组额定流量有变化，则应按照本通用设计第 5 章规定的主要设计原则重新复核并重拟进／出水口拦污栅孔口尺寸。

（2）本方案假定下水库天然来流较小，污物较少，且下水库维护时的水位在拦污栅检修平台以下，拦污栅的清污、维护或更换可与水库的维护相结合，可利用施工临时道路改建的检修通道运送临时启吊设备至检修平台启吊拦污栅。工程实际设计时，应根据具体工程的实际情况及拦污栅在下水库建筑物中的布置，确定拦污栅的启吊设备是采用临时启吊设备还是永久启吊设备。

（3）本方案闸门和启闭机选型与启闭机的布置只适用于本方案。工程实际设计时，应根据具体工程实际情况，按照本通用设计第 5 章规定的主要设计原则，重新复核并选择确定启闭机型式、参数及其排架高度。

（4）本方案启闭机室顶部设置有锚钩并配有手拉葫芦，用于卷扬式启闭机的检修和维护。工程实际设计时，应根据工程实际情况综合考虑是在机房顶部设置锚钩还是设置可移动式机房检修吊，用于卷扬式启闭机的

检修和维护。

（5）本方案附有下水库进／出水口启闭室机电设备布置图，图示吊物孔布置、尺寸均为参考尺寸，其实际尺寸应根据工程实际情况进行复核拟定。

11.1.3.4　电气一次部分

适用于下水库进／出水口配电房的布置设计。若下水库有泄洪设施供电需求，距离较近且未设置独立的配电房时，下水库进／出水口配电房可考虑增设柴油发电机室。

11.1.3.5　电气二次部分

按"无人值班"（少人值守）的原则进行设计。监控系统主控级和现地控制单元（下水库LCU）之间采用双光纤以太网连接。

11.1.4　设计图

设计图目录见表11-4。

表 11-4　　　　　　　设 计 图 目 录

序号	图　名	图　号
1	下水库进／出水口全景图（方案五）	图11-1
2	下水库进／出水口俯视图（方案五）	图11-2
3	下水库进／出水口机电设备全景图（方案五）	图11-3
4	下水库进／出水口配电房电气设备全景图（方案五）	图11-4
5	下水库进／出水口结构布置平面图（方案五）	图11-5
6	下水库进／出水口结构布置纵剖面图（方案五）	图11-6
7	下水库进／出水口结构布置图（方案五）	图11-7
8	下水库进／出水口闸门启闭机室设备布置图（方案五）	图11-8
9	下水库进／出水口配电房电气设备布置图（方案五）	图11-9

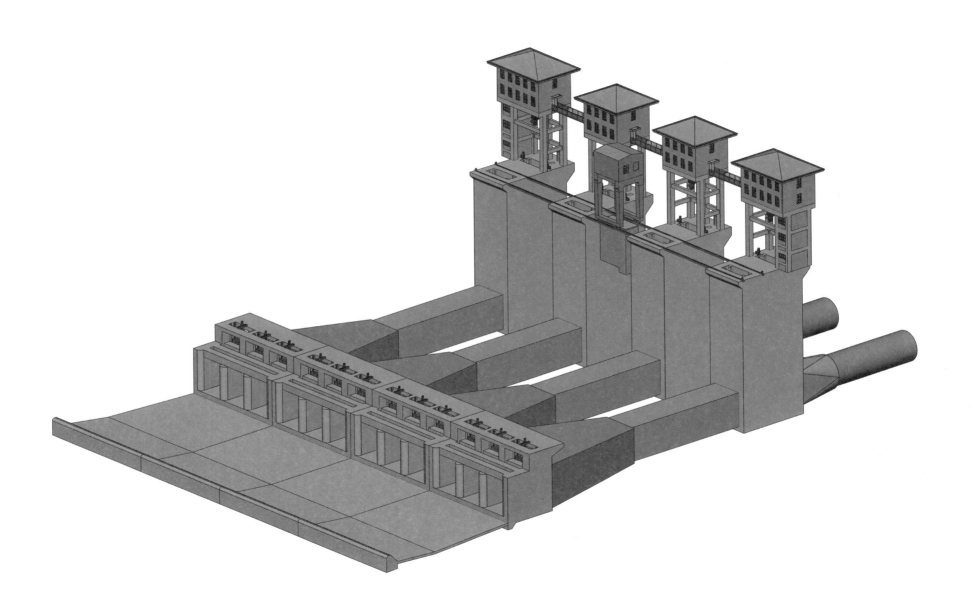

图 11-1　下水库进 / 出水口全景图（方案五）

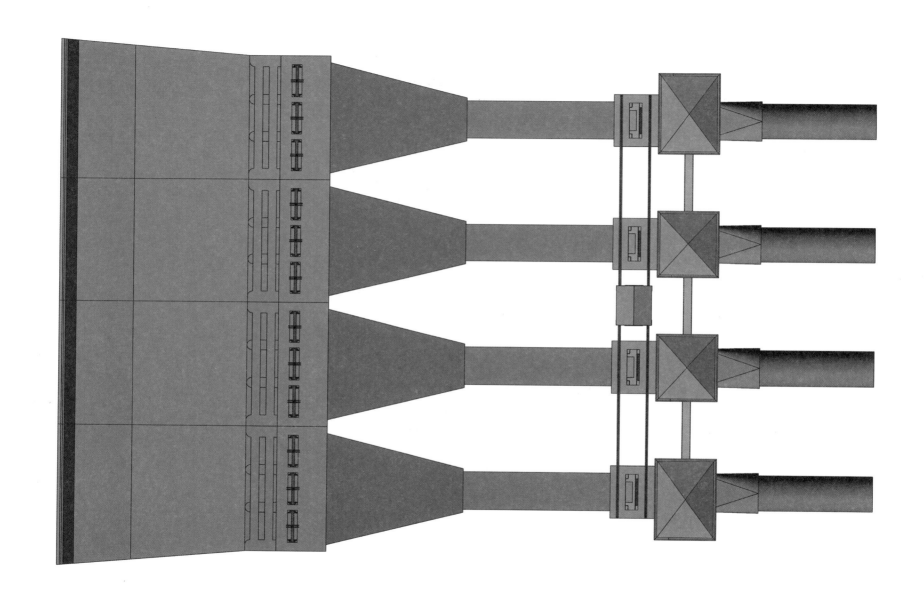

图 11-2　下水库进 / 出水口俯视图（方案五）

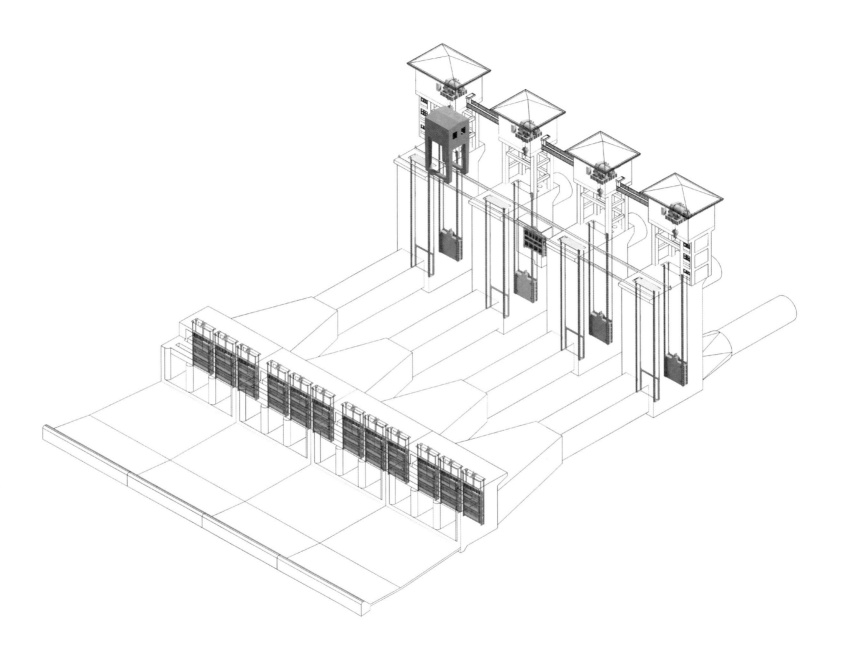

图 11-3　下水库进 / 出水口机电设备全景图（方案五）

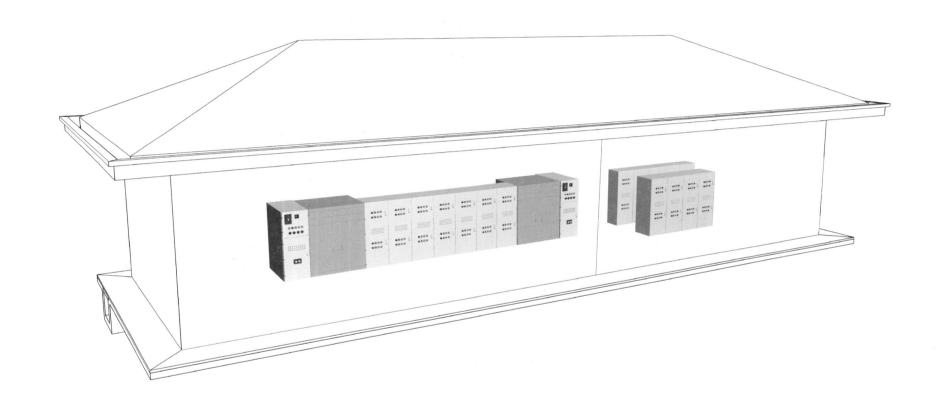

图 11-4　下水库进 / 出水口配电房电气设备全景图（方案五）

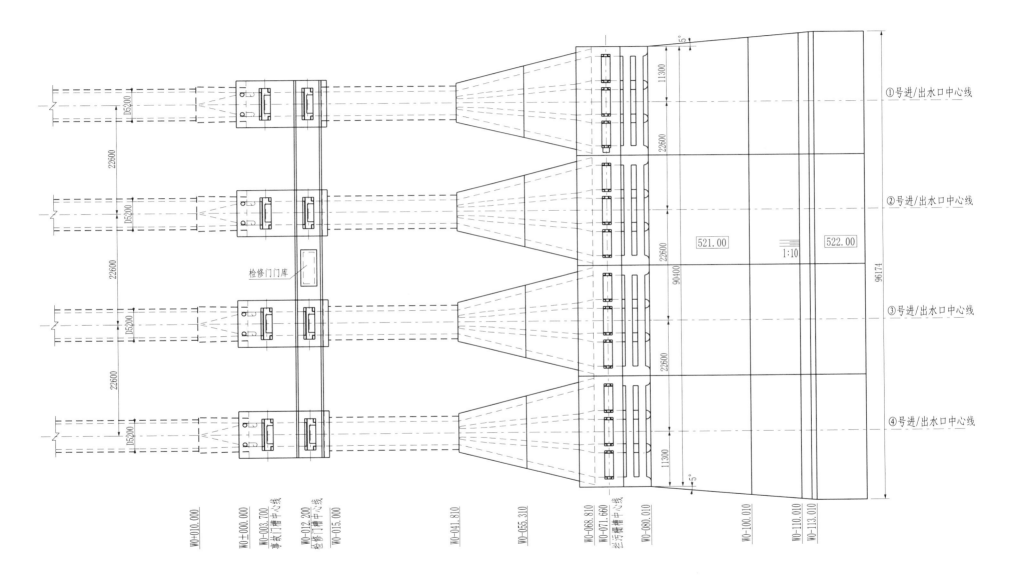

图 11-5　下水库进 / 出水口结构布置平面图（方案五）

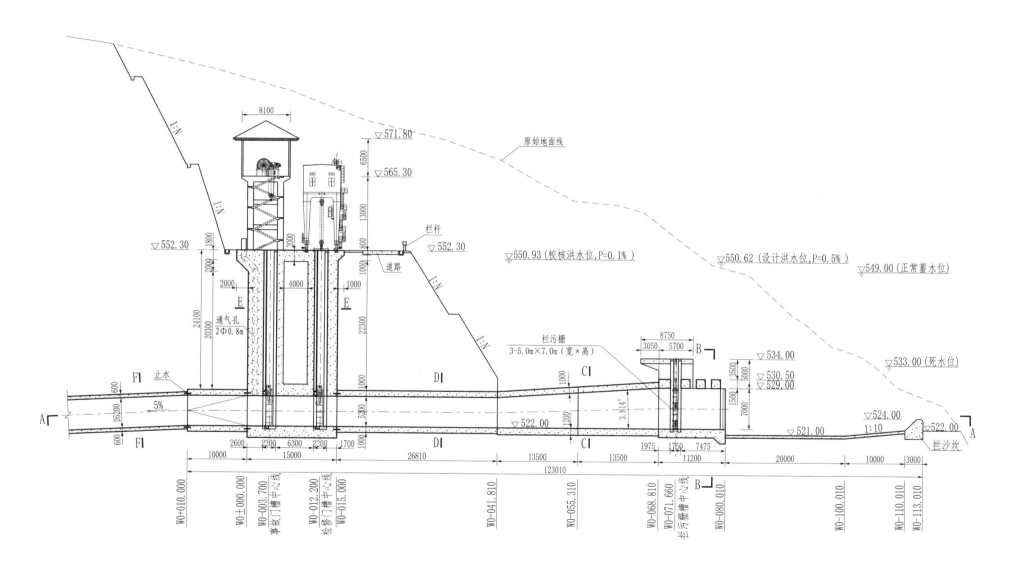

图 11-6　下水库进 / 出水口结构布置纵剖面图（方案五）

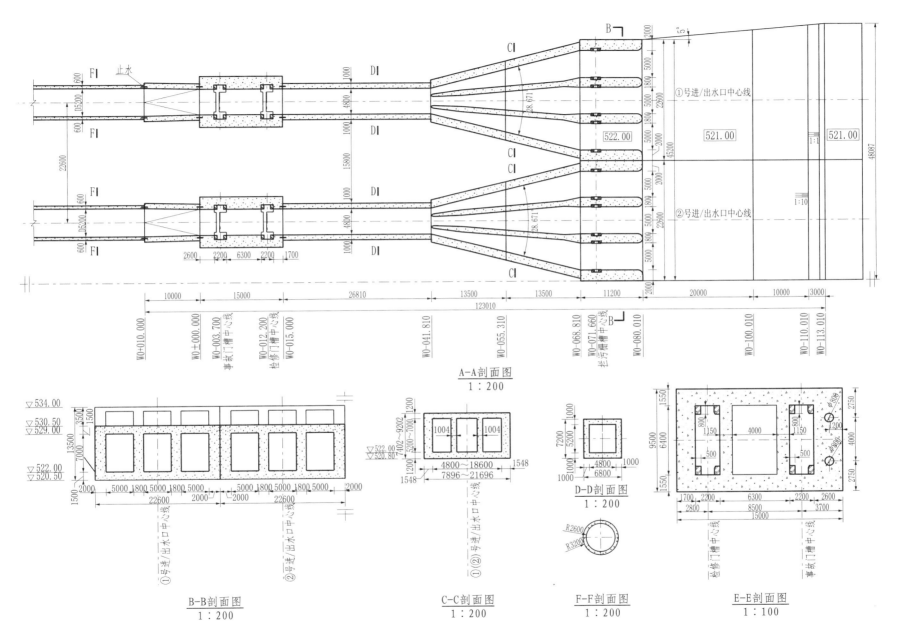

图 11-7 下水库进/出水口结构布置图（方案五）

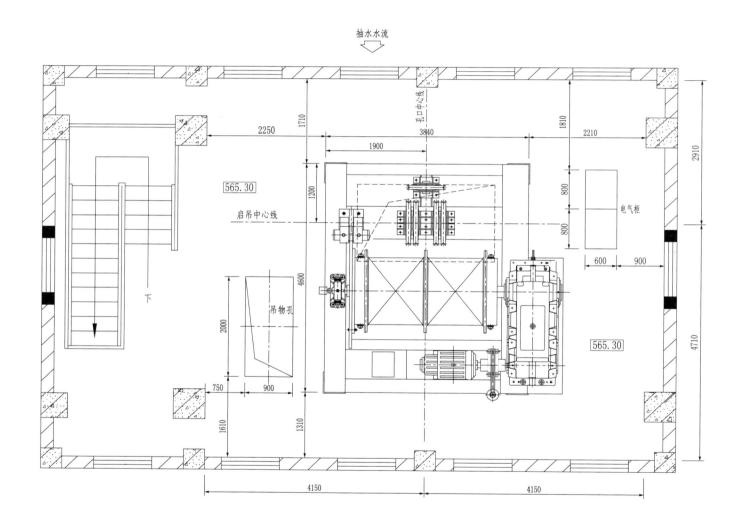

抽水水流

2250　1710　3840　1810　2210　2910

1900

1200

565.30

启吊中心线

孔口中心线

800

800

电气柜

600　900

4600

吊物孔

2000

565.30

下

750　900

1610　1310

4150　4150

4710

图 11-8　下水库进 / 出水口闸门启闭机室设备布置图（方案五）

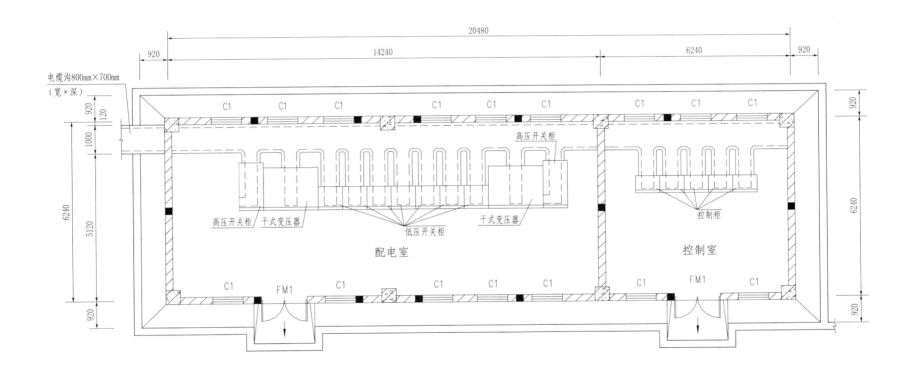

电缆沟800mm×700mm
（宽×深）

20480

14240

6240

920

920

920

920

120

1000

6240

5120

920

C1 C1 C1 C1 C1 C1 C1 C1 C1

高压开关柜

高压开关柜 干式变压器 低压开关柜 干式变压器

控制柜

配电室

控制室

C1 FM1 C1 C1 C1 C1 C1 FM1 C1

图 11-9　下水库进/出水口配电房电气设备布置图（方案五）

11.2 方案六（四台机，单机单洞，岸塔式布置）

11.2.1 设计说明

11.2.1.1 总的部分

本方案为通用设计方案六，主要对应装机4台，尾水系统采用单机单洞方式输水，进口设拦污栅、不设永久启吊设施的抽水蓄能电站工程下水库侧式（岸塔式）进/出水口的布置设计。

11.2.1.2 土建部分

本方案由4个侧式（岸塔式）进/出水口并排布置而成，进/出水口主要由引水明渠段、防涡梁段（含拦污栅）、扩散段、闸门段、渐变段、闸门启闭机排架与机房、配电房以及交通桥等组成。

引水明渠段长38.8m，由出口水平段、中间反坡段和进口水平段3段组成。出口水平段高程522.00m，长8.8m，宽96.174m，为防止库底淤泥进入流道，其前端设有2.5m高的混凝土拦沙坎；中间反坡段长10m，坡比1∶10；进口水平段高程521.00m，长20m，宽90.4m，为防止明渠段淤沙进入流道，该段与进口拦污栅段连接处设有1.0m深的沉沙池。引水明渠反坡段与进口水平段两侧扩散角5°，底板采用素混凝土护底，厚0.5m。

防涡段底板高程522.00m，长11.2m（含拦污栅段），高10m，共设置4根矩形钢筋混凝土防涡梁。防涡梁梁体宽1.5m，高1.5m，梁净间距1.04m，梁上最小淹没水深2.5m。拦污栅段宽5.7m，高5.0m，顶部设检修平台，宽8.75m，平台高程534.00m，高出死水位1.0m。拦污栅检修与水库的维护相结合，利用施工临时道路改建的检修通道运送临时启吊设备至检修平台启吊拦污栅。单个进/出水口拦污栅由中墩和边墩分隔成3孔，尺寸5.0m×7.0m（宽×高），其中中墩宽1.8m，边墩宽2.0m，前缘总宽22.6m，最大过栅净流速约1.10m/s。拦污栅中墩与边墩墩头采用半圆形，有利于减小进/出水口水头损失。

扩散段采用扁平钢筋混凝土箱形结构，长27m，断面为矩形，内设2个分流隔墙，孔口尺寸由18.6m×7.0m（宽×高）收缩为4.8m×5.2m（宽×

高）。扩散段两侧边墙宽1.2m，隔墩宽1.0m，底板厚1.2m，顶板厚1.0m。扩散段平面收缩角28.671°，立面采用顶部单侧扩张，顶板扩张角3.814°。

闸门塔体段长15m，宽10.8m，塔顶高程同大坝坝顶高程552.30m，塔高32.30m，闸门井内设事故闸门与检修闸门各一道，闸门孔口尺寸4.8m×5.2m。事故闸门后设置2φ0.8m通气孔。事故闸门采用固定卷扬式启闭机启闭，启闭机容量2000kN；检修闸门采用门机启闭，容量500kN。启闭机房排架采用钢筋混凝土框架结构，高13m，共设3层联系梁，层高4.33m。启闭机室采用钢筋混凝土框架结构，顺水流向宽8.1m，垂直水流向长9.5m，机房高6.5m。为方便巡视检修，各启闭机房间采用联系廊道连接，廊道宽1.8m。

闸门井后设渐变段与引水隧洞相接。渐变段长10m，断面由4.8m×5.2m的矩形渐变为直径5.2m的圆。

闸门塔顶布置有交通桥。交通桥按单向行车设计，桥面宽5.7m，跨度21.4m。交通桥桥面梁采用现浇整体式钢筋混凝土T形简支梁，梁肋根数为3根，桥面梁高1.7m，防水混凝土铺装层厚120mm。

下水库进/出水口配电房由配电室与控制室组成，平面尺寸20.48m×6.24m（长×宽），高4.6m。配电房与启闭机室的建筑设计见本通用设计第4篇相关内容。

11.2.1.3 金属结构部分

本方案下水库进/出水口设置有拦污栅、事故闸门、检修闸门及其启闭设备。

1.下水库进/出水口事故闸门

当电站机组的尾水隧洞较短，采用单机单洞布置时，为检修机组或尾水隧洞时能封堵下水库的水源或当地下厂房内与尾水隧洞相连接的管路等部件出现事故时，能动水截断下水库的水流，达到保护机组、避免水淹厂房等事故的发生，在每个尾水隧洞出口处设置一套事故闸门。

事故闸门系平面滑动式闸门，闸门处孔口尺寸为4.8m×5.2m，底坎高程522.00m，设计水位550.62m，设计水头28.62m。事故门门体的梁系为实腹式同层布置，门叶面板布置在下水库侧，顶、侧水封布置在厂房侧，底水封布置在下水库侧，利用水柱动水闭门。闸门主支承钢基铜塑复合滑道、反向弹性滑块（头部镶嵌低摩复合材料）和侧向简支轮。

闸门操作条件为动水闭门，门顶设有充水阀，用于充水平压后静水启门。事故闸门平时悬挂在孔口上，用启闭机的制动装置制动。

2. 下水库进/出水口事故闸门启闭机

事故闸门启闭机系固定卷扬式启闭机，一台启闭机操作一扇闸门，启闭机布置在排架高程 565.30m 平台的机房中。启闭机容量为 2000kN，扬程约为 35.0m，启闭速度为 0.5～5m/min（变频调速）。为确保安全，设两套制动装置，一套为工作制动器，另一套为安全制动器。启闭机可现场操作，亦可远方操作。为避免误操作，在球阀与事故闸门之间设置互相闭锁装置，即只有在球阀关闭状态，事故闸门关闭指令才能执行；只有事故闸门在全开状态，球阀的打开指令才能执行。在每个启闭机室顶部设置有锚钩并配有手拉葫芦，用于卷扬式启闭机的检修和维护。

3. 下水库进/出水口检修闸门

在下水库事故闸门的下水库侧设置一道检修闸门，以便在机组大修时，封堵来自下水库的水源，为检修事故闸门和门槽及其启闭机提供条件。每个尾水隧洞出口处均设置 1 套检修闸门门槽，4 套门槽共用 1 扇闸门。

闸门门型为潜孔式平面滑动式闸门，闸门处孔口尺寸为 4.8m×5.2m，底坎高程 522.00m，设计水位 550.62m，设计水头 28.62m。门体的梁系为实腹式同层布置，闸门面板及水封布置在厂房侧。闸门主支承为复合滑道、反向弹性滑块（头部镶嵌低摩复合材料）、侧向简支轮。

闸门门顶设有充水阀充水平压，静水启闭，用单向门式启闭机操作，闸门平时用门机悬挂锁定在检修闸门门槽顶部。

4. 下水库进/出水口检修闸门单向门机

下水库进/出水口布置 1 台 500kN 的检修闸门单向门式启闭机，用于下水库进/出水口检修闸门的启闭操作。门机容量 500kN，启闭速度 0.2～2m/min，扬程约 34.0m，门机轨距 5m，行走速度 2～20m/min，门机轨道安装在高程 552.30m 闸门塔体操作平台上。

门机供电方式采用电缆卷筒供电，控制方式采用现地控制方式。

5. 下水库进/出水口拦污栅

为确保机组免遭意外污物进入而引起破坏，每条引水隧洞进/出水口设 3 孔 3 套拦污栅，共计 12 扇下水库进/出水口拦污栅。

根据水工专业初拟拦污栅孔口尺寸，按照本通用设计第 5 章规定的进/出水口拦污栅过栅流速不大于 1.2m/s 设计原则，本方案拦污栅孔口尺寸定为 5.0m×7.0m（宽×高），底板高程 522.00m。拦污栅按 5m 水头差设计，拦污栅主框架采用焊接流线型箱型梁，栅条与主框架焊接。为抑制拦污栅的振动，利用锲形滑块和锲形栅槽配合将拦污栅卡紧在埋件上。

拦污栅主支承和反向支承均为 MGE 复合材料滑块，栅体材料 Q345B；栅槽主、反支承座板材料 1Cr18Ni9Ti，其余材料为 Q235B。

拦污栅检修可与水库的维护相结合，将拦污栅检修平台设在下水库维护水位以上，利用施工临时道路改建的检修通道运送临时启吊设备至检修平台启吊拦污栅。

11.2.1.4 电气一次部分

电气一次设计包括下水库进/出水口用电系统、配电房选址及电气设备的布置设计。

1. 下水库进/出水口用电系统

下水库进/出水口用电供电电压采用 0.4kV 一级电压供电。

下水库进/出水口用电系统共有 2 个电源，分别取自厂用 10.5kV 母线 I、III 段，0.4kV 侧采用单母线分段接线。

2. 配电房选址

下水库进/出水口配电房宜靠近负荷中心，并宜优先考虑布置在下水库进/出水口岸边平地上，便于电缆的敷设与运行管理。

3. 电气设备布置

下水库进/出水口配电房设配电室和控制室，配电室内布置有 10kV 开关柜、干式变压器和低压配电盘，控制室内布置有控制盘柜。下水库配电房内设室内电缆沟，并与户外电缆沟相连。

11.2.1.5　电气二次部分

下水库进 / 出水口设 220V 直流系统 1 套、下水库 LCU（现地监控单元）1 套。220V 直流系统由 1 面蓄电池柜、1 面直流充馈电柜组成（也可采用一体化电源设备）布置于下水库配电室。下水库 LCU 柜、光配线架及工业电视控制柜也布置于下水库配电室。下水库进 / 出水口每扇事故闸门设 1 套启动控制系统，布置于各进 / 出水口闸门启闭机房内。

下水库 LCU 监控对象为：下水库进 / 出水口事故闸门、下水库水位、下水库水温、下水库配电设备和下水库直流电源系统等。

下水库 220V 直流系统负荷为：下水库 10kV 及 0.4kV 配电开关柜、下水库 LCU 柜、事故应急照明等。

11.2.2　主要设备清册

清册汇入了电气一次、电气二次与金属结构主要设备，其中桥架、电缆、管路、管架等材料未列入清册。电气一次主要设备清册见表 11-5，电气二次主要设备清册见表 11-6，金属结构主要设备清册见表 11-7。

表 11-5　　　　　电气一次主要设备清册

序号	设备名称	技术参数	单位	数量	布置地点	备注
1	高压开关柜	10.5kV	面	2	下水库配电房	
2	下水库干式变压器	SCB11-800kVA 10.5 ± 2 × 2.5%/0.4kV D, yn11	台	2	下水库配电房	
3	低压开关柜	0.4kV, 抽屉式开关柜	面	8	下水库配电房	

表 11-6　　　　　电气二次主要设备清册

序号	设备名称	技术参数	单位	数量	布置地点	备注
1	下水库 LCU		套	1	下水库配电房	
2	启闭机启动控制系统		套	1	下水库启闭机室	每台启闭机设一套控制系统
3	直流系统		套	1	下水库配电房	电池柜及馈电柜各一面
4	光配线架		面	1	下水库配电房	
5	工业电视控制柜		面	1	下水库配电房	

表 11-7　　　　　金属结构主要设备清册

序号	设备名称	技术参数	单位	数量	布置地点	备注
1	下水库进 / 出水口事故闸门	4.8m × 5.2m-28.62m	扇	4	尾水隧洞出口处	
2	下水库进 / 出水口事故闸门门槽埋件		孔	4	尾水隧洞出口处	
3	下水库进 / 出水口事故闸门启闭机	2000kN 固定卷扬式启闭机	台	4	排架高程 565.30m 平台的机房中	
4	下水库进 / 出水口检修闸门	4.8m × 5.2m-28.62m	扇	1	事故闸门下水库侧	
5	下水库进 / 出水口检修闸门门槽埋件		孔	4	事故闸门下水库侧	
6	下水库进 / 出水口检修闸门启闭机	500kN 单向门机	台	1	检修门槽顶部高程 552.30m 平台上	
7	下水库进 / 出水口拦污栅	5.0m × 7.0m-5m	套	12	尾水隧洞进 / 出水口	
8	下水库进 / 出水口拦污栅槽埋件		孔	12	尾水隧洞进 / 出水口	

11.2.3　使用说明

11.2.3.1　概述

为了更好地使用本通用设计，特编制通用设计使用说明。通用设计使用说明重点是对设计方案的选用、设计方案的使用条件、设计方案的调整等内容进行具体说明，以方便使用者在具体的工程设计时使用。

各设计单位设计人员在使用本通用设计文件时，要根据具体工程的水文地质条件与枢纽布置实际情况，在安全可靠、技术先进、投资合理、标准统一、运行高效的设计原则下，进一步强化工程安全、投资节约、提高效率、降低运行成本的思路，对方案中的各种条件进行研究分析，形成符合实际要求的抽水蓄能电站工程上、下水库进 / 出水口布置设计。

本通用设计可用于实际工程的可行性研究与招标设计阶段，使用时还应与现行国家或行业标准等相关内容配套使用。使用者可根据实际工程适用条件、前期工作确定的原则进行分析，若实际工程的基本技术条件符合方案基本技术条件，便可直接采纳或稍加修改后作为抽水蓄能电站的本体设计；若通用设计中未包括的或因实际工程条件不同而变化较大时，则应按照本通用设计第5章规定的主要设计原则，对变化大的部分进行调整，完成整体设计。具体见11.2.3.2～11.2.3.5节中各专业的使用边界条件及特殊说明。

11.2.3.2　土建部分

（1）本方案适应装机4台，单机额定流量81m³/s，尾水系统采用单机单洞方式输水，进口设拦污栅、不设永久启吊设施的抽水蓄能电站工程下水库侧式（岸塔式）进/出水口的布置设计。若机组额定流量有较大差别，则应按照本通用设计第5章规定的主要设计原则重新复核并重拟进/出水口主要建筑物的结构尺寸与控制高程。

（2）本方案假定进/出水口地基为岩基，进/出水口边坡稳定，不考虑特殊地质条件下的基础处理和边坡开挖支护。工程实际设计时，应根据具体工程的实际地形地质条件、水文地质条件，采取合理的开挖坡比与支护措施，确保边坡安全稳定。边坡通常可采用锚喷支护、钢筋混凝土面板、网格梁植草等措施。

（3）本方案闸门启闭机室与配电房的外观设计采用古典设计风格，启闭机排架采用"开放式"。工程实际设计时，应根据工程实际所处地理位置、气候特点以及电站周边环境或景区规划，从第4篇建筑设计组合形成的"古典+开放""古典+封闭""现代+开放"和"现代+封闭"4种不同设计风格中，选择并形成符合实际要求的外观设计方案，使之保持与工程所在地及风景区的建筑风格和气候特点相协调。

（4）考虑进/出水口配电房位置选择受进水口地形地质等条件影响较大，本方案未考虑配电房的具体位置，实际选址时应对方案中的各种条件进行研究分析，并参照本报告第1篇第5章规定的主要设计原则，形成符合实际要求的配电房选址设计。

11.2.3.3　金属结构部分

（1）本方案适应装机4台，单机额定流量81m³/s，尾水系统采用单

机单洞方式输水，进口设拦污栅、不设永久启吊设施的抽水蓄能电站工程下水库侧式（岸塔式）进/出水口的布置设计。若机组额定流量有变化，则应按照本通用设计第5章规定的主要设计原则重新复核并重拟进/出水口拦污栅孔口尺寸。

（2）本方案假定下水库天然来流较小，污物较少，且下水库维护时的水位在拦污栅检修平台以下，拦污栅的清污、维护或更换可与水库的维护相结合，可利用施工临时道路改建的检修通道运送临时启吊设备至检修平台启吊拦污栅。工程实际设计时，应根据具体工程的实际情况及拦污栅在下水库建筑物中的布置，确定拦污栅的启吊设备是采用临时启吊设备还是永久启吊设备。

（3）本方案闸门和启闭机选型与启闭机的布置只适用于本方案。工程实际设计时，应根据具体工程实际情况，按照本通用设计第5章规定的主要设计原则，重新复核并选择确定启闭机型式、参数及其排架高度。

（4）本方案启闭机室顶部设置有锚钩并配有手拉葫芦，用于卷扬式启闭机的检修和维护。工程实际设计时，应根据工程实际情况综合考虑是在机房顶部设置锚钩还是设置可移动式机房检修吊，用于卷扬式启闭机的检修和维护。

（5）本方案附有下水库进/出水口启闭机室机电设备布置图，图示吊物孔布置、尺寸均为参考尺寸，其实际尺寸应根据工程实际情况进行复核拟定。

11.2.3.4　电气一次部分

适用于下水库进/出水口配电房的布置设计。若下水库有泄洪设施供电需求，距离较近且未设置独立的配电房时，下水库进/出水口配电房可考虑增设柴油发电机室。

11.2.3.5　电气二次部分

按"无人值班"（少人值守）的原则进行设计。监控系统主控级和现地控制单元（下水库LCU）之间采用双光纤以太网连接。

11.2.4　设计图

设计图目录见表 11-8。

表 11-8　　　　　　　　设 计 图 目 录

序号	图　名	图　号
1	下水库进 / 出水口全景图（方案六）	图 11–10
2	下水库进 / 出水口俯视图（方案六）	图 11–11
3	下水库进 / 出水口机电设备全景图（方案六）	图 11–12
4	下水库进 / 出水口配电房机电设备全景图（方案六）	图 11–13
5	下水库进 / 出水口结构布置平面图（方案六）	图 11–14
6	下水库进 / 出水口结构布置纵剖面图（方案六）	图 11–15
7	下水库进 / 出水口结构布置图（方案六）	图 11–16
8	下水库进 / 出水口闸门启闭机室设备布置图（方案六）	图 11–17
9	下水库进 / 出水口配电房电气设备布置图（方案六）	图 11–18

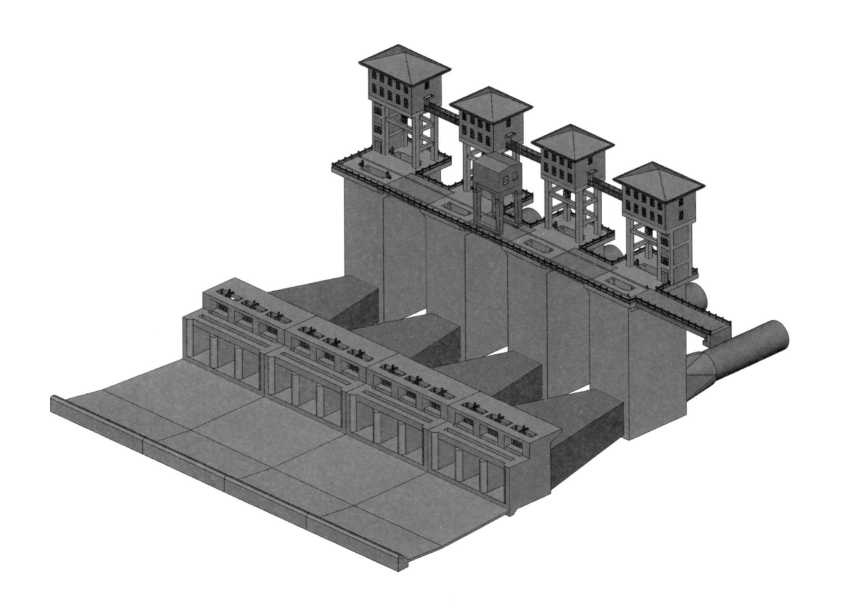

图 11-10 下水库进 / 出水口全景图（方案六）

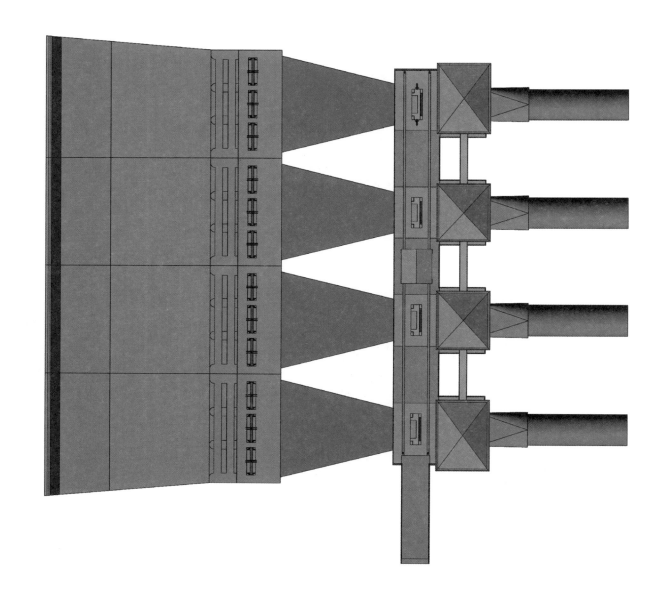

图 11-11 下水库进 / 出水口俯视图（方案六）

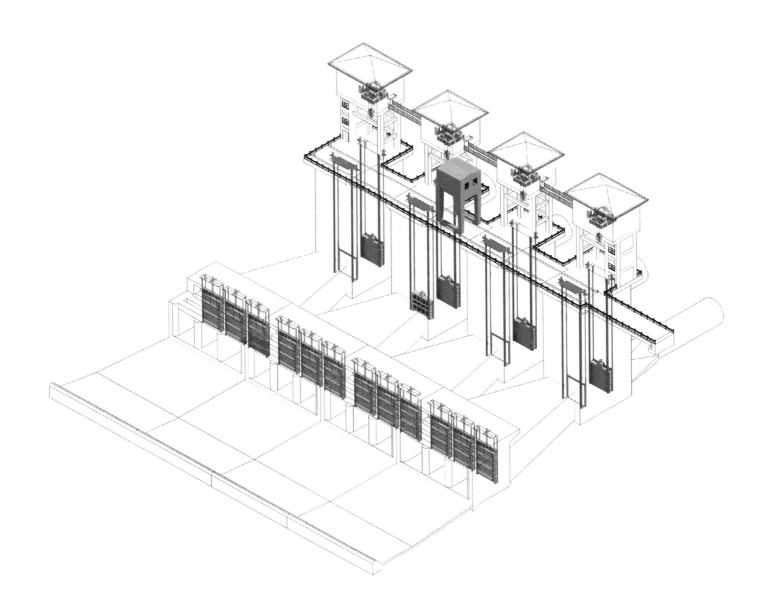

图 11-12　下水库进/出水口机电设备全景图（方案六）

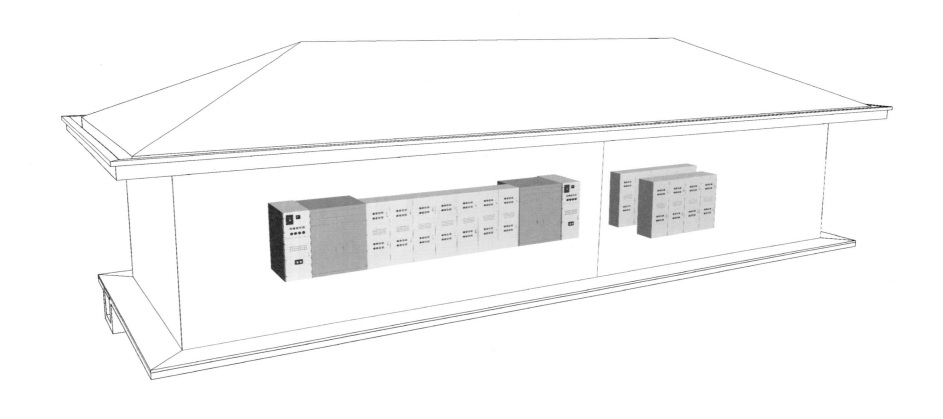

图 11-13　下水库进 / 出水口配电房机电设备全景图（方案六）

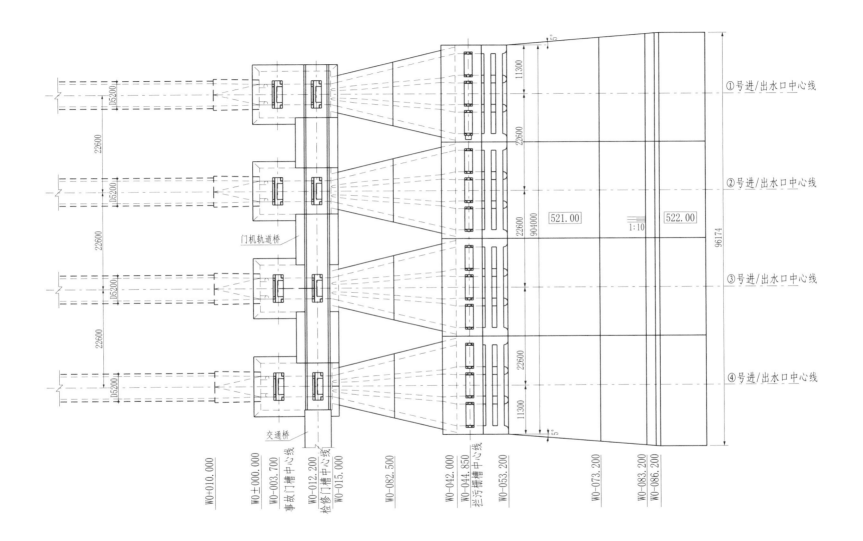

图 11-14 下水库进/出水口结构布置平面图（方案六）

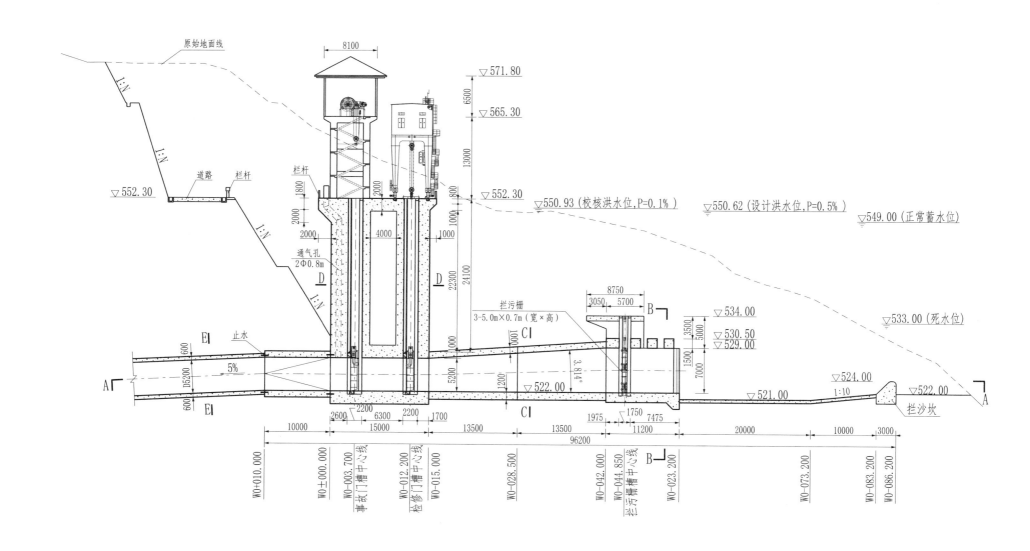

图 11-15 下水库进 / 出水口结构布置纵剖面图（方案六）

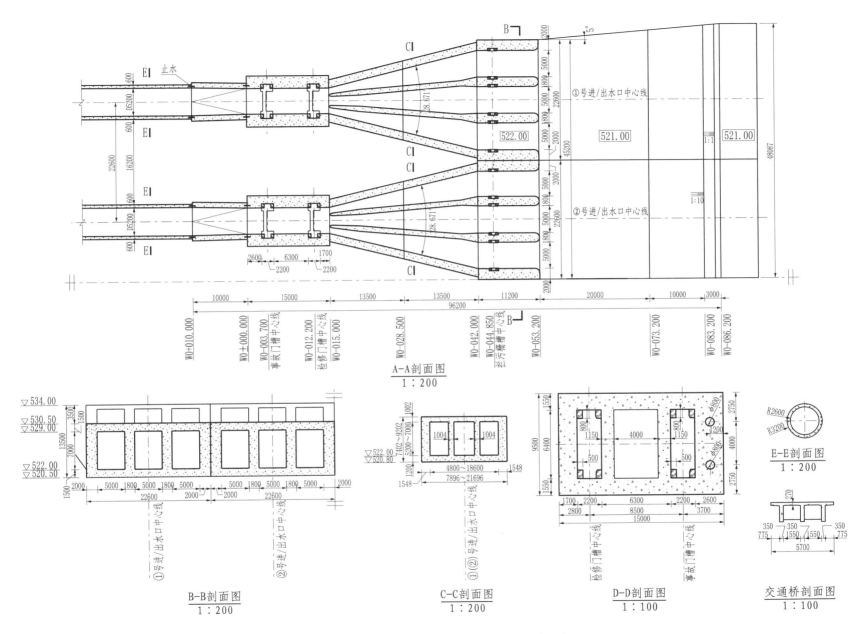

A-A剖面图
1:200

B-B剖面图
1:200

C-C剖面图
1:200

D-D剖面图
1:100

E-E剖面图
1:200

交通桥剖面图
1:100

图 11-16　下水库进/出水口结构布置图（方案六）

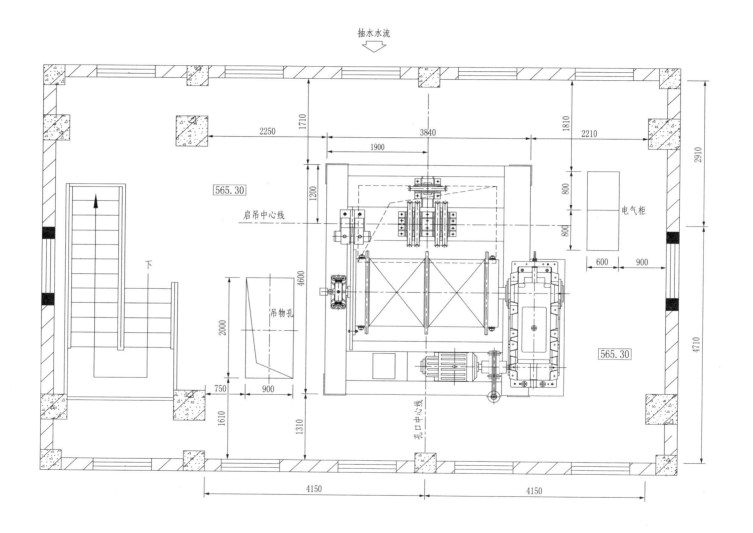

抽水水流

2250 1710 3840 1810 2210

1900

565.30

启吊中心线

1200

4600

2910

800

800

电气柜

600 900

下

吊物孔

2000

565.30

750 900

1610 1310

孔口中心线

4150 4150

图 11-17　下水库进 / 出水口闸门启闭机室设备布置图（方案六）

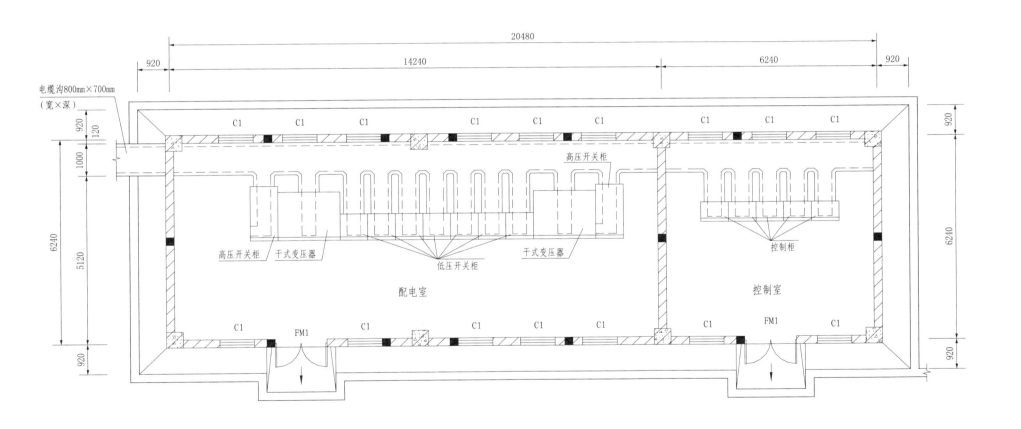

图 11-18 下水库进/出水口配电房电气设备布置图（方案六）

11.3 方案七（四台机，两机一洞，闸门竖井式布置）

11.3.1 设计说明

11.3.1.1 总的部分

本方案为通用设计方案七，主要对应装机 4 台，尾水系统采用两机一洞方式输水，进口设拦污栅、不设永久启吊设施的抽水蓄能电站工程下水库侧式（闸门竖井式）进 / 出水口的布置设计。

11.3.1.2 土建部分

本方案由两个侧式（闸门竖井式）进 / 出水口并排布置而成，进 / 出水口主要由引水明渠段、防涡梁段（含拦污栅）、扩散段、隧洞段、闸门段、渐变段、闸门启闭机排架与机房、配电房等组成。

引水明渠段长 38.8m，由出口水平段、中间反坡段和进口水平段 3 段组成。出口水平段高程 520.00m，长 8.8m，宽 70.824m，为防止库底淤泥进入流道，其前端设有 2.5m 高的混凝土拦沙坎；中间反坡段长 10m，坡比 1 ∶ 10；进口水平段高程 519.00m，长 10m，宽 66.8m，为防止明渠段淤沙进入流道，该段与进口拦污栅段连接处设有 1.0m 深的沉沙池。引水明渠反坡段与进口水平段两侧扩散角 5°，底板采用素混凝土护底，厚 0.5m。

防涡段底板高程 520.00m，长 14.20m（包括拦污栅段），高 12.5m，共设置 5 根矩形钢筋混凝土防涡梁。防涡梁梁体宽 1.5m，高 1.5m，梁净间距 1.18m，梁上最小淹没水深 2.5m。拦污栅段宽 5.7m，高 5.0m，顶部设检修平台，宽 8.75m，平台高程 534.00m，高出死水位 1.0m。拦污栅检修与水库的维护相结合，利用施工临时道路改建的检修通道运送临时启吊设备至检修平台启吊拦污栅。单个进 / 出水口拦污栅由中墩和边墩分隔成 4 孔，尺寸 6.0m×9.0m（宽×高），其中中墩宽 1.8m，边墩宽 2.0m，前缘总宽 33.4m，最大过栅净流速约 1.07m/s。拦污栅中墩与边墩墩头采用半圆形，有利于减小进 / 出水口水头损失。

扩散段采用扁平钢筋混凝土箱形结构，长 38m，断面为矩形，内设

3 个分流隔墙，孔口尺寸由 29.4m×9.0m（宽×高）收缩为 6.0m×7.5m（宽×高）。扩散段两侧边墙宽 1.5m，隔墩宽 1.0m，底板厚 1.5m，顶板厚 1.0m。扩散段平面收缩角 34.227°，立面采用顶部单侧扩张，顶板扩张角 2.261°。

隧洞段位于扩散段与闸门段之间，长 26.905m，断面为 6.0m×7.5m（宽×高）的矩形，采用钢筋混凝土衬砌，厚 1.0m。

闸门井段长 7.4m，宽 11.0m，顶部高程同大坝坝顶高程 552.30m，井深 34.3m，闸门井内设检修闸门一道，闸门孔口尺寸 6.0m×7.5m。检修闸门后设置 2φ1.20m 通气孔。检修闸门采用固定卷扬式启闭机启闭，启闭机容量 800kN。启闭机房排架采用钢筋混凝土框架结构，高 14m，共设 4 层联系梁，层高 3.5m。启闭机室采用钢筋混凝土框架结构，顺水流向宽 7.0m，垂直水流向长 10.2m，机房高 7.5m。

闸门井后设渐变段与引水隧洞相接。渐变段长 12m，断面由 6.0m×7.5m 的矩形渐变为直径 7.5m 的圆。

下水库进 / 出水口配电房由配电室与控制室组成，平面尺寸 20.48m×6.24m（长×宽），高 4.6m。配电房与启闭机室的建筑设计见本通用设计第 4 篇相关内容。

11.3.1.3 金属结构部分

本方案下水库进 / 出水口设置有拦污栅、检修闸门及其启闭设备。

1. 下水库进 / 出水口检修闸门

下水库进 / 出水口设有 2 条尾水隧洞，每条尾水隧洞进 / 出水口设置 1 孔 1 扇检修闸门，共计 2 扇下水库进 / 出水口检修闸门，以便封堵来自下水库的水源，为检修尾水隧洞与尾水事故闸门、门槽及其启闭机提供条件。

闸门门型为潜孔式平面滑动式闸门，闸门处孔口尺寸为 6.0m×7.5m，底坎高程 520.00m，设计水位 550.620m，设计水头 30.62m。门体的梁系为实腹式同层布置，闸门面板及水封布置在厂房侧。闸门主支承为复合滑道、反向弹性滑块（头部镶嵌低摩复合材料）、侧向简支轮。

闸门门顶设有充水阀充水平压，静水启闭，用固定卷扬式启闭机操作。平时通过翻板锁定装置将门体锁定在孔口顶部。

2. 下水库进／出水口检修闸门启闭机

检修闸门启闭机系固定卷扬式启闭机，一台启闭机操作一扇闸门，启闭机布置在排架高程 566.30m 平台的机房中。启闭机容量为 800kN，扬程约为 36.0m，启闭速度约为 2.0m/min。启闭机采用现场操作。在每个启闭机室顶部设置有锚钩并配有手拉葫芦，用于卷扬式启闭机的检修和维护。

3. 下水库进／出水口拦污栅

为确保机组免遭意外污物进入而引起破坏，每条尾水隧洞进／出水口设 4 孔 4 套拦污栅，共计 8 扇下水库进／出水口拦污栅。

根据水工专业初拟拦污栅孔口尺寸，按照本通用设计第 5 章规定的进／出水口拦污栅过栅流速不小于 1.2m/s 设计原则，本方案拦污栅孔口尺寸定为 6.0m×9.0m（宽×高），底板高程 520.00m。拦污栅按 5m 水头差设计，拦污栅主框架采用焊接流线型箱型梁，栅条与主框架焊接。为抑制拦污栅的振动，利用锲形滑块和锲形栅槽配合将拦污栅卡紧在埋件上。

拦污栅主支承和反向支承均为 MGE 复合材料滑块，栅体材料 Q345B；栅槽主、反支承座板材料 1Cr18Ni9Ti，其余材料为 Q235B。

拦污栅检修可与水库的维护相结合，将拦污栅检修平台设在下水库维护水位以上，利用施工临时道路改建的检修通道运送临时启吊设备至检修平台启吊拦污栅。

11.3.1.4　电气一次部分

电气一次设计包括下水库进／出水口用电系统、配电房选址及电气设备的布置设计。

1. 下水库进／出水口用电系统

下水库进／出水口用电供电电压采用 0.4kV 一级电压供电。

下水库进／出水口用电系统共有 2 个电源，分别取自厂用 10.5kV 母线 I、III 段，0.4kV 侧采用单母线分段接线。

2. 配电房选址

下水库进／出水口配电房宜靠近负荷中心，并宜优先考虑布置在下水

库进／出水口平台上，便于电缆的敷设与运行管理。

3. 电气设备布置

下水库进／出水口配电房设配电室和控制室，配电室内布置有 10kV 开关柜、干式变压器和低压配电盘，控制室内布置有控制盘柜。下水库进／出水口配电房内设室内电缆沟，并与户外电缆沟相连。

11.3.1.5　电气二次部分

下水库进／出水口设 220V 直流系统 1 套、下水库 LCU（现地监控单元）1 套。220V 直流系统由 1 面蓄电池柜、1 面直流充馈电柜组成（也可采用一体化电源设备）布置于下水库配电室。下水库 LCU 柜、光配线架及工业电视控制柜也布置于下水库配电室。下水库进／出水口每扇检修闸门设 1 套启动控制系统，布置于各进／出水口闸门启闭机机房内。

下水库 LCU 监控对象为：下水库进／出水口检修闸门、下水库水位、下水库水温、下水库配电设备和下水库直流电源系统等。

下水库 220V 直流系统负荷为：下水库 10kV 及 0.4kV 配电开关柜、下水库 LCU 柜、事故应急照明等。

11.3.2　主要设备清册

清册汇入了电气一次、电气二次与金属结构主要设备，其中桥架、电缆、管路、管架等材料未列入清册。电气一次主要设备清册见表 11-9，电气二次主要设备清册见表 11-10，金属结构主要设备清册见表 11-11。

表 11-9　　　　　　　　　电气一次主要设备清册

序号	设备名称	技术参数	单位	数量	布置地点	备注
1	高压开关柜	10.5kV	面	2	下水库配电房	
2	下水库干式变压器	SCB11-800kVA 10.5±2×2.5%/0.4kV D, yn11	台	2	下水库配电房	
3	低压开关柜	0.4kV, 抽屉式开关柜	面	8	下水库配电房	

表 11-10　　　　　　　　　　　电气二次主要设备清册

序号	设备名称	技术参数	单位	数量	布置地点	备注
1	下水库 LCU		套	1	下水库配电房	
2	启闭机启动控制系统		套	1	下水库启闭机室	每台启闭机设一套控制系统
3	直流系统		套	1	下水库配电房	电池柜及馈电柜各一面
4	光配线架		面	1	下水库配电房	
5	工业电视控制柜		面	1	下水库配电房	

表 11-11　　　　　　　　　　金属结构主要设备清册

序号	设备名称	技术参数	单位	数量	布置地点	备注
1	下水库进/出水口检修闸门	6.0m×7.5m-30.62m	扇	2	尾水隧洞进/出水口	
2	下水库进/出水口检修闸门门槽埋件		孔	2	尾水隧洞进/出水口	
3	下水库进/出水口检修闸门启闭机	800kN固定卷扬式启闭机	台	2	排架高程 566.30m 平台机房内	
4	下水库进/出水口拦污栅	6.0m×9.0m-5m	套	8	尾水隧洞进/出水口	
5	下水库进/出水口拦污栅槽埋件		孔	8	尾水隧洞进/出水口	

11.3.3　使用说明

11.3.3.1　概述

为了更好地使用本通用设计，特编制通用设计使用说明。通用设计使用说明重点是对设计方案的选用、设计方案的使用条件、设计方案的调整等内容进行具体说明，以方便使用者在具体的工程设计时使用。

各设计单位设计人员在使用本通用设计文件时，要根据具体工程的水文地质条件与枢纽布置实际情况，在安全可靠、技术先进、投资合理、标准统一、运行高效的设计原则下，进一步强化工程安全、投资节约、提高效率、降低运行成本的思路，对方案中的各种条件进行研究分析，形成符合实际要求的抽水蓄能电站工程上、下水库进/出水口布置设计。

本通用设计可用于实际工程的可行性研究与招标设计阶段，使用时还应与现行国家或行业标准等相关内容配套使用。使用者可根据实际工程适用条件、前期工作确定的原则进行分析，若实际工程的基本技术条件符合方案基本技术条件，便可直接采纳或稍加修改后作为抽水蓄能电站的本体设计；若通用设计中未包括的或因实际工程条件不同而变化较大时，则应按照本通用设计第 5 章规定的主要设计原则，对变化大的部分进行调整，完成整体设计。具体见 11.3.3.2 ～ 11.3.3.5 节中各专业的使用边界条件及特殊说明。

11.3.3.2　土建部分

（1）本方案适应装机 4 台，单机额定流量 81m³/s，尾水系统采用两机一洞方式输水，进口设拦污栅、不设永久启吊设施的抽水蓄能电站工程下水库侧式（闸门竖井式）进/出水口的布置设计。若机组额定流量有较大差别，则应按照本通用设计第 5 章规定的主要设计原则重新复核并重拟进/出水口主要建筑物的结构尺寸与控制高程。

（2）本方案假定进/出水口地基为岩基，进/出水口边坡稳定，不考虑特殊地质条件下的基础处理和边坡开挖支护。工程实际设计时，应根据具体工程的实际地形地质条件、水文地质条件，采取合理的开挖坡比与支护措施，确保边坡安全稳定。边坡通常可采用锚喷支护、钢筋混凝土面板、网格梁植草等措施。

（3）本方案闸门启闭机室与配电房的外观设计采用古典设计风格，启闭机排架采用"开放式"。工程实际设计时，应根据工程实际所处地理位置、气候特点以及电站周边环境或景区规划，从第 4 篇建筑设计组合形成的"古典＋开放""古典＋封闭""现代＋开放"和"现代＋封闭"4 种不同设计风格中，选择并形成符合实际要求的外观设计方案，使之保持与工程所在地及风景区的建筑风格和气候特点相协调。

（4）考虑进/出水口配电房位置选择受进/出水口地形地质等条件影响较大，本方案未考虑配电房的具体位置，配电房实际选址时应对方案中的各种条件进行研究分析，并参照本报告第 1 篇第 5 章规定的主要设计原则，形成符合实际要求的配电房选址设计。

11.3.3.3　金属结构部分

（1）本方案适应装机 4 台，单机额定流量 81m³/s，尾水系统采用两机一洞方式输水，进口设拦污栅、不设永久启吊设施的抽水蓄能电站工程下水库侧式（闸门竖井式）进 / 出水口的布置设计。若机组额定流量有变化，则应按照本通用设计第 5 章规定的主要设计原则重新复核并重拟进 / 出水口拦污栅孔口尺寸。

（2）本方案假定下水库天然来流较小，污物较少，且下水库维护时的水位在拦污栅检修平台以下，拦污栅的清污、维护或更换可与水库的维护相结合，可利用施工临时道路改建的检修通道运送临时启吊设备至检修平台启吊拦污栅。工程实际设计时，应根据具体工程的实际情况及拦污栅在下水库建筑物中的布置，确定拦污栅的启吊设备是采用临时启吊设备还是永久启吊设备。

（3）本方案闸门和启闭机选型与启闭机的布置只适用于本方案。工程实际设计时，应根据具体工程实际情况，按照本通用设计第 5 章规定的主要设计原则，重新复核并选择确定启闭机型式、参数及其排架高度。

（4）本方案启闭机室顶部设置有锚钩并配有手拉葫芦，用于卷扬式启闭机的检修和维护。工程实际设计时，应根据工程实际情况综合考虑是在机房顶部设置锚钩还是设置可移动式机房检修吊，用于卷扬式启闭机的检修和维护。

（5）本方案附有下水库进 / 出水口启闭机室机电设备布置图，图示吊物孔布置、尺寸均为参考尺寸，其实际尺寸应根据工程实际情况进行复核拟定。

11.3.3.4　电气一次部分

适用于下水库进 / 出水口配电房的布置设计。若下水库有泄洪设施供电需求，距离较近且未设置独立的配电房时，下水库进 / 出水口配电房可考虑增设柴油发电机室。

11.3.3.5　电气二次部分

按"无人值班"（少人值守）的原则进行设计。监控系统主控级和现地控制单元（下水库 LCU）之间采用双光纤以太网连接。

11.3.4　设计图

设计图目录见表 11-12。

表 11-12　　　　　　　　　　设 计 图 目 录

序号	图　名	图号
1	下水库进 / 出水口全景图（方案七）	图 11-19
2	下水库进 / 出水口俯视图（方案七）	图 11-20
3	下水库进 / 出水口机电设备全景图（方案七）	图 11-21
4	下水库进 / 出水口配电房电气设备全景图（方案七）	图 11-22
5	下水库进 / 出水口结构布置平面图（方案七）	图 11-23
6	下水库进 / 出水口结构布置纵剖面图（方案七）	图 11-24
7	下水库进 / 出水口结构布置图（方案七）	图 11-25
8	下水库进 / 出水口闸门启闭机室设备布置图（方案七）	图 11-26
9	下水库进 / 出水口配电房电气设备布置图（方案七）	图 11-27

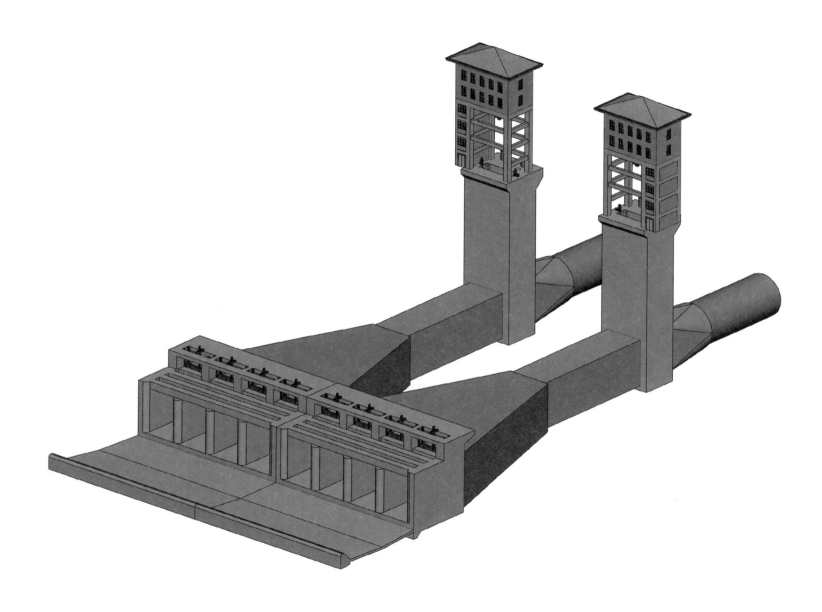

图 11-19　下水库进 / 出水口全景图（方案七）

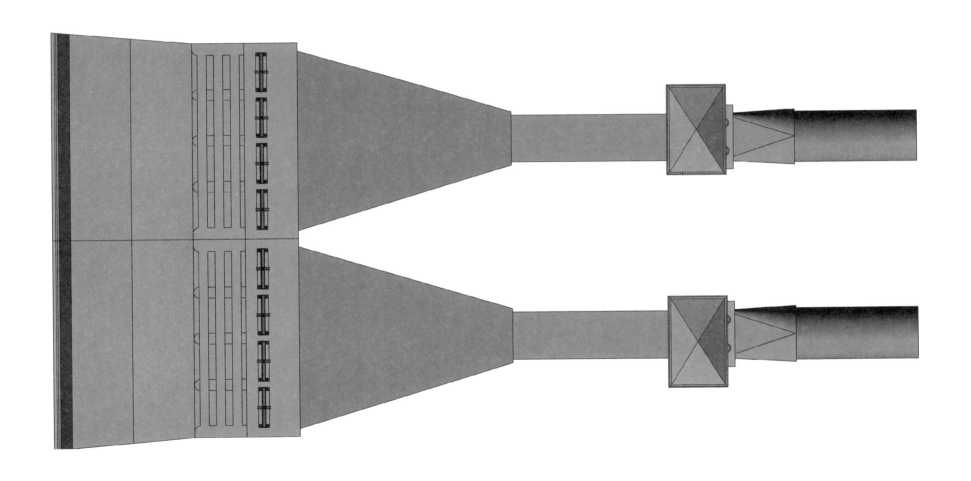

图 11-20 下水库进 / 出水口俯视图（方案七）

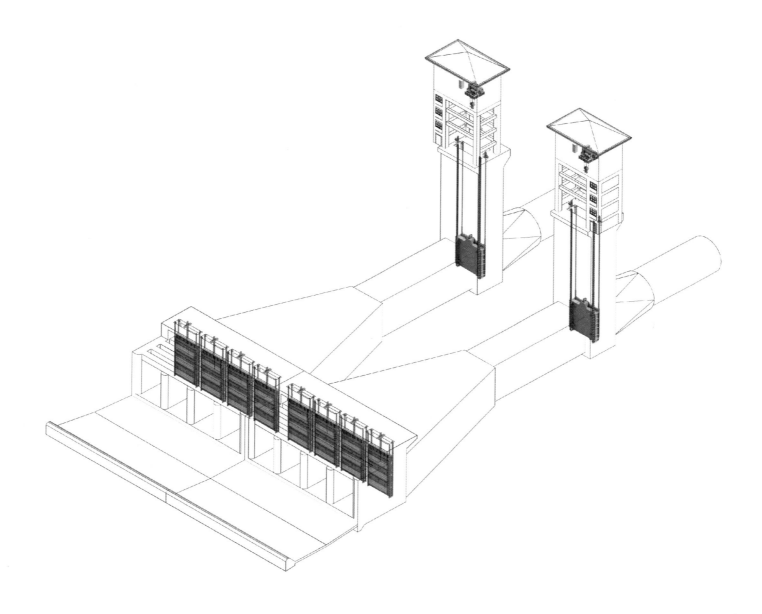

图 11–21 　下水库进 / 出水口机电设备全景图 （方案七）

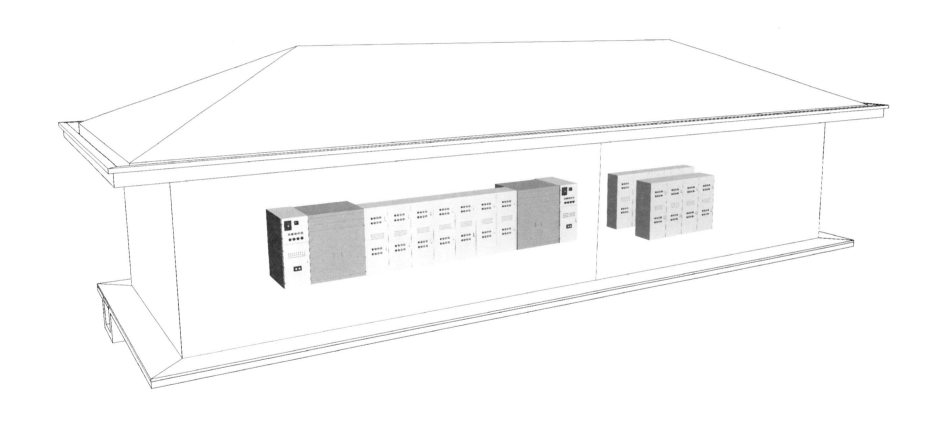

图 11-22　下水库进 / 出水口配电房电气设备全景图（方案七）

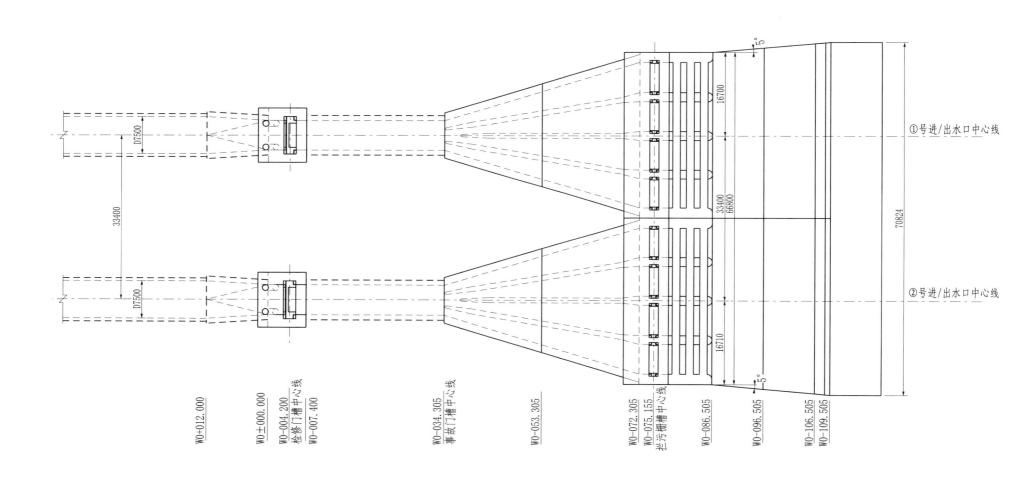

图 11-23　下水库进 / 出水口结构布置平面图（方案七）

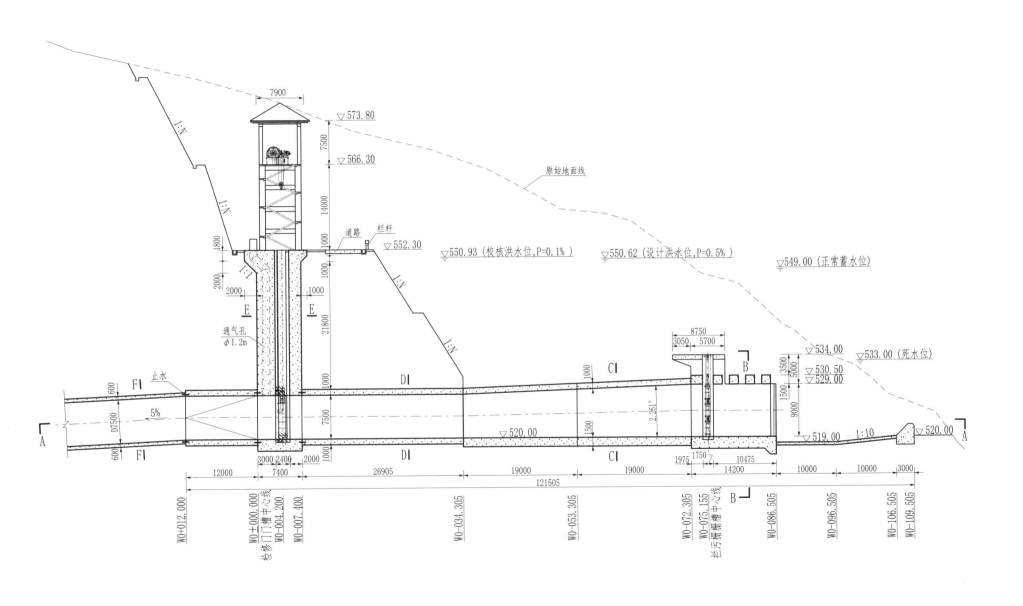

图 11-24　下水库进 / 出水口结构布置纵剖面图（方案七）

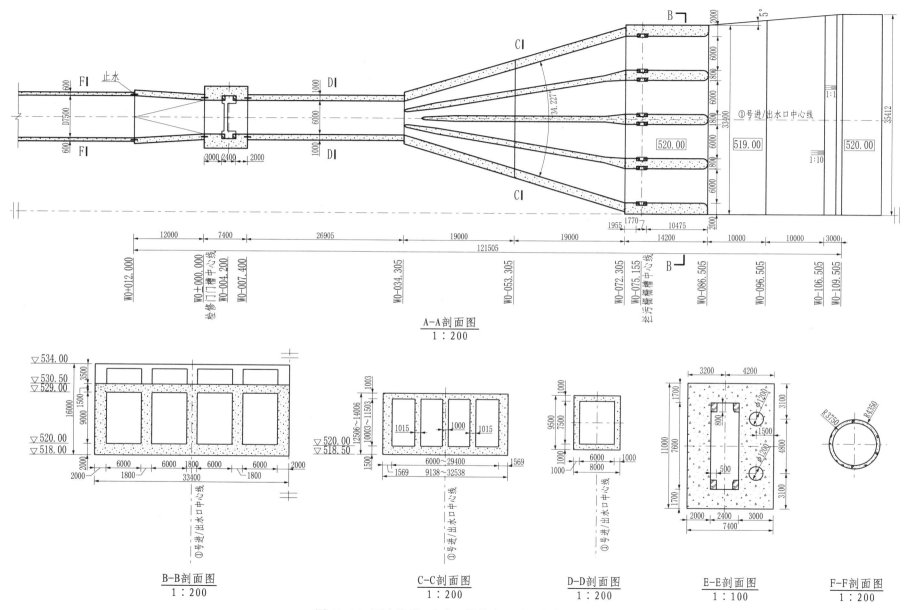

图 11-25　下水库进 / 出水口结构布置图（方案七）

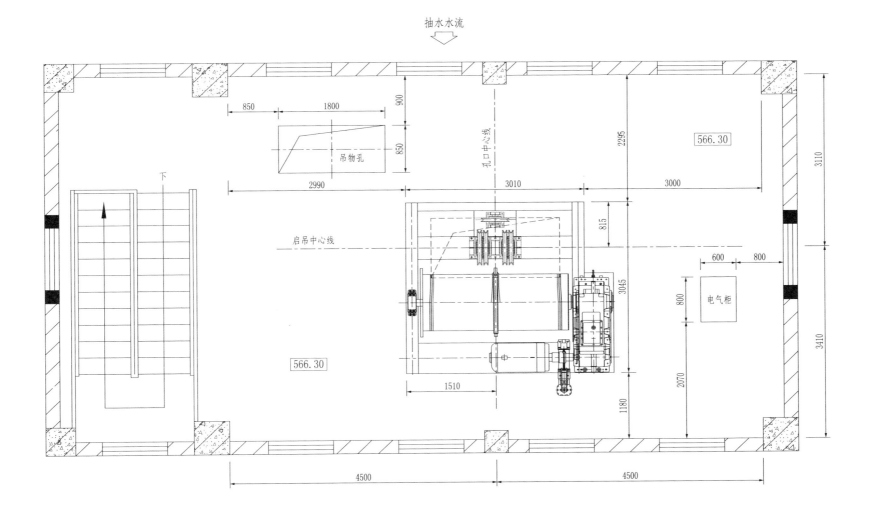

图 11-26　下水库进 / 出水口闸门启闭机室设备布置图（方案七）

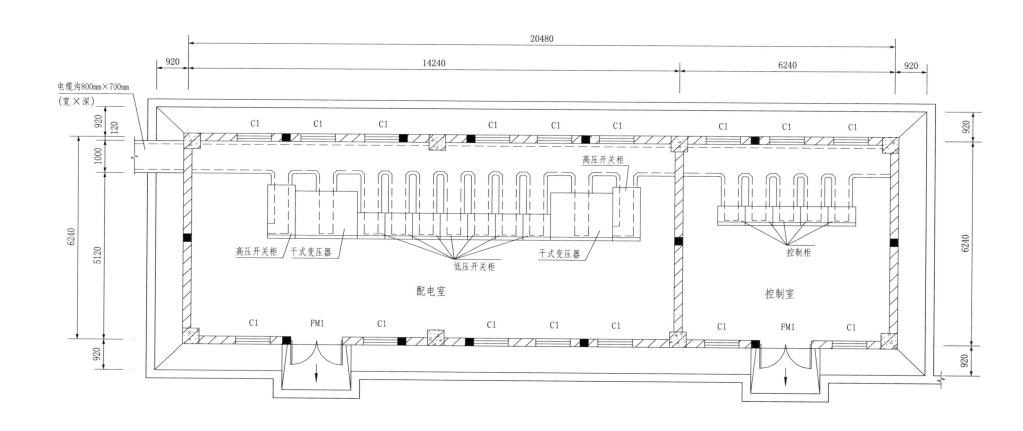

图 11-27 下水库进 / 出水口配电房电气设备布置图 （方案七）

11.4 方案八（四台机，两机一洞，岸塔式布置）

11.4.1 设计说明

11.4.1.1 总的部分

本方案为通用设计方案八，主要对应装机 4 台，尾水系统采用两机一洞方式输水，进口设拦污栅、不设永久启吊设施的抽水蓄能电站工程下水库侧式（岸塔式）进／出水口的布置设计。

11.4.1.2 土建部分

本方案由两个侧式（岸塔式）进／出水口并排布置而成，进／出水口主要由引水明渠段、防涡梁段（含拦污栅）、扩散段、闸门段、渐变段、闸门启闭机排架与机房、交通桥、配电房等组成。

引水明渠段长 38.8m，由出口水平段、中间反坡段和进口水平段 3 段组成。出口水平段高程 520.00m，长 8.8m，宽 70.824m，为防止库底淤泥进入流道，其前端设有 2.5m 高的混凝土拦沙坎；中间反坡段长 10m，坡比 1∶10；进口水平段高程 519.00m，长 10m，宽 66.8m，为防止明渠段淤沙进入流道，该段与进口拦污栅段连接处设有 1.0m 深的沉沙池。引水明渠反坡段与进口水平段两侧扩散角 5°，底板采用素混凝土护底，厚 0.5m。

防涡段底板高程 520.00m，长 14.20m（含拦污栅段），高 12.5m，共设置 5 根矩形钢筋混凝土防涡梁。防涡梁梁体宽 1.5m，高 1.5m，梁净间距 1.18m，梁上最小淹没水深 2.5m。拦污栅段宽 5.7m，高 5.0m，顶部设检修平台，宽 8.75m，平台高程 534.00m，高出死水位 1.0m。拦污栅检修与水库的维护相结合，利用施工临时道路改建的检修通道运送临时启吊设备至检修平台启吊拦污栅。单个进／出水口拦污栅由中墩和边墩分隔成 4 孔，尺寸 6.0m×9.0m（宽×高），其中中墩宽 1.8m，边墩宽 2.0m，前缘总宽 33.4m，最大过栅净流速约 1.07m/s。拦污栅中墩与边墩墩头采用半圆形，有利于减小进／出水口水头损失。

扩散段采用扁平钢筋混凝土箱形结构，长 38m，断面为矩形，内设 3 个分流隔墙，孔口尺寸由 29.4m×9.0m（宽×高）收缩为 6.0m×7.5m（宽×高）。扩散段两侧边墙宽 1.5m，隔墩宽 1.0m，底板厚 1.5m，顶板厚 1.0m。扩散段平面收缩角 34.227°，立面采用顶部单侧扩张，顶板扩张角 2.261°。

闸门塔体段长 8.5m，宽 12.0m，塔顶高程同大坝坝顶高程 552.30m，塔高 34.3m，闸门井内设检修闸门一道，闸门孔口尺寸 6.0m×7.5m。检修闸门后设置 2ϕ1.20m 通气孔。检修闸门采用固定卷扬式启闭机启闭，启闭机容量 800kN。启闭机房排架采用钢筋混凝土框架结构，高 14m，共设 4 层联系梁，层高 3.5m。启闭机室采用钢筋混凝土框架结构，顺水流向宽 7.0m，垂直水流向长 10.2m，机房高 7.5m。

闸门井后设渐变段与引水隧洞相接。渐变段长 12m，断面由 6.0m×7.5m 的矩形渐变为直径 7.5m 的圆。

闸门塔顶布置有交通桥。交通桥按单向行车设计，桥面宽 5.7m，跨度 21.4m。交通桥桥面梁采用现浇整体式钢筋混凝土 T 形简支梁，梁肋根数为 3 根，桥面梁高 1.7m，防水混凝土铺装层厚 120mm。

下水库进／出水口配电房由配电室和控制室组成，平面尺寸 20.48m×6.24m（长×宽），高 4.6m。配电房与启闭机室的建筑设计见本通用设计第 4 篇相关内容。

11.4.1.3 金属结构部分

本方案下水库进／出水口设置有拦污栅、检修闸门及其启闭设备。

1. 下水库进／出水口检修闸门

下水库进／出水口设有 2 条尾水隧洞，每条尾水隧洞进／出水口设置 1 孔 1 扇检修闸门，共计 2 扇下水库进／出水口检修闸门，以便封堵来自下水库的水源，为检修尾水隧洞与尾水事故闸门、门槽及其启闭机提供条件。

闸门门型为潜孔式平面滑动式闸门，闸门处孔口尺寸为 6.0m×7.5m，底坎高程 520.00m，设计水位 550.62m，设计水头 30.62m。门体的梁系为实腹式同层布置，闸门面板及水封布置在厂房侧。闸门主支承为复合滑道、反向弹性滑块（头部镶嵌低摩复合材料）、侧向简支轮。

闸门门顶设有充水阀充水平压，静水启闭，用固定卷扬式启闭机操作。平时通过翻板锁定装置将门体锁定在孔口顶部。

2. 下水库进/出水口检修闸门启闭机

检修闸门启闭机系固定卷扬式启闭机，一台启闭机操作一扇闸门，启闭机布置在排架高程 566.30m 平台的机房中。启闭机容量为 800kN，扬程约为 36.0m，启闭速度约为 2.0m/min。启闭机采用现场操作。在每个启闭机室顶部设置有锚钩并配有手拉葫芦，用于卷扬式启闭机的检修和维护。

3. 下水库进/出水口拦污栅

为确保机组免遭意外污物进入而引起破坏，每条尾水隧洞进/出水口设 4 孔 4 套拦污栅，共计 8 扇下水库进/出水口拦污栅。

根据水工专业初拟拦污栅孔口尺寸，按照本通用设计第 5 章规定的进/出水口拦污栅过栅流速不大于 1.2m/s 设计原则，本方案拦污栅孔口尺寸定为 6.0m×9.0m（宽×高），底板高程 520.00m。拦污栅按 5m 水头差设计，拦污栅主框架采用焊接流线型箱型梁，栅条与主框架焊接。为抑制拦污栅的振动，利用锲形滑块和锲形栅槽配合将拦污栅卡紧在埋件上。

拦污栅主支承和反向支承均为 MGE 复合材料滑块，栅体材料 Q345B；栅槽主、反支承座板材料 1Cr18Ni9Ti，其余材料为 Q235B。

拦污栅检修可与水库的维护相结合，将拦污栅检修平台设在下水库维护水位以上，利用施工临时道路改建的检修通道运送临时启吊设备至检修平台启吊拦污栅。

11.4.1.4 电气一次部分

电气一次设计包括下水库进/出水口用电系统、配电房选址及电气设备的布置设计。

1. 下水库进/出水口用电系统

下水库进/出水口用电供电电压采用 0.4kV 一级电压供电。

下水库进/出水口用电系统共有 2 个电源，分别取自厂用 10.5kV 母线 I、III 段，0.4kV 侧采用单母线分段接线。

2. 配电房选址

下水库进/出水口配电房宜靠近负荷中心，并宜优先考虑布置在下水

库进/出水口岸边平地上，便于电缆的敷设与运行管理。

3. 电气设备布置

下水库进/出水口设配电室和控制室，配电室内布置有 10kV 开关柜、干式变压器和低压配电盘，控制室内布置有控制盘柜。下水库进/出水口配电房内设室内电缆沟，并与户外电缆沟相连。

11.4.1.5 电气二次部分

下水库进/出水口设 220V 直流系统 1 套、下水库 LCU（现地监控单元）1 套。220V 直流系统由 1 面蓄电池柜、1 面直流充馈电柜组成（也可采用一体化电源设备）布置于下水库配电室。下水库 LCU 柜、光配线架及工业电视控制柜也布置于下水库配电室。下水库进/出水口每扇检修闸门设 1 套启动控制系统，布置于各进/出水口闸门启闭机房内。

下水库 LCU 监控对象为：下水库进/出水口检修闸门、下水库水位、下水库水温、下水库配电设备和下水库直流电源系统等。

下水库 220V 直流系统负荷为：下水库 10kV 及 0.4kV 配电开关柜、下水库 LCU 柜、事故应急照明等。

11.4.2 主要设备清册

清册汇入了电气一次、电气二次与金属结构主要设备，其中桥架、电缆、管路、管架等材料未列入清册。电气一次主要设备清册见表 11-13，电气二次主要设备清册见表 11-14，金属结构主要设备清册见表 11-15。

表 11-13　　　　　　　电气一次主要设备清册

序号	设备名称	技术参数	单位	数量	布置地点	备注
1	高压开关柜	10.5kV	面	2	下水库配电房	
2	下水库干式变压器	SCB11-800kVA 10.5 ± 2 × 2.5%/0.4kV D，yn11	台	2	下水库配电房	
3	低压开关柜	0.4kV，抽屉式开关柜	面	8	下水库配电房	

表 11-14 　　　　　　　　　　　　　　电气二次主要设备清册

序号	设备名称	技术参数	单位	数量	布置地点	备注
1	下水库 LCU		套	1	下水库配电房	
2	启闭机启动控制系统		套	1	下水库启闭机室	每台启闭机设一套控制系统
3	直流系统		套	1	下水库配电房	电池柜及馈电柜各一面
4	光配线架		面	1	下水库配电房	
5	工业电视控制柜		面	1	下水库配电房	

表 11-15 　　　　　　　　　　　　　　金属结构主要设备清册

序号	设备名称	技术参数	单位	数量	布置地点	备注
1	下水库进／出水口检修闸门	6.0m × 7.5m–30.62m	扇	2	尾水隧洞进／出水口	
2	下水库进／出水口检修闸门门槽埋件		孔	2	尾水隧洞进／出水口	
3	下水库进／出水口检修闸门启闭机	800kN 固定卷扬式启闭机	台	2	排架高程 566.30m 平台机房内	
4	下水库进／出水口拦污栅	6.0m × 9.0m–5m	套	8	尾水隧洞进／出水口	
5	下水库进／出水口拦污栅槽埋件		孔	8	尾水隧洞进／出水口	

11.4.3　使用说明

11.4.3.1　概述

为了更好地使用本通用设计，特编制通用设计使用说明。通用设计使用说明重点是对设计方案的选用、设计方案的使用条件、设计方案的调整等内容进行具体说明，以方便使用者在具体的工程设计时使用。

各设计单位设计人员在使用本通用设计文件时，要根据具体工程的水文地质条件与枢纽布置实际情况，在安全可靠、技术先进、投资合理、标准统一、运行高效的设计原则下，进一步强化工程安全、投资节约、提高效率、降低运行成本的思路，对方案中的各种条件进行研究分析，形成符合实际要求的抽水蓄能电站工程上、下水库进／出水口布置设计。

本通用设计可用于实际工程的可行性研究与招标设计阶段，使用时还应与现行国家或行业标准等相关内容配套使用。使用者可根据实际工程适用条件、前期工作确定的原则进行分析，若实际工程的基本技术条件符合方案基本技术条件，便可直接采纳或稍加修改后作为抽水蓄能电站的本体设计；若通用设计中未包括的或因实际工程条件不同而变化较大时，则应按照本通用设计第 5 章规定的主要设计原则，对变化大的部分进行调整，完成整体设计。具体见 11.4.3.2 ～ 11.4.3.5 节中各专业的使用边界条件及特殊说明。

11.4.3.2　土建部分

（1）本方案适应装机 4 台，单机额定流量 $81m^3/s$，尾水系统采用两机一洞方式输水，进口设拦污栅、不设永久启吊设施的抽水蓄能电站工程下水库侧式（岸塔式）进／出水口的布置设计。若机组额定流量有较大差别，则应按照本通用设计第 5 章规定的主要设计原则重新复核并重拟进／出水口主要建筑物的结构尺寸与控制高程。

（2）本方案假定进／出水口地基为岩基，进／出水口边坡稳定，不考虑特殊地质条件下的基础处理和边坡开挖支护。工程实际设计时，应根据具体工程的实际地形地质条件、水文地质条件，采取合理的开挖坡比与支护措施，确保边坡安全稳定。边坡通常可采用锚喷支护、钢筋混凝土面板、网格梁植草等措施。

（3）本方案闸门启闭机室与配电房的外观设计采用古典设计风格，启闭机排架采用"开放式"。 工程实际设计时，应根据工程实际所处地理位置、气候特点以及电站周边环境或景区规划，从第 4 篇建筑设计组合形成的"古典 + 开放""古典 + 封闭""现代 + 开放"和"现代 + 封闭" 4 种不同设计风格中，选择并形成符合实际要求的外观设计方案，使之保持与工程所在地及风景区的建筑风格和气候特点相协调。

（4）考虑进／出水口配电房位置选择受进水口地形等条件影响较大，本方案未考虑配电房的具体位置，实际选址时应对方案中的各种条件进行研究分析，并参照本报告第 1 篇第 5 章规定的主要设计原则，形成符合实际要求的配电房选址设计。

11.4.3.3　金属结构部分

（1）本方案适应装机 4 台，单机额定流量 $81m^3/s$，尾水系统采用两机一洞方式输水，进口设拦污栅、不设永久启吊设施的抽水蓄能电站工程下水库侧式（岸塔式）进／出水口的布置设计。若机组额定流量有变化，则应按照本通用设计第 5 章规定的主要设计原则重新复核并重拟进／出水口拦污栅孔口尺寸。

（2）本方案假定下水库天然来流较小，污物较少，且下水库维护时的水位在拦污栅检修平台以下，拦污栅的清污、维护或更换可与水库的维护相结合，可利用施工临时道路改建的检修通道运送临时启吊设备至检修平台启吊拦污栅。工程实际设计时，应根据具体工程的实际情况及拦污栅在下水库建筑物中的布置，确定拦污栅的启吊设备是采用临时启吊设备还是永久启吊设备。

（3）本方案闸门和启闭机选型与启闭机的布置只适用于本方案。工程实际设计时，应根据具体工程实际情况，按照本通用设计第 5 章规定的主要设计原则，重新复核并选择确定启闭机型式、参数及其排架高度。

（4）本方案启闭机室顶部设置有锚钩并配有手拉葫芦，用于卷扬式启闭机的检修和维护。工程实际设计时，应根据工程实际情况综合考虑是在机房顶部设置锚钩还是设置可移动式机房检修吊，用于卷扬式启闭机的检修和维护。

（5）本方案附有下水库进／出水口启闭机室机电设备布置图，图示吊物孔布置、尺寸均为参考尺寸，其实际尺寸应根据工程实际情况进行复核拟定。

11.4.3.4　电气一次部分

适用于下水库进／出水口配电房的布置设计。若下水库有泄洪设施供电需求，距离较近且未设置独立的配电房时，下水库进／出水口配电房可考虑增设柴油发电机室。

11.4.3.5　电气二次部分

按"无人值班"（少人值守）的原则进行设计。监控系统主控级和现地控制单元（下水库 LCU）之间采用双光纤以太网连接。

11.4.4　设计图

设计图目录见表 11-16。

表 11-16　　　　设 计 图 目 录

序号	图　名	图号
1	下水库进／出水口全景图（方案八）	图 11-28
2	下水库进／出水口俯视图（方案八）	图 11-29
3	下水库进／出水口机电设备全景图（方案八）	图 11-30
4	下水库进／出水口配电房电气设备全景图（方案八）	图 11-31
5	下水库进／出水口结构布置平面图（方案八）	图 11-32
6	下水库进／出水口结构布置纵剖面图（方案八）	图 11-33
7	下水库进／出水口结构布置图（方案八）	图 11-34
8	下水库进／出水口闸门启闭机室设备布置图（方案八）	图 11-35
9	下水库进／出水口配电房电气设备布置图（方案八）	图 11-36

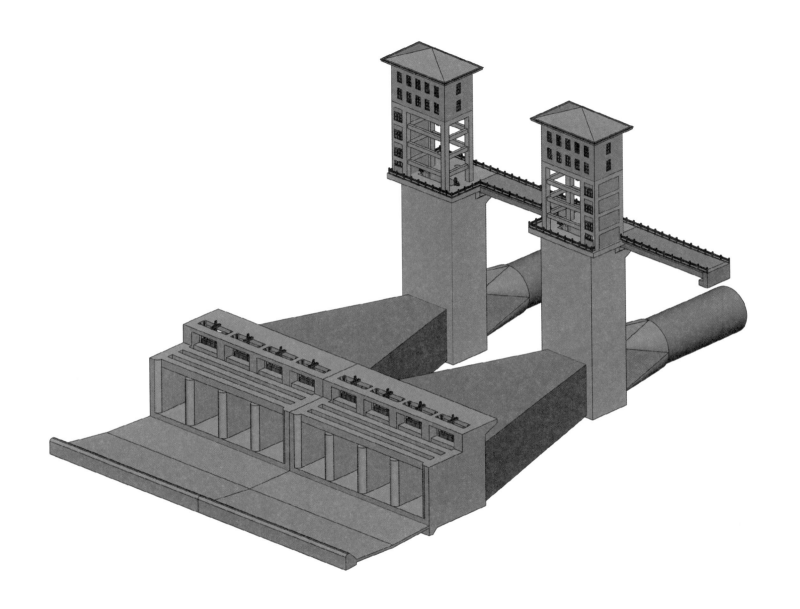

图 11-28　下水库进／出水口全景图（方案八）

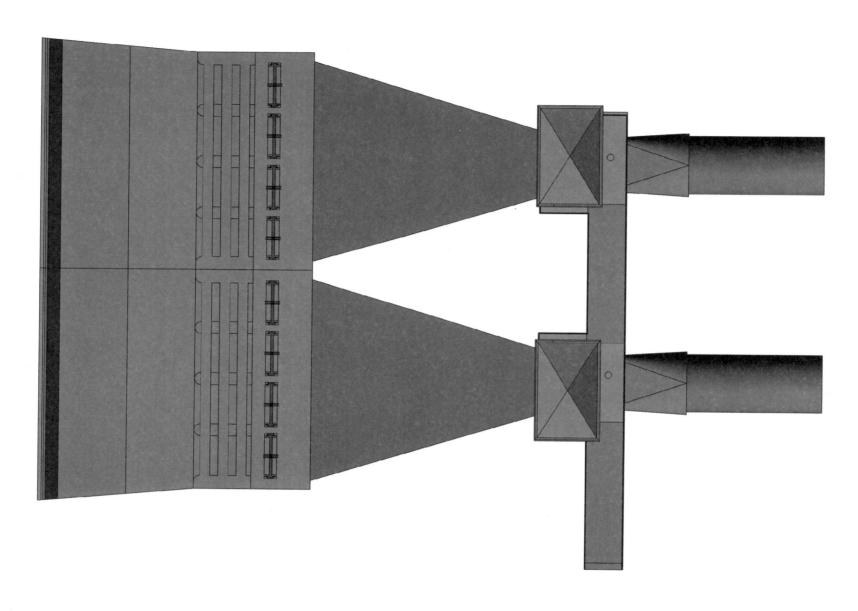

图 11-29　下水库进 / 出水口俯视图（方案八）

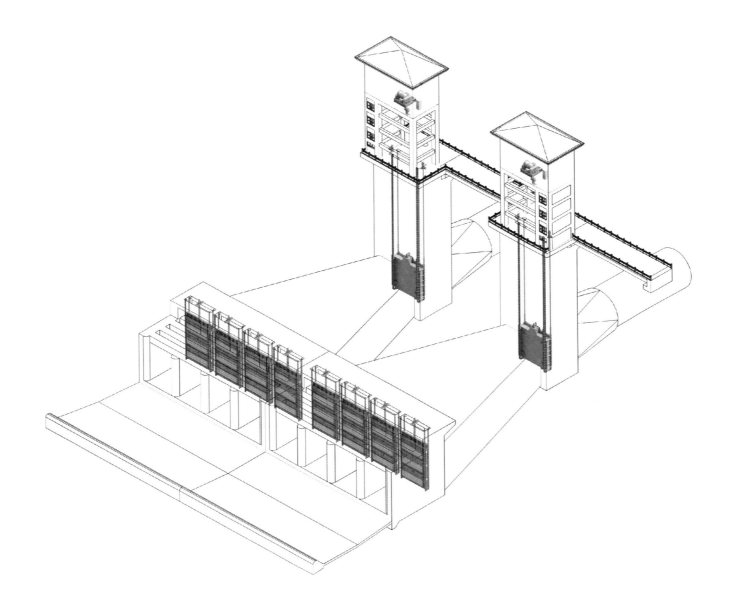

图 11-30　下水库进 / 出水口机电设备全景图（方案八）

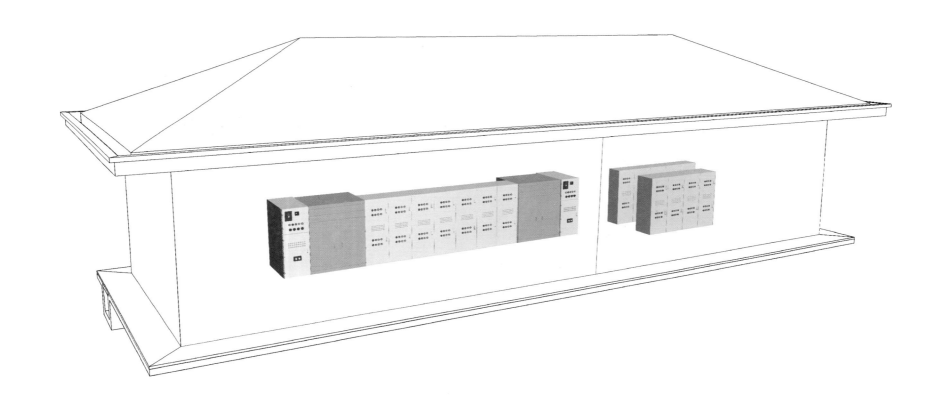

图 11-31　下水库进 / 出水口配电房电气设备全景图（方案八）

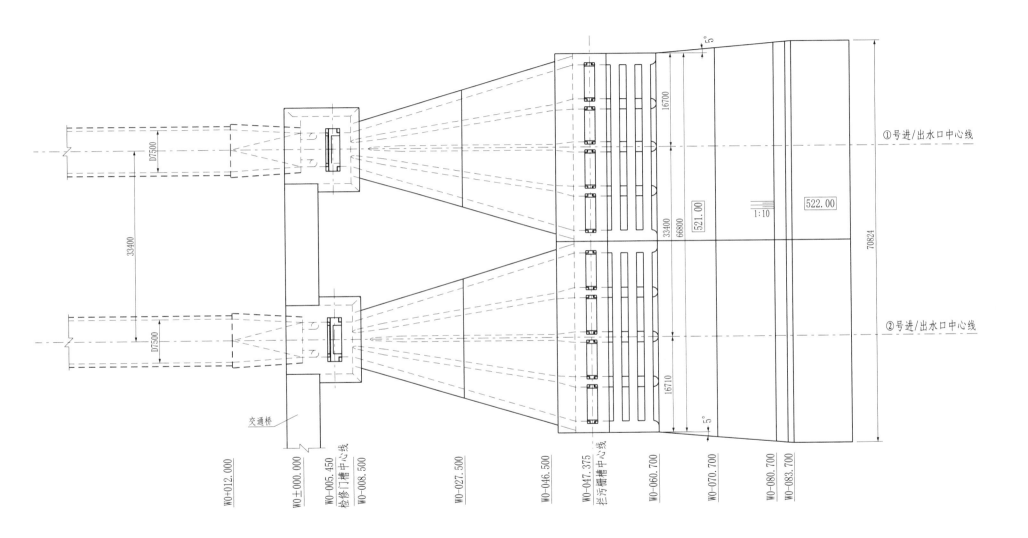

图 11-32　下水库进 / 出水口结构布置平面图（方案八）

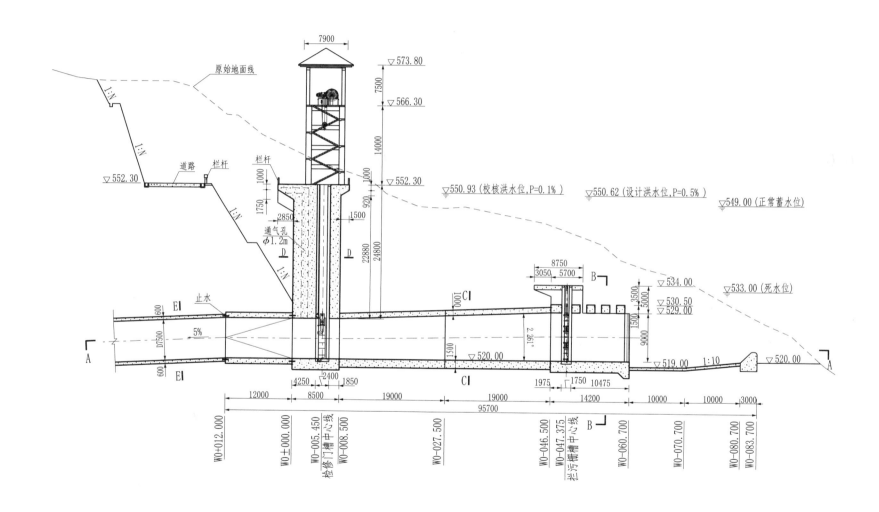

图 11-33　下水库进 / 出水口结构布置纵剖面图（方案八）

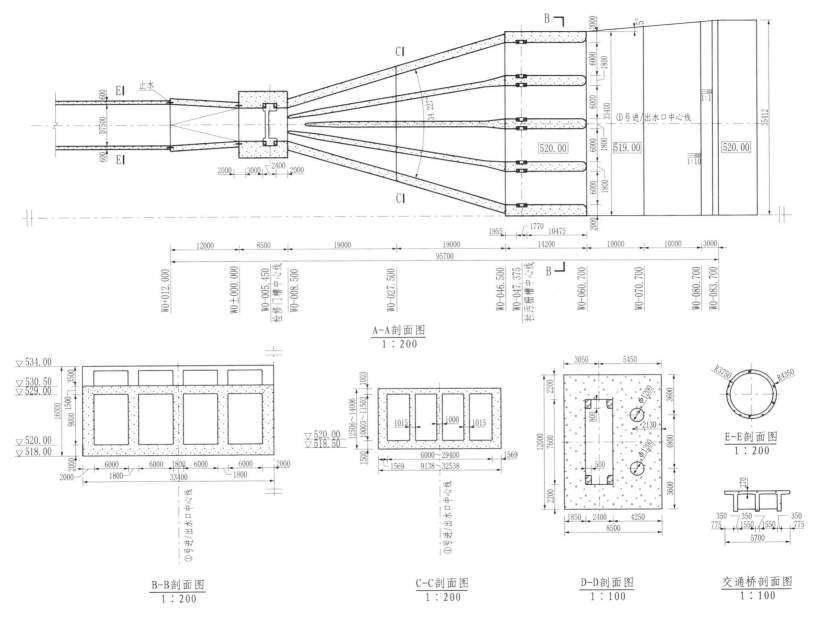

图 11-34　下水库进 / 出水口结构布置图（方案八）

A-A剖面图
1：200

B-B剖面图
1：200

C-C剖面图
1：200

D-D剖面图
1：100

E-E剖面图
1：200

交通桥剖面图
1：100

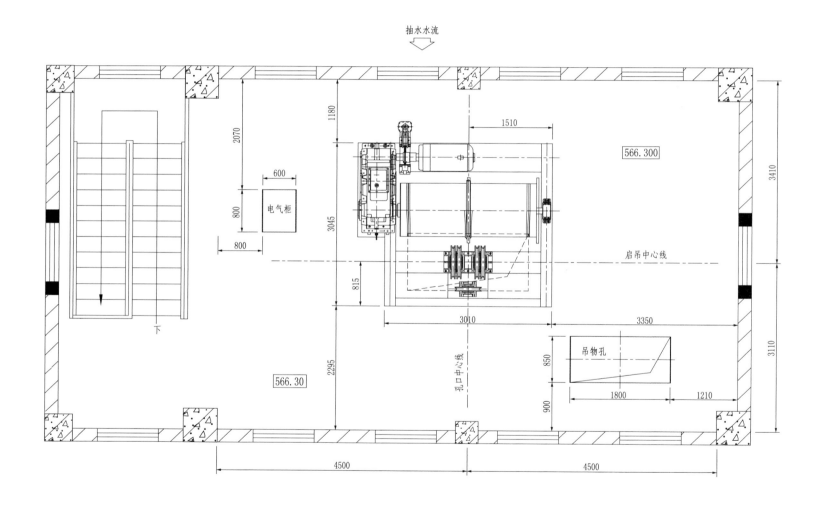

图 11-35　下水库进／出水口闸门启闭机室设备布置图（方案八）

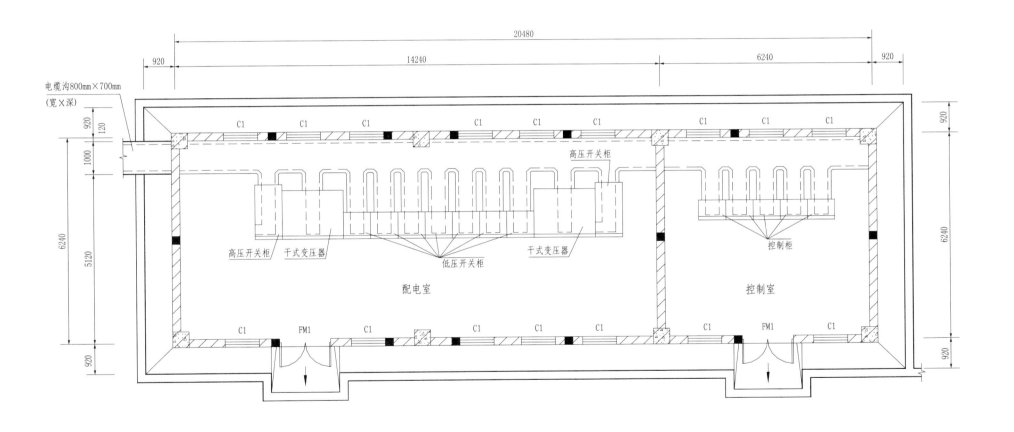

图 11-36　下水库进 / 出水口配电房电气设备布置图（方案八）

11.5 方案九（六台机，两机一洞，闸门竖井式布置）

11.5.1 设计说明

11.5.1.1 总的部分

本方案为通用设计方案九，主要对应装机 6 台，尾水系统采用两机一洞方式输水，进口设拦污栅、同时设永久启吊设施的抽水蓄能电站工程下水库侧式（闸门竖井式）进 / 出水口的布置设计。

11.5.1.2 土建部分

本方案由 3 个侧式（闸门竖井式）进 / 出水口并排布置而成，进 / 出水口主要由引水明渠段、防涡梁段（含拦污栅）、扩散段、隧洞段、闸门段、渐变段、拦污栅启闭机排架、配电房与交通桥等组成。

引水明渠段长 38.8m，由出口水平段、中间反坡段和进口水平段 3 段组成。出口水平段高程 520.00m，长 8.8m，宽 104.224m，为防止库底淤泥进入流道，其前端设有 2.5m 高的混凝土拦沙坎；中间反坡段长 10m，坡比 1：10；进口水平段高程 519.00m，长 10m，宽 100.2m，为防止明渠段淤沙进入流道，该段与进口拦污栅段连接处设有 1.0m 深的沉沙池。引水明渠反坡段与进口水平段两侧扩散角 5°，底板采用素混凝土护底，厚0.5m。

防涡段底板高程 520.00m，长 14.20m（含拦污栅段），高 12.5m，共设置 5 根矩形钢筋混凝土防涡梁。防涡梁梁体宽 1.5m，高 1.5m，梁净间距 1.18m，梁上最小淹没水深 2.5m。拦污栅排架柱宽 5.7m，高 34.3m，上下游两侧分别设有五层连续梁，层高 4.32m，梁体宽 0.8m，高 1.0m，顶部设门机操作平台，宽 9.0m，平台高程 552.30m。操作平台布置有交通桥的一端设有拦污栅检修平台，宽 9.0m，长 10m，便于拦污栅的检修与日常维护。单个进 / 出水口拦污栅由中墩和边墩分隔成 4 孔，尺寸 6.0m×9.0m（宽×高），其中中墩宽 1.8m，边墩宽 2.0m，前缘总宽 33.4m，最大过栅净流速约 1.07m/s。拦污栅中墩与边墩墩头采用半圆形，有利于减小进 / 出水口水头损失。

扩散段采用扁平钢筋混凝土箱形结构，长 38m，断面为矩形，内设 3 个分流隔墙，孔口尺寸由 29.4m×9.0m（宽×高）收缩为 6.0m×7.5m（宽×高）。扩散段两侧边墙宽 1.5m，隔墩宽 1.0m，底板厚 1.5m，顶板厚1.0m。扩散段平面收缩角 34.227°，立面采用顶部单侧扩张，顶板扩张角 2.261°。

隧洞段位于扩散段与闸门段之间，长 26.905m，断面为 6.0m×7.5m（宽×高）的矩形，采用钢筋混凝土衬砌，厚 1.0m。

闸门井段长 7.4m，宽 11.0m，顶部高程同大坝坝顶高程 552.30m，井深 34.3m，闸门井内设检修闸门一道，闸门孔口尺寸 6.0m×7.5m。三个检修门槽孔口共设一扇检修闸门，门库布置于②、③进 / 出水口闸门井之间，尺寸 2.4m×7.6m×10m（宽×长×高）。检修闸门后设置 2φ1.20m 通气孔。检修闸门采用门机启闭，启闭机容量 800kN。

闸门井后设渐变段与引水隧洞相接。渐变段长 12m，断面由 6.0m×7.5m 的矩形渐变为直径 7.5m 的圆。

拦污栅操作平台布置有交通桥与环库公路相连。交通桥按单向行车设计，桥面宽 5.7m，跨度 21.4m。交通桥桥面梁采用现浇整体式钢筋混凝土"T"形简支梁，梁肋根数为 3 根，桥面梁高 1.7m，防水混凝土铺装层厚120mm。

下水库进 / 出水口配电房由配电室和控制室组成，平面尺寸 20.48m×6.24m （长×宽），高 4.6m。配电房与启闭机室的建筑设计见本通用设计第 4 篇相关内容。

11.5.1.3 金属结构部分

本方案下水库进 / 出水口设置有拦污栅、检修闸门及其启闭设备。

1. 下水库进 / 出水口检修闸门

下水库进 / 出水口设有 3 条尾水隧洞，每条尾水隧洞进 / 出水口设置 1 孔 1 套检修闸门门槽，3 套门槽共用 1 扇下水库进 / 出水口检修闸门，以便封堵来自下水库的水源，为检修尾水隧洞和尾水事故闸门、门槽及其启闭机提供条件。

闸门门型为潜孔式平面滑动式闸门，闸门处孔口尺寸为 6.0m×7.5m，底坎高程 520.00m，设计水位 550.620m，设计水头 30.62m。门体的梁系为实腹式同层布置，闸门面板及水封布置在厂房侧。闸门主支承为复合滑道、反向弹性滑块（头部镶嵌低摩复合材料）、侧向简支轮。

闸门门顶设有充水阀充水平压，静水启闭，用单向门式启闭机操作。闸门平时存放在检修闸门门库内。

2. 下水库进 / 出水口检修闸门单向门机

下水库进 / 出水口布置 1 台 800kN 的检修闸门单向门式启闭机，用于下水库进 / 出水口检修闸门的启闭操作。门机容量 800kN，启闭速度 0.2 ～ 2m/min，扬程约 35.0m，门机轨距 5m，行走速度 2 ～ 20m/min，门机轨道安装在闸门井高程 552.30m 平台上。

门机供电方式采用电缆卷筒供电，控制方式采用现地控制方式。

3. 下水库进 / 出水口拦污栅

为确保机组免遭意外污物进入而引起破坏，每条尾水隧洞进 / 出水口设 4 孔 4 套拦污栅，共计 12 扇下水库进 / 出水口拦污栅。

根据水工专业初拟拦污栅孔口尺寸，按照本通用设计第 5 章规定的进 / 出水口拦污栅过栅流速不大于 1.2m/s 设计原则，本方案拦污栅孔口尺寸定为 6.0m×9.0m（宽 × 高），底板高程 520.00m。拦污栅按 5m 水头差设计，拦污栅主框架采用焊接流线型箱型梁，栅条与主框架焊接。为抑制拦污栅的振动，利用锲形滑块和锲形栅槽配合将拦污栅卡紧在埋件上。

拦污栅主支承和反向支承均为 MGE 复合材料滑块，栅体材料 Q345B；栅槽主、反支承座板材料 1Cr18Ni9Ti，其余材料为 Q235B。

拦污栅的清污、维护或更换采用 630kN 单向门机操作。

4. 下水库进 / 出水口拦污栅单向门机

下水库进 / 出水口布置 1 台 630kN 的拦污栅单向门式启闭机，用于下水库进 / 出水口拦污栅的启闭操作。门机容量 630kN，启闭速度 0.2 ～ 2m/min，扬程约 7.0m，门机轨距 5m，行走速度 2 ～ 20m/min，门机轨道安装在拦污栅排架高程 552.30m 操作平台上。

门机供电方式采用电缆卷筒供电，控制方式采用现地控制方式。

11.5.1.4 电气一次部分

电气一次设计包括下水库进 / 出水口用电系统、配电房选址及电气设备的布置设计。

1. 下水库进 / 出水口用电系统

下水库进 / 出水口用电供电电压采用 0.4kV 一级电压供电。

下水库进 / 出水口用电系统共有 2 个电源，分别取自厂用 10.5kV 母线 I、III 段，0.4kV 侧采用单母线分段接线。

2. 配电房选址

下水库进 / 出水口配电房宜靠近负荷中心，并宜优先考虑布置在下水库进 / 出水口平台上，便于电缆的敷设与运行管理。

3. 电气设备布置

下水库进 / 出水口配电房设配电室和控制室，配电室内布置有 10kV 开关柜、干式变压器和低压配电盘，控制室内布置有控制盘柜。下水库进 / 出水口配电房内设室内电缆沟，并与户外电缆沟相连。

11.5.1.5 电气二次部分

下水库进 / 出水口设 220V 直流系统 1 套、下水库 LCU（现地监控单元）1 套。220V 直流系统由 1 面蓄电池柜、1 面直流充馈电柜组成（也可采用一体化电源设备）布置于下水库配电室。下水库 LCU 柜、光配线架及工业电视控制柜也布置于下水库配电室。

下水库 LCU 监控对象为：下水库进 / 出水口检修闸门、下水库水位、下水库水温、下水库配电设备和下水库直流电源系统等。

下水库 220V 直流系统负荷为：下水库 10kV 及 0.4kV 配电开关柜、下水库 LCU 柜、事故应急照明等。

11.5.2 主要设备清册

清册汇入了电气一次、电气二次与金属结构主要设备，其中桥架、电缆、管路、管架等材料未予列入。电气一次主要设备清册见表 11-17，电气二次主要设备清册见表 11-18，金属结构主要设备清册见表 11-19。

表 11-17　　　　　　　　　　　　**电气一次主要设备清册**

序号	设备名称	技术参数	单位	数量	布置地点	备注
1	高压开关柜	10.5kV	面	2	下水库配电房	
2	下水库干式变压器	SCB11-800kVA 10.5±2×2.5%/0.4kV D，yn11	台	2	下水库配电房	
3	低压开关柜	0.4kV，抽屉式开关柜	面	8	下水库配电房	

表 11-18　　　　　　　　　　　　**电气二次主要设备清册**

序号	设备名称	技术参数	单位	数量	布置地点	备注
1	下水库 LCU		套	1	下水库配电房	
2	直流系统		套	1	下水库配电房	电池柜及馈电柜各一面
3	光配线架		面	1	下水库配电房	
4	工业电视控制柜		面	1	下水库配电房	

表 11-19　　　　　　　　　　　　**金属结构主要设备清册**

序号	设备名称	技术参数	单位	数量	布置地点	备注
1	下水库进/出水口检修闸门	6.0m×7.5m-30.62m	扇	1	尾水隧洞进/出水口	
2	下水库进/出水口检修闸门门槽埋件		孔	3	尾水隧洞进/出水口	
3	下水库进/出水口检修闸门门库埋件		孔	1	尾水隧洞进/出水口	
4	下水库进/出水口检修闸门启闭机	800kN 单向门机	台	1	检修门槽顶部高程552.30m 平台上	
5	下水库进/出水口拦污栅	6.0m×9.0m-5m	套	12	尾水隧洞进/出水口	
6	下水库进/出水口拦污栅槽埋件		孔	12	尾水隧洞进/出水口	
7	下水库进/出水口拦污栅启闭机	630kN 单向门机	台	1	拦污栅槽顶部高程552.30m 平台上	

11.5.3　使用说明

11.5.3.1　概述

为了更好地使用本通用设计，特编制通用设计使用说明。通用设计使用说明重点是对设计方案的选用、设计方案的使用条件、设计方案的调整等内容进行具体说明，以方便使用者在具体的工程设计时使用。

各设计单位设计人员在使用本通用设计文件时，要根据具体工程的水文地质条件与枢纽布置实际情况，在安全可靠、技术先进、投资合理、标准统一、运行高效的设计原则下，进一步强化工程安全、投资节约、提高效率、降低运行成本的思路，对方案中的各种条件进行研究分析，形成符合实际要求的抽水蓄能电站工程上、下水库进/出水口布置设计。

本通用设计可用于实际工程的可行性研究与招标设计阶段，使用时还应与现行国家或行业标准等相关内容配套使用。使用者可根据实际工程适用条件、前期工作确定的原则进行分析，若实际工程的基本技术条件符合方案基本技术条件，便可直接采纳或稍加修改后作为抽水蓄能电站的本体设计；若通用设计中未包括的或因实际工程条件不同而变化较大时，则应按照本通用设计第5章规定的主要设计原则，对变化大的部分进行调整，完成整体设计。具体见 11.5.3.2～11.5.3.5 节中各专业的使用边界条件及特殊说明。

11.5.3.2　土建部分

（1）本方案适应装机 6 台，单机额定流量 81m³/s，尾水系统采用两机一洞方式输水，进口设拦污栅、同时设永久启吊设施的抽水蓄能电站工程下水库侧式（闸门竖井式）进/出水口的布置设计。若机组额定流量有较大差别，则应按照本通用设计第5章规定的主要设计原则重新复核并重拟进/出水口主要建筑物的结构尺寸与控制高程。

（2）本方案假定进/出水口地基为岩基，进/出水口边坡稳定，不考虑特殊地质条件下的基础处理和边坡开挖支护。工程实际设计时，应根据具体工程的实际地形地质条件、水文地质条件，采取合理的开挖坡比与支护措施，确保边坡安全稳定。边坡通常可采用锚喷支护、钢筋混凝土面板、网格梁植草等措施。

（3）本方案闸门启闭机室与配电房的外观设计采用古典设计风格，启闭机排架采用"开放式"。工程实际设计时，应根据工程实际所处地理位置、气候特点以及电站周边环境或景区规划，从第4篇建筑设计组合形成的"古典＋开放""古典＋封闭""现代＋开放"和"现代＋封闭"4种不同设计风格中，选择并形成符合实际要求的外观设计方案，使之保持与工程所在地及风景区的建筑风格和气候特点相协调。

（4）考虑进／出水口配电房位置选择受进／出水口地形地质等条件影响较大，本方案未考虑配电房的具体位置，配电房实际选址时应对方案中的各种条件进行研究分析，并参照本报告第1篇第5章规定的主要设计原则，形成符合实际要求的配电房选址设计。

11.5.3.3　金属结构部分

（1）本方案适应装机6台，单机额定流量81m³/s，尾水系统采用两机一洞方式输水，进口设拦污栅、同时设永久启吊设施的抽水蓄能电站工程下水库侧式（闸门竖井式）进／出水口的布置设计。若机组额定流量有变化，则应按照本通用设计第5章规定的主要设计原则重新复核并重拟进／出水口拦污栅孔口尺寸。

（2）本方案拦污栅的清污、维护或更换采用单向门机操作。工程实际设计时，应根据具体工程的实际情况及拦污栅在下水库建筑物中的布置，确定拦污栅的启吊设备是采用临时启吊设备还是永久启吊设备。

（3）本方案闸门和启闭机选型与启闭机的布置只适用于本方案。工程实际设计时，应根据具体工程实际情况，按照本通用设计第5章规定的主要设计原则，重新复核并选择确定启闭机型式及参数。

11.5.3.4　电气一次部分

适用于下水库进／出水口配电房的布置设计。若下水库有泄洪设施供

电需求，距离较近且未设置独立的配电房时，下水库进／出水口配电房可考虑增设柴油发电机室。

11.5.3.5　电气二次部分

按"无人值班"（少人值守）的原则进行设计。监控系统主控级和现地控制单元（下水库LCU）之间采用双光纤以太网连接。

11.5.4　设计图

设计图目录见表11-20。

表11-20　　　　设计图目录

序号	图　名	图号
1	下水库进／出水口全景图（方案九）	图11-37
2	下水库进／出水口俯视图（方案九）	图11-38
3	下水库进／出水口机电设备全景图（方案九）	图11-39
4	下水库进／出水口配电房电气设备全景图（方案九）	图11-40
5	下水库进／出水口结构布置平面图（方案九）	图11-41
6	下水库进／出水口结构布置纵剖面图（方案九）	图11-42
7	下水库进／出水口结构布置图一（方案九）	图11-43
8	下水库进／出水口结构布置图二（方案九）	图11-44
9	下水库进／出水口配电房电气设备布置图（方案九）	图11-45

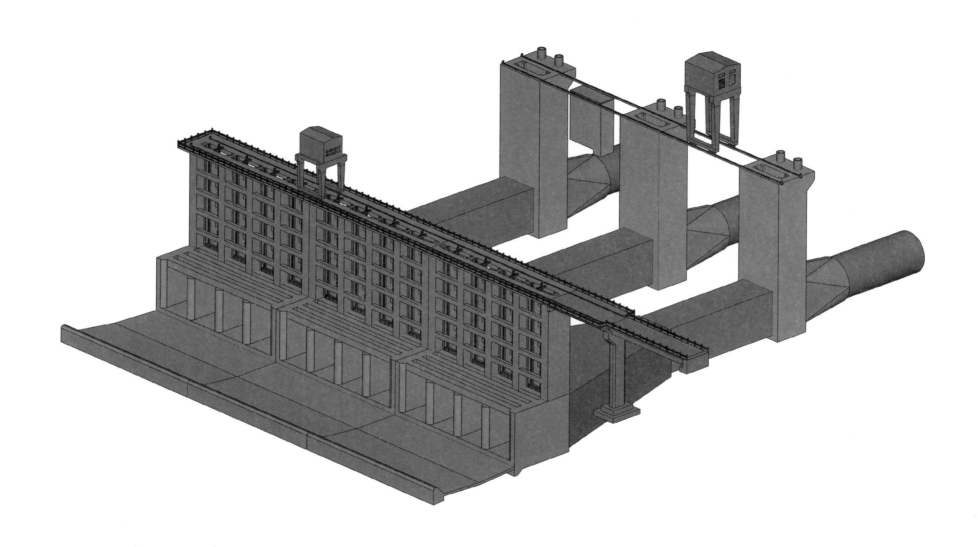

图 11-37　下水库进 / 出水口全景图（方案九）

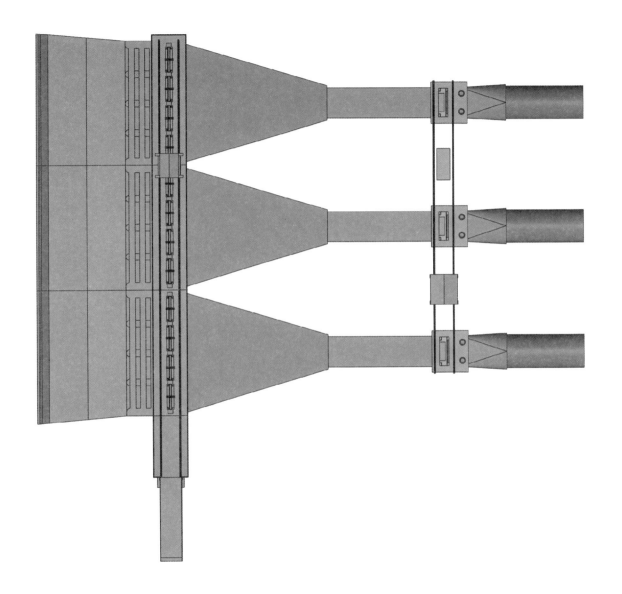

图 11-38　下水库进/出水口俯视图（方案九）

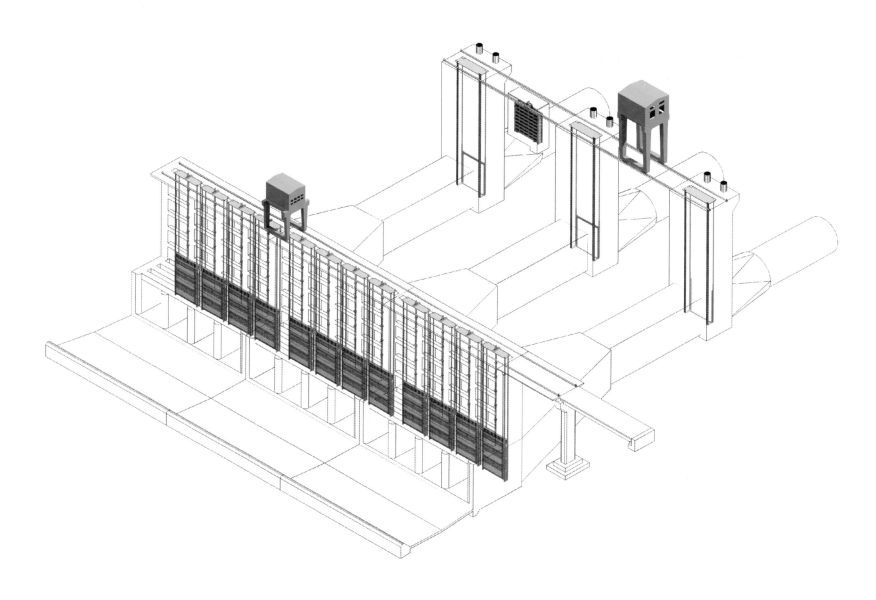

图 11-39　下水库进 / 出水口机电设备全景图（方案九）

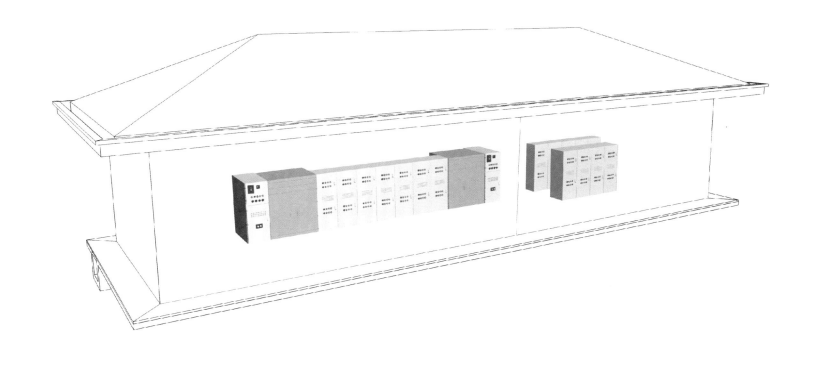

图 11-40　下水库进／出水口配电房电气设备全景图（方案九）

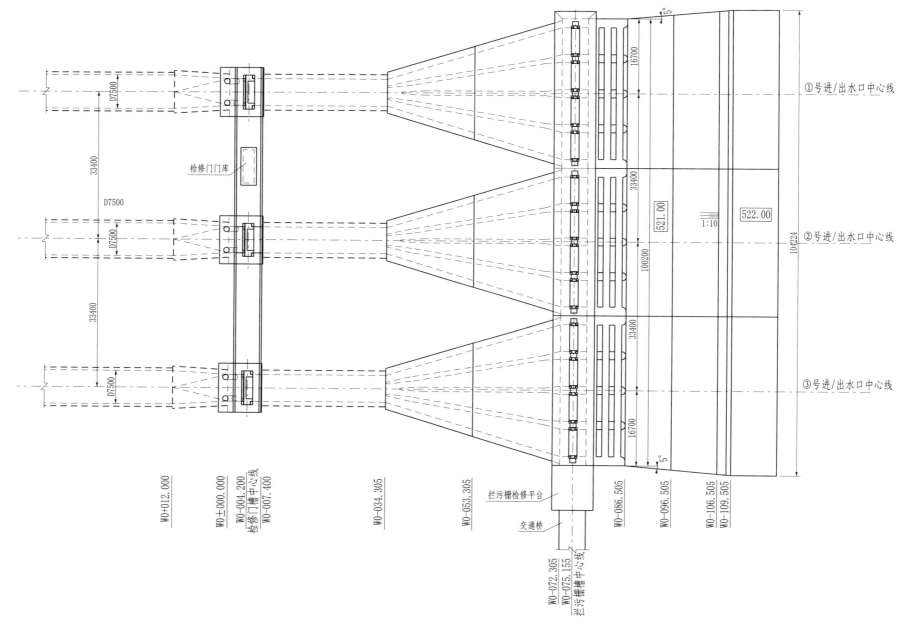

图 11-41　下水库进 / 出水口结构布置平面图（方案九）

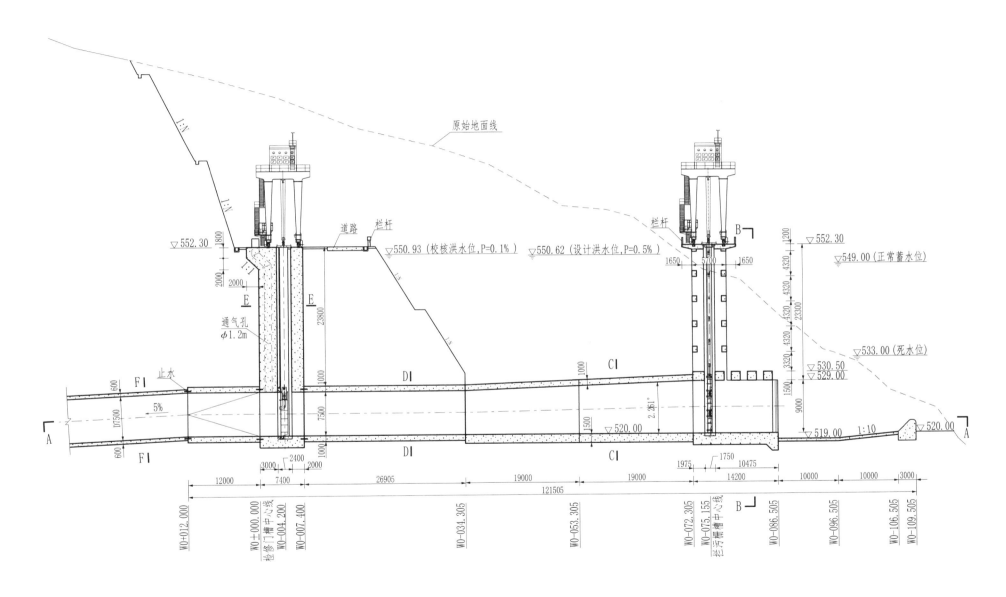

图 11-42 下水库进/出水口结构布置纵剖面图（方案九）

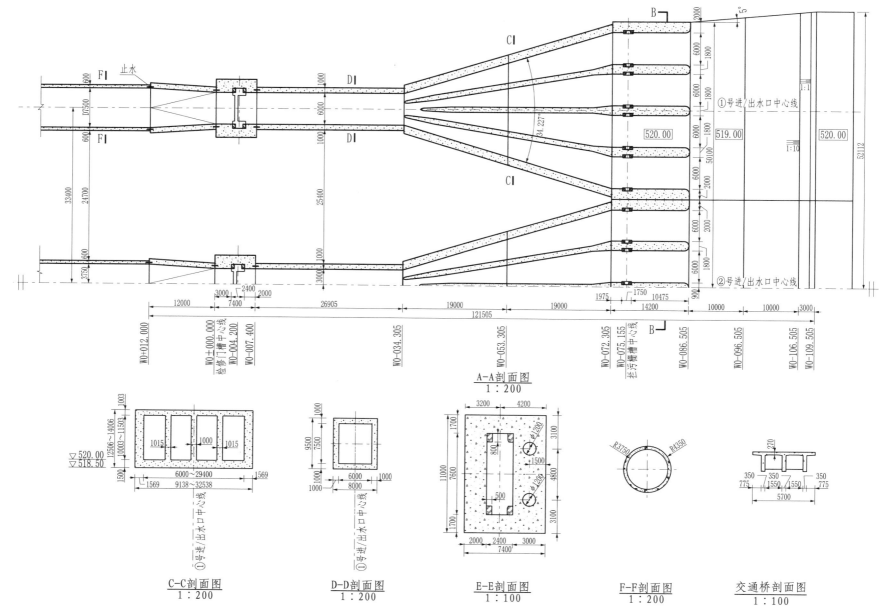

图 11-43　下水库进 / 出水口结构布置图一（方案九）

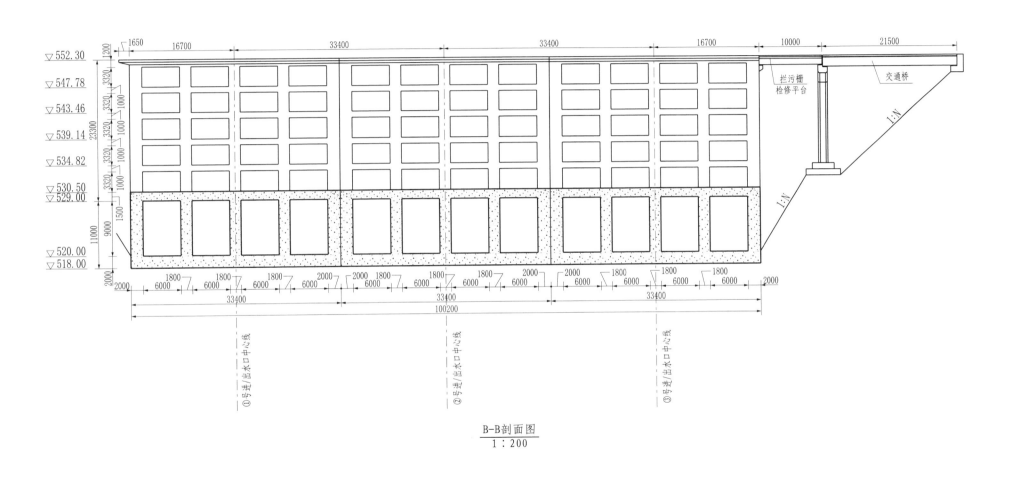

图 11-44　下水库进 / 出水口结构布置图二（方案九）

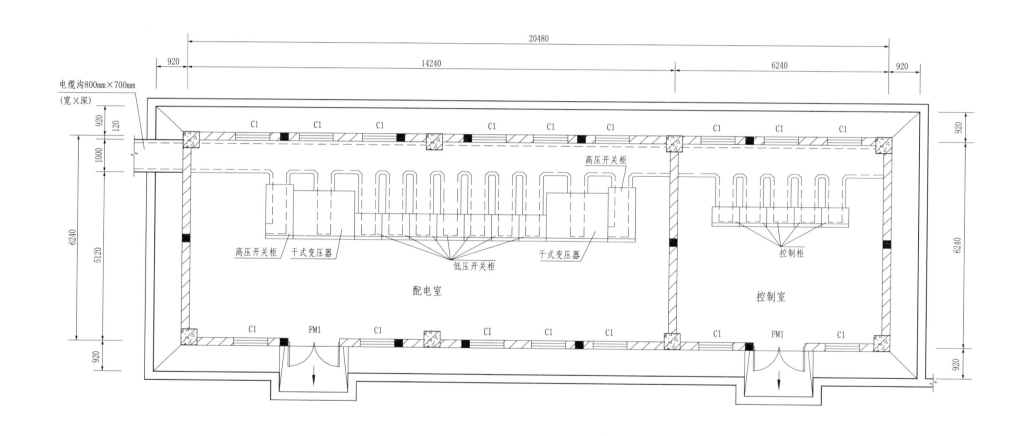

图 11–45　下水库进/出水口配电房电气设备布置图（方案九）

11.6 方案十（六台机，两机一洞，岸塔式布置）

11.6.1 设计说明

11.6.1.1 总的部分

本方案为通用设计方案十，主要对应装机 6 台，尾水系统采用两机一洞方式输水，进口设拦污栅、同时设永久启吊设施的抽水蓄能电站工程下水库侧式（岸塔式）进／出水口的布置设计。

11.6.1.2 土建部分

本方案由 3 个侧式（岸塔式）进／出水口并排布置而成，进／出水口主要由引水明渠段、防涡梁段（含拦污栅）、扩散段、闸门段、渐变段、拦污栅启闭机排架、交通桥、配电房等组成。

引水明渠段长 38.8m，由出口水平段、中间反坡段和进口水平段等三段组成。出口水平段高程 520.00m，长 8.8m，宽 104.224m，为防止库底淤泥进入流道，其前端设有 2.5m 高的混凝土拦沙坎；中间坡段长 10m，底部反坡坡比 1∶10；进口水平段高程 519.00m，长 10m，宽 100.2m，为防止明渠段淤沙进入流道，该段与进口拦污栅段连接处设有 1.0m 深的沉沙池。引水明渠反坡段与进口水平段两侧扩散角 5°，底板采用素混凝土护底，厚 0.5m。

防涡段底板高程 520.00m，长 14.20m（包括拦污栅段），高 12.5m，共设置 5 根矩形钢筋混凝土防涡梁。防涡梁梁体宽 1.5m，高 1.5m，梁净间距 1.18m，梁上最小淹没水深 2.5m。拦污栅排架柱宽 5.7m，高 34.3m，上下游两侧分别设有五层连续梁，层高 4.32m，梁体宽 0.8m，高 1.0m，顶部设门机操作平台，宽 9.0m，平台高程 552.30m。操作平台布置有交通桥的一端设有拦污栅检修平台，宽 9.0m，长 10m，便于拦污栅的检修与日常维护。单个进／出水口拦污栅由中墩和边墩分隔成 4 孔，尺寸 6.0m×9.0m（宽 × 高），其中中墩宽 1.8m，边墩宽 2.0m，前缘总宽 33.4m，最大过栅净流速约 1.07m/s。拦污栅中墩与边墩墩头采用半圆形，有利于减小进／出水口水头损失。

扩散段采用扁平钢筋混凝土箱形结构，长 38m，断面为矩形，内设 3 个分流隔墙，孔口尺寸由 29.4m×9.0m（宽 × 高）收缩为 6.0m×7.5m（宽 × 高）。扩散段两侧边墙宽 1.5m，隔墩宽 1.0m，底板厚 1.5m，顶板厚 1.0m。扩散段平面收缩角 34.227°，立面采用顶部单侧扩张，顶板扩张角 2.261°。

闸门塔体段长 8.5m，宽 12.0m，塔顶高程同大坝坝顶高程 552.30m，塔高 34.3m，闸门井内设检修闸门一道，闸门孔口尺寸 6.0m×7.5m。检修闸门后设置 2φ1.20m 通气孔。检修闸门采用门机启闭，门机容量 800kN。

闸门井后设渐变段与引水隧洞相接。渐变段长 12m，断面由 6.0m×7.5m 的矩形渐变为直径为 7.5m 的圆。

闸门塔顶与拦污栅操作平台分别布置有交通桥。交通桥按单向行车设计，桥面宽 5.7m，跨度 21.4m。交通桥桥面梁采用现浇整体式钢筋混凝土 T 形简支梁，梁肋根数为 3 根，桥面梁高 1.7m，防水混凝土铺装层厚 120mm。

下水库进／出水口配电房由配电室和控制室组成，平面尺寸 20.48m×6.24m（长 × 宽），高 4.6m。配电房与启闭机室的建筑设计见本通用设计第 4 篇相关内容。

11.6.1.3 金属结构部分

本方案下水库进／出水口设置有拦污栅、检修闸门及其启闭设备。

1. 下水库进／出水口检修闸门

下水库进／出水口设有 3 条尾水隧洞，每条尾水隧洞进／出水口设置 1 孔 1 套检修闸门门槽，3 套门槽共用 1 扇下水库进／出水口检修闸门，以便封堵来自下水库的水源，为检修尾水隧洞和尾水事故闸门、门槽及其启闭机提供条件。

闸门门型为潜孔式平面滑动式闸门，闸门处孔口尺寸为 6.0m×7.5m，底坎高程 520.00m，设计水位 550.620m，设计水头 30.62m。门体的梁系为实腹式同层布置，闸门面板及水封布置在厂房侧。闸门主支承为复合滑道、反向弹性滑块（头部镶嵌低摩复合材料）、侧向简支轮。

闸门门顶设有充水阀充水平压，静水启闭，用单向门式启闭机操作。闸门平时用门机悬挂锁定在检修闸门门槽顶部。

2.下水库进/出水口检修闸门单向门机

下水库进/出水口布置1台800kN的检修闸门单向门式启闭机，用于下水库进/出水口检修闸门的启闭操作。门机容量800kN，启闭速度0.2～2m/min，扬程约35.0m，门机轨距5m，行走速度2～20m/min，门机轨道安装在闸门塔体高程552.30m操作平台上。

门机供电方式采用电缆卷筒供电，控制方式采用现地控制方式。

3.下水库进/出水口拦污栅

为确保机组免遭意外污物进入而引起破坏，每条尾水隧洞进/出水口设4孔4套拦污栅，共计12扇下水库进/出水口拦污栅。

根据水工专业初拟拦污栅孔口尺寸，按照本通用设计第5章规定的进/出水口拦污栅过栅流速不大于1.2m/s设计原则，本方案拦污栅孔口尺寸定为6.0m×9.0m（宽×高），底板高程520.00m。拦污栅按5m水头差设计，拦污栅主框架采用焊接流线型箱型梁，栅条与主框架焊接。为抑制拦污栅的振动，利用锲形滑块和锲形栅槽配合将拦污栅卡紧在埋件上。

拦污栅主支承和反向支承均为MGE复合材料滑块，栅体材料Q345B；栅槽主、反支承座板材料1Cr18Ni9Ti，其余材料为Q235B。

拦污栅的清污、维护或更换采用630kN单向门机操作。

4.下水库进/出水口拦污栅单向门机

下水库进/出水口布置1台630kN的拦污栅单向门式启闭机，用于下水库进/出水口拦污栅的启闭操作。门机容量630kN，启闭速度0.2～2m/min，扬程约7.0m，门机轨距5m，行走速度2～20m/min，门机轨道安装在拦污栅排架高程552.30m操作平台上。

门机供电方式采用电缆卷筒供电，控制方式采用现地控制方式

11.6.1.4　电气一次部分

电气一次设计包括下水库进/出水口用电系统、配电房选址与电气设备的布置设计。

1.下水库进/出水口用电系统

下水库进/出水口用电供电电压采用0.4kV一级电压供电。

下水库进/出水口用电系统共有2个电源，分别取自厂用10.5kV母线Ⅰ、Ⅲ段，0.4kV侧采用单母线分段接线。

2.配电房选址

下水库进/出水口配电房宜靠近负荷中心，并宜优先考虑布置在下水库进/出水口岸边平地上，便于电缆的敷设与运行管理。

3.电气设备布置

下水库进/出水口配电房设配电室和控制室，配电室内布置有10kV开关柜、干式变压器和低压配电盘，控制室内布置有控制盘柜，柴油发电机室内布置有0.4kV柴油发电机组。下水库进/出水口配电房内设室内电缆沟，并与户外电缆沟相连。

11.6.1.5　电气二次部分

下水库进/出水口设220V直流系统1套、下水库LCU（现地监控单元）1套。220V直流系统由1面蓄电池柜、1面直流充馈电柜组成（也可采用一体化电源设备）布置于下水库配电室。下水库LCU柜、光配线架及工业电视控制柜也布置于下水库配电室。

下水库LCU监控对象为：下水库进/出水口检修闸门、下水库水位、下水库水温、下水库配电设备和下水库直流电源系统等。

下水库220V直流系统负荷为：下水库10kV及0.4kV配电开关柜、下水库LCU柜、事故应急照明等。

11.6.2　主要设备清册

清册汇入了电气一次、电气二次与金属结构主要设备，其中桥架、电缆、管路、管架等材料未予列入。电气一次主要设备清册见表11-21，电气二次主要设备清册见表11-22，金属结构主要设备清册见表11-23。

表 11-21 电气一次主要设备清册

序号	设备名称	技术参数	单位	数量	布置地点	备注
1	高压开关柜	10.5kV	面	2	下水库配电房	
2	下水库干式变压器	SCB11-800kVA 10.5±2×2.5%/0.4kV D，yn11	台	2	下水库配电房	
3	低压开关柜	0.4kV，抽屉式开关柜	面	8	下水库配电房	

表 11-22 电气二次主要设备清册

序号	设备名称	技术参数	单位	数量	布置地点	备注
1	下水库 LCU		套	1	下水库配电房	
2	直流系统		套	1	下水库配电房	电池柜及馈电柜各一面
3	光配线架		面	1	下水库配电房	
4	工业电视控制柜		面	1	下水库配电房	

表 11-23 金属结构主要设备清册

序号	设备名称	技术参数	单位	数量	布置地点	备注
1	下水库进/出水口检修闸门	6.0m×7.5m-30.62m	扇	1	尾水隧洞进/出水口	
2	下水库进/出水口检修闸门门槽埋件		孔	3	尾水隧洞进/出水口	
3	下水库进/出水口检修闸门启闭机	800kN 单向门机	台	1	检修门槽顶部高程552.30m 平台上	
4	下水库进/出水口拦污栅	6.0m×9.0m-5m	套	12	尾水隧洞进/出水口	
5	下水库进/出水口拦污栅槽埋件		孔	12	尾水隧洞进/出水口	
6	下水库进/出水口拦污栅启闭机	630kN 单向门机	台	1	拦污栅槽顶部高程552.30m 平台上	

11.6.3 使用说明

11.6.3.1 概述

为了更好地使用本通用设计，特编制通用设计使用说明。通用设计使用说明重点是对设计方案的选用、设计方案的使用条件、设计方案的调整等内容进行具体说明，以方便使用者在具体的工程设计时使用。

各设计单位设计人员在使用本通用设计文件时，要根据具体工程的水文地质条件与枢纽布置实际情况，在安全可靠、技术先进、投资合理、标准统一、运行高效的设计原则下，进一步强化工程安全、投资节约、提高效率、降低运行成本的思路，对方案中的各种条件进行研究分析，形成符合实际要求的抽水蓄能电站工程上、下水库进/出水口布置设计。

本通用设计可用于实际工程的可行性研究与招标设计阶段，使用时还应与现行国家或行业标准等相关内容配套使用。使用者可根据实际工程适用条件、前期工作确定的原则进行分析，若实际工程的基本技术条件符合方案基本技术条件，便可直接采纳或稍加修改后作为抽水蓄能电站的本体设计；若通用设计中未包括的或因实际工程条件不同而变化较大时，则应按照本通用设计第5章规定的主要设计原则，对变化大的部分进行调整，完成整体设计。具体见 11.6.3.2～11.6.3.5 节中各专业的使用边界条件及特殊说明。

11.6.3.2 土建部分

（1）本方案适应装机 6 台，单机额定流量 81m3/s，尾水系统采用两机一洞方式输水，进口设拦污栅、同时设永久启吊设施的抽水蓄能电站工程下水库侧式（岸塔式）进/出水口的布置设计。若机组额定流量有较大差别，则应按照本通用设计第5章规定的主要设计原则重新复核并重拟进/出水口主要建筑物的结构尺寸与控制高程。

（2）本方案假定进/出水口地基为岩基，进/出水口边坡稳定，不考虑特殊地质条件下的基础处理和边坡开挖支护。工程实际设计时，应根据具体工程的实际地形地质条件、水文地质条件，采取合理的开挖坡比与支护措施，确保边坡安全稳定。边坡通常可采用锚喷支护、钢筋混凝土面板、网格梁植草等措施。

（3）本方案闸门启闭机室与配电房的外观设计采用古典设计风格，启闭机排架采用"开放式"。工程实际设计时，应根据工程实际所处地理位置、气候特点以及电站周边环境或景区规划，从第4篇建筑设计组合形成的"古典＋开放""古典＋封闭""现代＋开放"和"现代＋封闭"4种不同设计风格中，选择并形成符合实际要求的外观设计方案，使之保持与工程所在地及风景区的建筑风格和气候特点相协调。

（4）考虑进／出水口配电房位置选择受进水口地形等条件影响较大，本方案未考虑配电房的具体位置，实际选址时应对方案中的各种条件进行研究分析，并参照本报告第1篇第5章规定的主要设计原则，形成符合实际要求的配电房选址设计。

11.6.3.3 金属结构部分

（1）本方案适应装机6台，单机额定流量$81m^3/s$， 尾水系统采用两机一洞方式输水，进口设拦污栅、同时设永久启吊设施的抽水蓄能电站工程下水库侧式(岸塔式)进／出水口的布置设计。若机组额定流量有变化，则应按照本通用设计第5章规定的主要设计原则重新复核并重拟进／出水口拦污栅孔口尺寸。

（2）本方案拦污栅的清污、维护或更换采用单向门机操作。工程实际设计时，应根据具体工程的实际情况及拦污栅在下水库建筑物中的布置，确定拦污栅的启吊设备是采用临时启吊设备还是永久启吊设备。

（3）本方案闸门和启闭机选型与启闭机的布置只适用于本方案。工程实际设计时，应根据具体工程实际情况，按照本通用设计第5章规定的主要设计原则，重新复核并选择确定启闭机型式及参数。

11.6.3.4 电气一次部分

适用于下水库进／出水口配电房的布置设计。若下水库有泄洪设施供电需求，距离较近且未设置独立的配电房时，下水库进／出水口配电房可考虑增设柴油发电机室。

11.6.3.5 电气二次部分

按"无人值班"（少人值守）的原则进行设计。监控系统主控级和现地控制单元（下水库LCU）之间采用双光纤以太网连接。

11.6.4 设计图

设计图目录见表11-24。

表 11-24　　　　　设 计 图 目 录

序号	图　名	图　号
1	下水库进／出水口全景图（方案十）	图 11-46
2	下水库进／出水口俯视图（方案十）	图 11-47
3	下水库进／出水口机电设备全景图（方案十）	图 11-48
4	下水库进／出水口配电房电气设备全景图（方案十）	图 11-49
5	下水库进／出水口结构布置平面图（方案十）	图 11-50
6	下水库进／出水口结构布置纵剖面图（方案十）	图 11-51
7	下水库进／出水口结构布置图一（方案十）	图 11-52
8	下水库进／出水口结构布置图二（方案十）	图 11-53
9	下水库进／出水口配电房电气设备布置图（方案十）	图 11-54

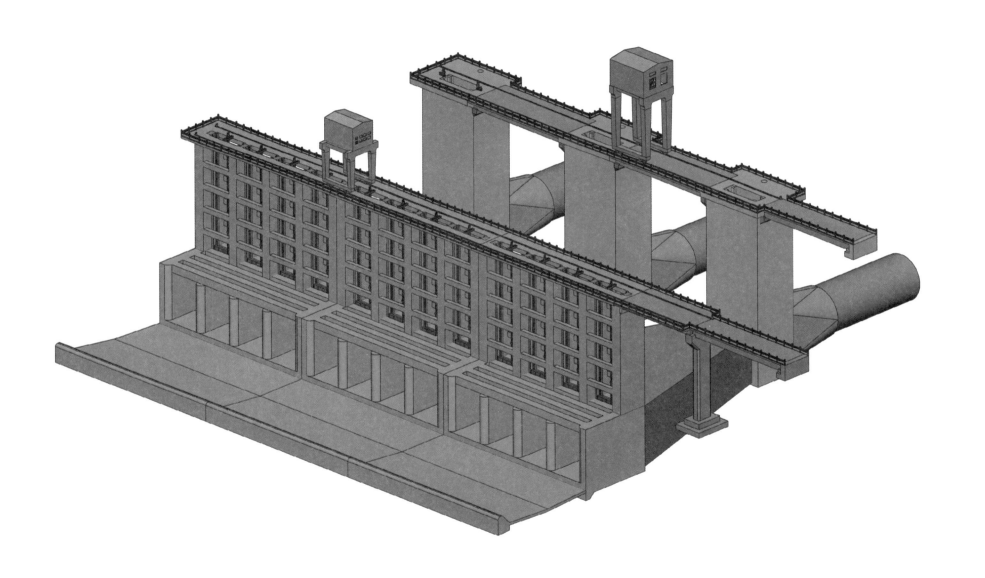

图 11-46　下水库进/出水口全景图（方案十）

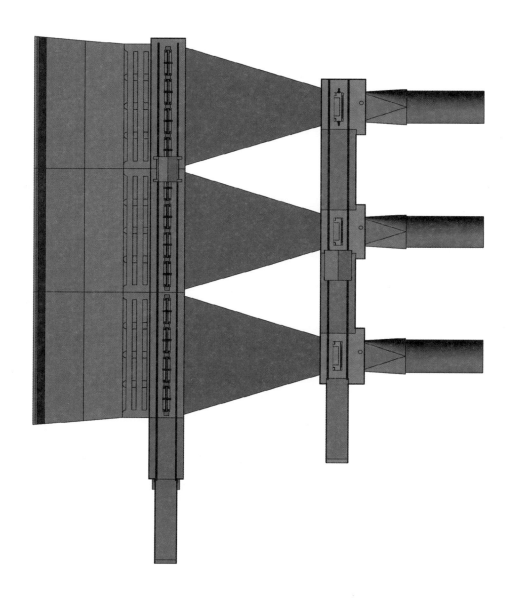

图 11-47　下水库进 / 出水口俯视图（方案十）

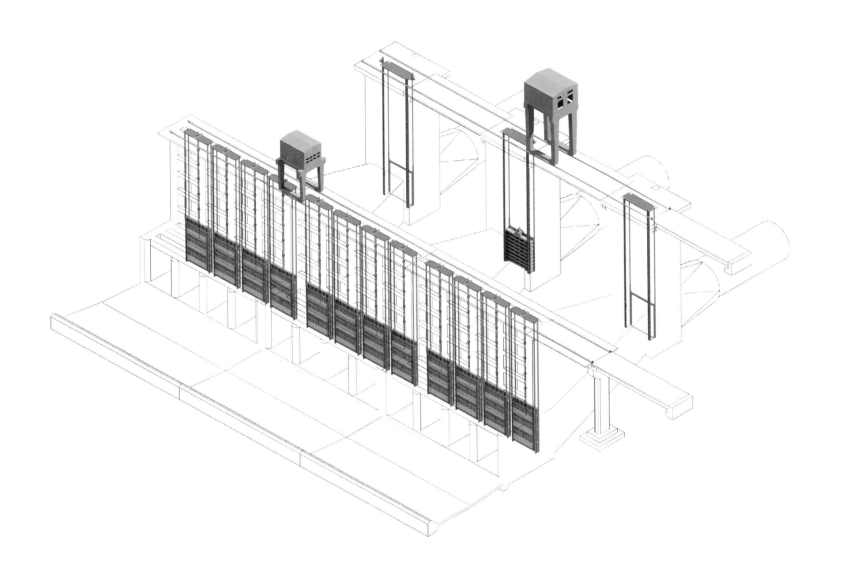

图 11-48　下水库进 / 出水口机电设备全景图（方案十）

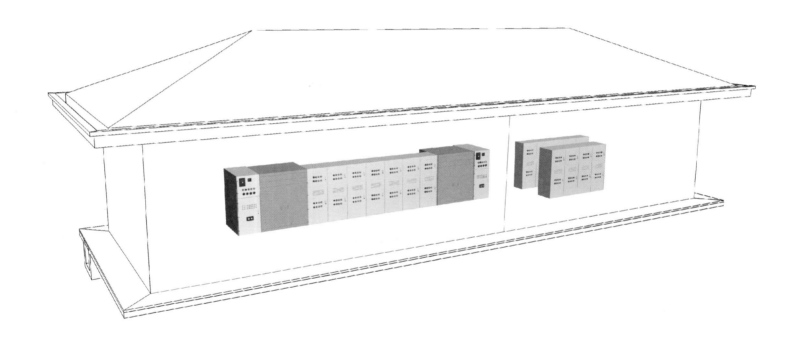

图 11-49　下水库进 / 出水口配电房电气设备全景图（方案十）

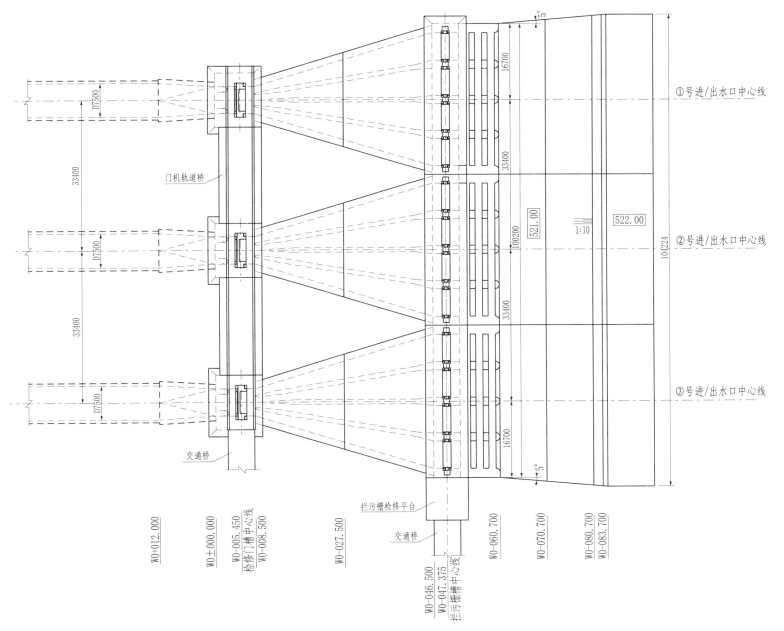

图 11-50 下水库进/出水口结构布置平面图（方案十）

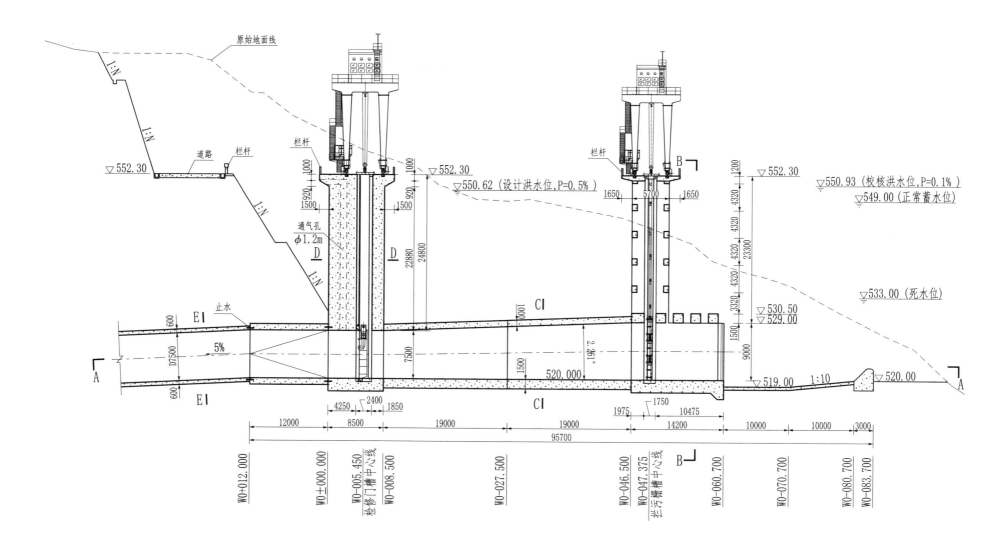

图 11-51　下水库进 / 出水口结构布置纵剖面图（方案十）

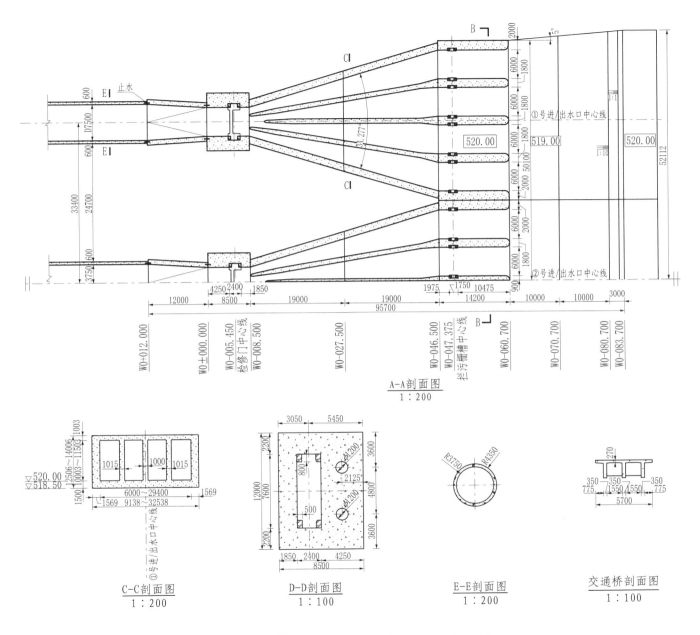

图 11-52　下水库进 / 出水口结构布置图一（方案十）

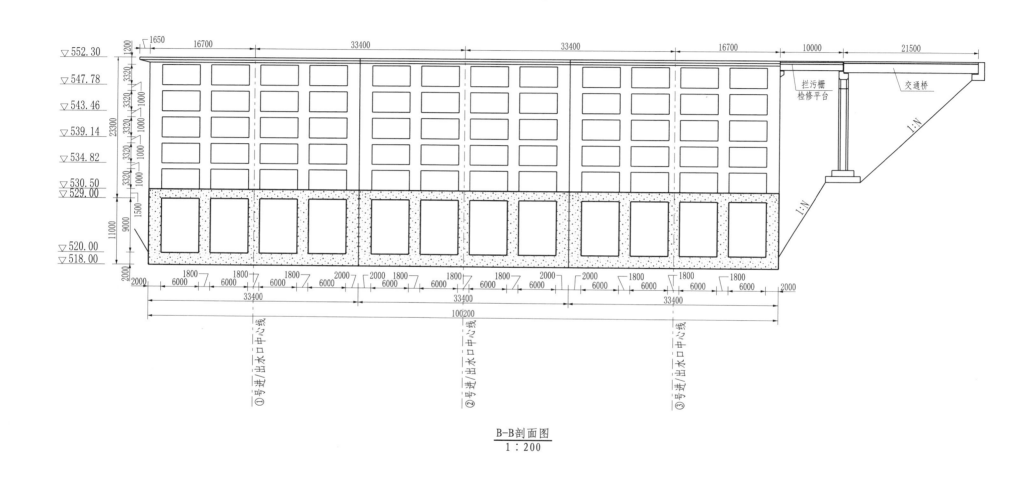

图 11-53　下水库进 / 出水口结构布置图二（方案十）

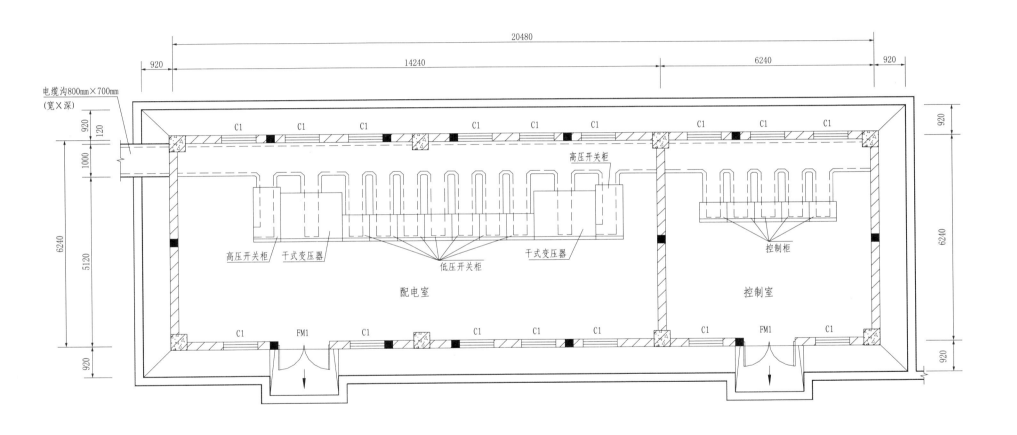

图 11-54　下水库进 / 出水口配电房电气设备布置图（方案十）

第4篇 建筑设计

第12章 概　述

各设计单位设计人员在使用本章通用设计文件时，要根据具体工程的地理条件与当地的建筑风格情况，在满足安全可靠、技术先进、投资合理、标准统一、运行高效的设计原则下，进一步强化美观的思路，最终使各建筑本身成为电站亮丽的风景线，给人以美好的视觉感受，本章通用建筑设计文件仅供参考。

本通用设计可用于实际工程的可行性研究与招标设计阶段，使用时还应与现行国家或行业标准等相关内容配套使用。图纸中的引用图集应参见最图集。使用者可根据实际工程适用条件、前期工作确定的原则进行分析，若实际工程的基本技术条件符合方案基本技术条件，便可直接采纳或稍加修改后作为抽水蓄能电站的本体设计；若通用设计中未包括的或因实际工程条件不同而变化较大时，则应按照本通用设计第5章规定的主要设计原则，对变化大的部分进行调整，形成整体设计。

第13章　设计方案及适用条件

（1）现代式风格，具体方案如下。

1）配电房：方案二（现代），适用全国各地。效果详见第15章图15-6。

2）启闭机室：方案三（现代＋开放），适用全国各地。效果详见第15章图15-3。

3）启闭机室：方案四（现代＋封闭），适用全国各地。效果详见第15章图15-4。

现代式风格建筑造型设计说明：外部造型体现强烈的现代感、时尚感、超前感。力求体现现代、充满活力、勇于创新、敢于拼搏的外部效果。整个建筑采用简洁、大方的建筑手法，建筑体在体型上不做过多变化，经济实用，为了打破整个建筑的单调感，仅在墙面选材及色彩上进行变化，而墙面材料的尺度及优美的窗洞比例划分，都烘托了整幢建筑的现代感、时尚感、超前感。给人产生强烈的视觉震撼和美好深刻的印象。远远望去，整个建筑在优美环境衬托下，更显出建筑本身的性格特点，宁静、大方、优雅、漂亮，给到此的每个人以良好的视觉感受和心理感受。在阳光照射下，水体的衬托下，配以优美的绿化更显建筑本身的时尚现代之美，亦充分的反映了企业的精髓。

（2）中国古典园林式风格，具体方案如下。

1）配电房：方案一（古典），建筑风格适用全国各地。效果详见第15章图15-5。

2）启闭机室：方案一（古典＋开放），建筑风格适用全国各地。效果详见第15章图15-1。

3）启闭机室：方案二（古典＋封闭），建筑风格适用全国各地。效果详见第15章图15-2。

中国古典园林式风格建筑造型设计说明：建筑立面设计崇尚现代古典建筑的工艺特征和造型风格，整个建筑采用简洁、大方的建筑手法，建筑体在体型上不做过多变化，经济实用，为了打破整个建筑的单调感，仅在墙面选材及色彩上进行变化，而墙面材料的尺度及优美的窗洞比例划分，都烘托了整幢建筑的现代感、时尚感、超前感。同时，古典建筑最典型的坡屋檐造型的运用，融入现代人文艺术。时代潮流的元素，使整个立面呈现传统与现代风格的完美统一。整个建筑与水面库区的景观相互渗透，互为依托，融入其中，使整个建筑在电厂风景区内又形成一道亮丽的风景线。

（3）其他特殊景区建筑设计方案。如抽水蓄能电站建在景区附近且作为景区游览的一处景观，并有着较高的景观设计要求时，可选用以下备选方案（以下方案仅作参考）。效果详见第15章图15-55～图15-61。

第14章 细部构造设计

14.1 墙体工程

（1）所有砖墙采用 MU10 240 厚烧结多孔砖（除另注明外），M7.5 砂浆砌筑，各部位所有详细做法参见 15J101《砖墙建筑构造》。

（2）墙体预留洞及封堵：混凝土墙留洞的封堵见结施，其余砌筑墙留洞待管道设备安装完毕后，用 C15 细石混凝土填实；变形缝处双墙留洞的封堵，应在双墙分别增设套管，套管与穿墙之间嵌堵建筑封膏，防火墙上留洞的封堵为防火密封膏。

（3）两种材料的墙体交接处，应根据饰面材质在做饰面前加钉金属网或在施工中加贴玻璃丝网格布，每边铺设宽度不小于 250mm，防止裂缝。

（4）预埋木砖及贴邻墙体的木质面均做防腐处理，露明铁件均做防锈处理。

（5）凡钢筋混凝土墙、柱与砖墙连接时，必须在钢筋混凝土墙、柱边伸出钢筋与砖墙拉结，做法详结施。

（6）门窗过梁：门窗过梁具体做法及详图参见 03G322-1《钢筋混凝土过梁钢筋用量明细表》，矩形，Ⅰ型过梁按二级荷载选用，净跨按窗净宽考虑。

（7）建筑构造柱及圈梁的设置。

1）当砌体填充墙的水平长度大于 4m 或墙端部没有钢筋混凝土墙柱时，应在墙之间均匀分布小于 4m 距离构造柱，在墙端部加设构造柱。

2）高度大于 4m 的砌体填充墙，需在墙半高出设置于柱连接且沿墙全长贯通的钢筋混凝土水平系梁各部分做法详见 12G614-1《砌体填充墙结构构造》中的相关章节。

3）女儿墙构造详见 12G614-1《砌体填充墙结构构造》中女儿墙的相关章节。

4）所有墙体均须砌在结构梁上。

14.2 屋面工程

（1）本工程的屋面防水等级为 II 级，防水层合理使用年限为 15 年，设防做法详见室内、室外装修说明。

（2）屋面做法及屋面节点索引见室内室外装修说明。

（3）屋面排水组织见屋面平面图。

14.3 门窗工程

（1）门窗玻璃选用及厚度符合 JGJ 113《建筑玻璃应用技术规程》规定。

（2）外窗气密性等级不应低于 GB/T 7106《建筑外门窗气密、水密、抗风压性能分级及检测方法》规定的 4 级。

（3）门窗立面均表示洞口尺寸，门窗加工尺寸要按照装修面厚度由承包商予以调整。

（4）门窗立樘：内外门窗立樘除图中另有注明外，外墙门窗立挡均立中，内门窗中双向平开门立樘立墙中，单向平开门立樘同开启方向墙面平。

（5）门窗选料、颜色、玻璃参见立面图。

（6）铝合金门窗的制作安装参见 03J603-2《铝合金节能门窗》制作、安装、施工及验收。

（7）主要材料。

1）铝合金型材：国产优质墨绿色型材。

2）结构胶和耐候胶：国产优质产品，采用中性硅酮结构胶和密封胶。

3）明框玻璃：采用 6+6A+6 厚透明中空玻璃。

4）密封胶条：密封胶条为三元乙丙制品。

5）钢材：选用国内优质钢材，涂膜厚度不小于 120μm，外露表面白色氟碳漆处理。

（8）门、窗安装施工期补充说明。

1）固定窗、平开窗均采用墨绿色 86 系列铝合金框料，双层透明中空钢化玻璃 6+6A+6mm，外墙固定窗和平开窗应达到气密性 7 级，水密性 5 级，抗风性 7 级要求。

2）门窗五金配件：门窗、执手、插销等配套由厂家提供。

3）门在定做前，依据施工现场实际门窗洞尺寸下料制作，以防施工误差。

4）门窗尺寸过大的，要考虑适当加横梃、竖梃加强结构稳定，横梃、竖梃材料选用以下两种。

a. 横梃采用 120mm×60mm×5mm 空心方钢。

b. 竖梃采用 120mm×60mm×5mm 空心方钢。

14.4 内装修工程

（1）内装修设计和做法索引见室内装修表及室内、室外装修说明。

（2）内装修工程执行 GB 50222《建筑内部装修设计防火规范》，楼地面部分执行 GB 50037《建筑地面设计规范》，建筑室内装修材料均采用非燃或难燃材料。

（3）楼地面构造交接处和地坪高度变化处，除图中另有注明者外均位于齐平门扉开启面处。

（4）内墙阳角作护角，半径 R 为 20mm。

（5）内装修选用的各项材料，均由施工单位制作样板和选样，经确认后进行封样，并据此进行验收。

（6）二次装修不得任意变更或取消消防设施。图中所选的消防设备，防火门，防火卷帘等需选用经专业部门批准并具有相关专业资质认证的产品。

14.5 油漆涂料工程

（1）所有预埋铁件均需做防锈处理，所有铁件均红丹打底，外刷银粉漆三道。

（2）各项油漆均由施工单位制作样板，经确认后进行封样，并据此进行验收。

14.6 其他施工中注意事项

（1）图中所选用标准图中有对结构工种的预埋件、预留洞、门窗、建筑配件等，本图所标注的各种留洞与预埋件应与各工种密切配合后，确认无误方可施工。

（2）施工中应严格执行国家各项施工质量验收规范。

（3）所有预留孔洞位置、尺寸及预埋件，详见相关专业图纸，在施工时须密切配合相关专业，以免遗漏。若构造柱、圈梁与相关孔洞位置有冲突时，可根据实际情况进行调整，错开布置。

14.7　室内、室外装修做法

室内、室外装修做法详见各设计方案图中室内、室外装修一览表的有关内容。

第15章　设　计　图

设计图目录见表15-1。

表 15-1　　　　　设 计 图 目 录

序号	图　　名	图号
1	启闭机室建筑效果图（方案一，古典＋开放）	图 15-1
2	启闭机室建筑效果图（方案二，古典＋封闭）	图 15-2
3	启闭机室建筑效果图（方案三，现代＋开放）	图 15-3
4	启闭机室建筑效果图（方案四，现代＋封闭）	图 15-4
5	配电房建筑效果图（方案一，古典）	图 15-5
6	配电房建筑效果图（方案二，现代）	图 15-6
7	启闭机室建筑设计说明（方案一，古典＋开放）	图 15-7
8	启闭机室建筑图一（方案一，古典＋开放）	图 15-8
9	启闭机室建筑图二（方案一，古典＋开放）	图 15-9
10	启闭机室建筑图三（方案一，古典＋开放）	图 15-10
11	启闭机室建筑图四（方案一，古典＋开放）	图 15-11
12	启闭机室建筑图五（方案一，古典＋开放）	图 15-12
13	启闭机室建筑图六（方案一，古典＋开放）	图 15-13
14	启闭机室建筑图七（方案一，古典＋开放）	图 15-14

续表

序号	图　　名	图号
15	启闭机室建筑设计说明（方案二，古典＋封闭）	图 15-15
16	启闭机室建筑图一（方案二，古典＋封闭）	图 15-16
17	启闭机室建筑图二（方案二，古典＋封闭）	图 15-17
18	启闭机室建筑图三（方案二，古典＋封闭）	图 15-18
19	启闭机室建筑图四（方案二，古典＋封闭）	图 15-19
20	启闭机室建筑图五（方案二，古典＋封闭）	图 15-20
21	启闭机室建筑图六（方案二，古典＋封闭）	图 15-21
22	启闭机室建筑图七（方案二，古典＋封闭）	图 15-22
23	启闭机室建筑设计说明（方案三，现代＋开放）	图 15-23
24	启闭机室建筑图一（方案三，现代＋开放）	图 15-24
25	启闭机室建筑图二（方案三，现代＋开放）	图 15-25
26	启闭机室建筑图三（方案三，现代＋开放）	图 15-26
27	启闭机室建筑图四（方案三，现代＋开放）	图 15-27
28	启闭机室建筑图五（方案三，现代＋开放）	图 15-28
29	启闭机室建筑图六（方案三，现代＋开放）	图 15-29

序号	图　名	图号
30	启闭机室建筑图七（方案三，现代＋开放）	图 15-30
31	启闭机室建筑设计说明（方案四，现代＋封闭）	图 15-31
32	启闭机室建筑图一（方案四，现代＋封闭）	图 15-32
33	启闭机室建筑图二（方案四，现代＋封闭）	图 15-33
34	启闭机室建筑图三（方案四，现代＋封闭）	图 15-34
35	启闭机室建筑图四（方案四，现代＋封闭）	图 15-35
36	启闭机室建筑图五（方案四，现代＋封闭）	图 15-36
37	启闭机室建筑图六（方案四，现代＋封闭）	图 15-37
38	启闭机室建筑图七（方案四，现代＋封闭）	图 15-38
39	配电房建筑设计说明（方案一，古典）	图 15-39
40	配电房建筑图一（方案一，古典）	图 15-40
41	配电房建筑图二（方案一，古典）	图 15-41
42	配电房建筑图三（方案一，古典）	图 15-42
43	配电房建筑图四（方案一，古典）	图 15-43

序号	图　名	图号
44	配电房建筑图五（方案一，古典）	图 15-44
45	配电房建筑设计说明（方案二，现代）	图 15-45
46	配电房建筑图一（方案二，现代）	图 15-46
47	配电房建筑图二（方案二，现代）	图 15-47
48	配电房建筑图三（方案二，现代）	图 15-48
49	配电房建筑图四（方案二，现代）	图 15-49
50	配电房建筑图五（方案二，现代）	图 15-50
51	启闭机室建筑效果图（备选方案一，古典＋开放）	图 15-51
52	启闭机室建筑效果图（备选方案二，古典＋封闭）	图 15-52
53	启闭机室建筑效果图（备选方案三，现代＋开放）	图 15-53
54	启闭机室建筑效果图（备选方案四，现代＋封闭）	图 15-54
55	启闭机室建筑效果图（备选方案五，现代＋开放）	图 15-55
56	配电房建筑效果图（备选方案一，古典）	图 15-56
57	配电房建筑效果图（备选方案二，现代）	图 15-57

图 15-1 启闭机室建筑效果图（方案一，古典 + 开放）

图 15-2　启闭机室建筑效果图（方案二，古典+封闭）

图 15-3　启闭机室建筑效果图（方案三，现代 + 开放）

图 15-4　启闭机室建筑效果图（方案四，现代＋封闭）

图 15-5　配电房建筑效果图（方案一，古典）

图 15-6　配电房建筑效果图（方案二，现代）

一、设计依据

1.1 项目设计合同；

1.2 工程建设标准强制性条文(房屋建筑部分)；

1.3 GB 50872《水电工程设计防火规范》；

1.4 GB 50016《建筑设计防火规范》；

1.5 GB 50222《建筑内部装修设计防火规范》；

1.6 现行的国家有关建筑设计规范、规程和规定。

二、项目概况

2.1 本工程为抽水蓄能电站进/出水口通用设计上水库进/出水口事故闸门启闭机房工程；

2.2 建筑层数、高度：启闭机房一层，高度为22.400m(绝对标高见单项工程总平面)；

2.3 建筑结构形式：框架结构；

2.4 建筑耐火等级为二级。

三、设计标高

3.1 本工程采用相对标高值；

3.2 各层标注标高为完成面标高(建筑面标高)，屋面层标高为结构面标高；

3.3 本工程标高以m为单位，其他尺寸以mm为单位；

3.4 高程系统为黄海高程系统。

四、墙体工程

4.1 墙体的基础部分见结构施工图；

4.2 所有砖墙采用MU10 240mm厚烧结页岩多孔砖，M7.5砂浆砌筑(除另注明外)，墙体各部分构造详细做法参见04J101《砖墙建筑构造》；

4.3 墙体预留洞及封堵：

  4.3.1 钢筋混凝土结构的留洞见结构施工图和设备图；

  4.3.2 砌筑墙预留洞见施工图和设备图；

  4.3.3 墙体预留洞的封堵：砌筑墙留洞待管道设备安装完毕后，用C15细石混凝土填实；变形缝处双墙留洞的封堵，应在双墙分别增设套管，套管与穿墙管之间缝隙堵建筑密封膏，防火墙上留洞的封堵为防火密实膏。

4.4 两种材料的墙体交接处，应根据饰面材质在做饰面前加钉金属网或在施工中加贴玻璃丝网格布，每边铺设宽度不小于250mm，防止裂缝；

4.5 预埋木砖及贴邻墙体的木质面均做防腐处理，露明铁件做防锈处理；

4.6 凡钢筋混凝土柱与砖墙连接时，必须在钢筋混凝土柱边伸出钢筋与砖墙拉结，做法参见04J101《砖墙建筑构造》；

4.7 门窗过梁具体作法及详图参见03G322-1《钢筋混凝土过梁》，矩形、L形过梁按二级荷载考虑，净跨按窗净宽考虑；

4.8 建筑构造柱及圈梁的设置：

  4.8.1 当砌体填充墙的水平长度大于4m或墙端有钢筋混凝土墙肢时，在墙之间均匀分布设小于4m距离构造柱，在墙端部也设构造柱，各部分做法参见06SG614-1《砌体填充墙结构构造》构造柱的相关章节，构造柱的位置具体可见平面图；

  4.8.2 高度大于4m的砌体填充墙，需在墙半高处设置与柱连接且沿墙全长贯通的钢筋混凝土水平系梁，各部分做法参见06SG614-1《砌体填充墙结构构造》中联系梁的相关章节，联系梁的位置具体可见剖面图；

  4.8.3 所有墙体均须砌在结构梁上。

4.9 墙身防水：

  4.9.1 防水、防潮要求的墙体应使用水泥砂浆或水泥混合砂浆底灰，水泥砂浆层不得做在石灰砂浆层上；

  4.9.2 墙身防潮层：砖砌墙水平防潮层位置设在室外地面以上，室内地面以下60mm处；室内相邻地面有高差时，应在高差处墙身的内侧加设复合无机盐类防水砂浆防潮层，做法为20mm厚1:2水泥砂浆内加6%防水剂，在此标高为混凝土构造可不做。

五、屋面工程

5.1 本工程的屋面防水等级为Ⅱ级，防水层合理使用年限为15年，做法见详图；

5.2 屋面节点索引见建施屋面平面图；

5.3 屋面排水组织见屋面平面图，为有组织排水。

六、门窗工程

6.1 门窗玻璃选用及厚度符合JGJ113《建筑玻璃应用技术规程》的规定；

6.2 外窗气密性等级不应低于GB/T 7106《建筑外窗气密、水密、抗风压性能分级及检测方法》规定的4级；

6.3 门窗立面均表示洞口尺寸，门窗加工尺寸要按照装修面厚度由承包方自行调整；

6.4 门窗立樘：内外门窗立樘除图中另有注明者外，外墙门窗立挡实立中，内门窗中双向平开门立樘立中，单向平开门立樘开启方向墙面平；

6.5 门窗选料、颜色、玻璃见"门窗表"附注。门窗分格参见详图；

6.6 铝合金门窗的制作安装参见03J603-2《铝合金节能门窗》制作、安装、施工及验收；也可参见选定的国家认可品牌铝合金门窗厂家的标准图集施工。

6.7 主要材料：

  6.7.1 铝合金型材：国产优质1.4mm厚墨绿色铝合金型材(除图中注明外)；

  6.7.2 结构胶和耐候胶：国产优质产品，采用中性硅酮结构胶和密封胶；

  6.7.3 明框玻璃：采用6+6A+6厚透明中空玻璃；

  6.7.4 密封胶条：密封胶条为三元乙丙制品；

  6.7.5 钢材：选用国内优质钢材，涂膜厚度不小于120μm，外露表面氟碳漆处理。

6.8 当单块玻璃面积大于1.5m²时，应采用安全玻璃。

七、外装修工程

7.1 外装修设计和做法索引见立面图及室内、室外装修一览表；

7.2 外装修选用的各项材料其材质、规格、颜色等，均由施工单位提供样板，经建设和设计单位、监理单位确认后进行封样，并据此验收。

八、内装修工程

8.1 内装修设计和做法索引见室内装修表及室内、室外装修一览表；

8.2 内装修工程执行GB 50222《建筑内部装修设计防火规范》，楼地面部分执行GB 50037《建筑地面设计规范》，建筑室内装修材料均采用非燃和难燃材料。

8.3 楼地面构造交接处和地坪高度变化处，除图中另有注明者外均位于齐平门扇开启处；

8.4 内装修选用的各项材料，均由施工单位制作样板和选样，经确认后进行封样，并据此验收；

8.5 二次装修不得任意变更或取消消防设施，图中所选的消防设备、防火门、防火卷帘等需选用经专业部门批准并具有相关专业资质认证的产品。

九、油漆涂料工程

9.1 所有预埋铁件均需做防锈处理，所有铁件均刷红丹打底，外刷银粉漆三道；

9.2 各项油漆均由施工单位制作样板，经确认后封样，并据此进行验收。

十、其他施工中注意事项

10.1 图中所选用标准图中有对结构工种的预埋件、预留洞，门窗、建筑配件等，本图所标注的各种留洞与预埋件应与各工种密切配合后，确认无误方可施工；

10.2 施工中应严格执行国家各项施工质量验收规范。

室外装修一览表

装修部位	外墙1	外墙2	散水	台阶	坡道	屋面1
构造做法	白色外墙涂料，做法如下： 1.白色高级外墙涂料一底两道； 2.8mm厚1:2.5水泥砂浆找平层； 3.10mm厚1:3水泥砂浆打底扫毛； 4.砖墙基层或混凝土墙基层	面砖外墙，做法参见 06J505-1 $\frac{-}{Q2}$	混凝土散水，做法 $\frac{4}{6}$	花岗石锯面台阶，做法参见 02J003 $\frac{5B}{8}$	防滑坡道，做法参见 02J003 $\frac{7}{31}$	坡屋面，做法参见 09J1202-1 $\frac{Ka20}{K6}$

室内装修一览表

房间名称	楼地面	墙面	踢脚	顶棚
机房	环氧砂浆自流平，做法参见 03J502-3 $\frac{2}{A14}$	白色环保防潮乳胶漆，做法参见 13J502-1 $\frac{-}{B03}\frac{2}{B04}\frac{3}{B04}\frac{4}{B04}$ 其中腻子选用优质耐水腻子，厚度不超过2mm	灰色成品瓷砖踢脚150mm高，做法参见 13J502-1 $\frac{-}{E05}\frac{2}{E06}\frac{2}{E07}$	白色环保防潮乳胶漆顶棚，做法参见 05J909 $\frac{5A}{DP6}$ 面层白色环保防潮乳胶漆一底两道

图 15-7 启闭机室建筑设计说明(方案一，古典+开放)

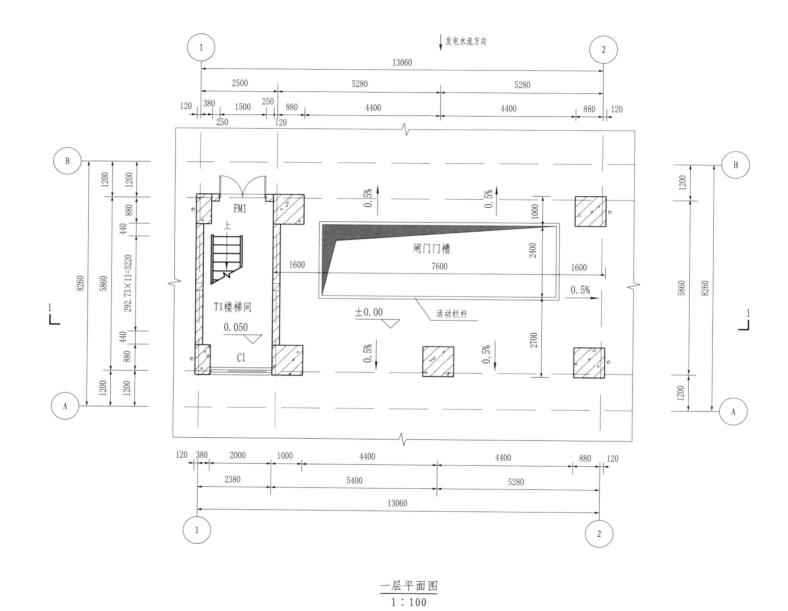

一层平面图
1:100

图15-8 启闭机室建筑图一（方案一，古典＋开放）

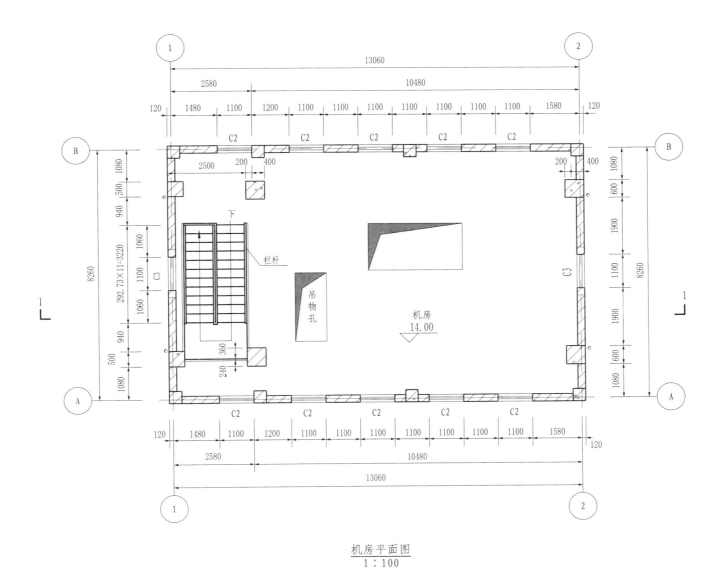

机房平面图
1:100

图 15-9 启闭机室建筑图二（方案一，古典＋开放）

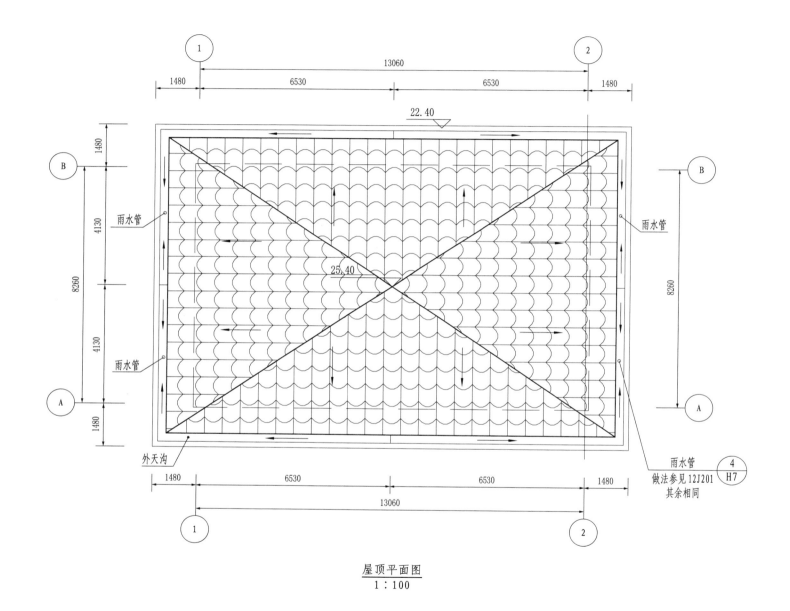

屋顶平面图
1∶100

图15-10　启闭机室建筑图三（方案一，古典＋开放）

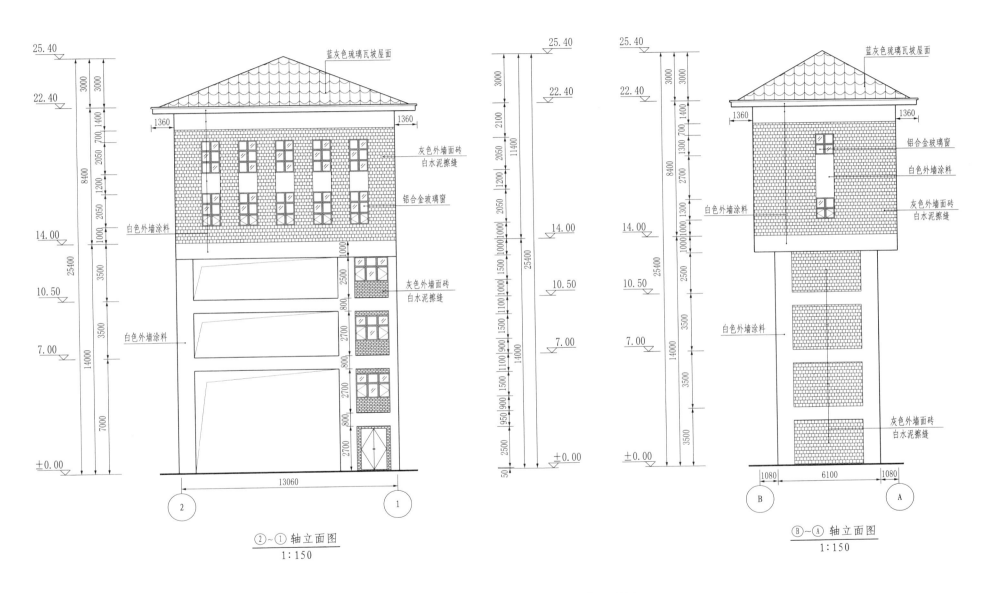

图 15-11　启闭机室建筑图四（方案一，古典＋开放）

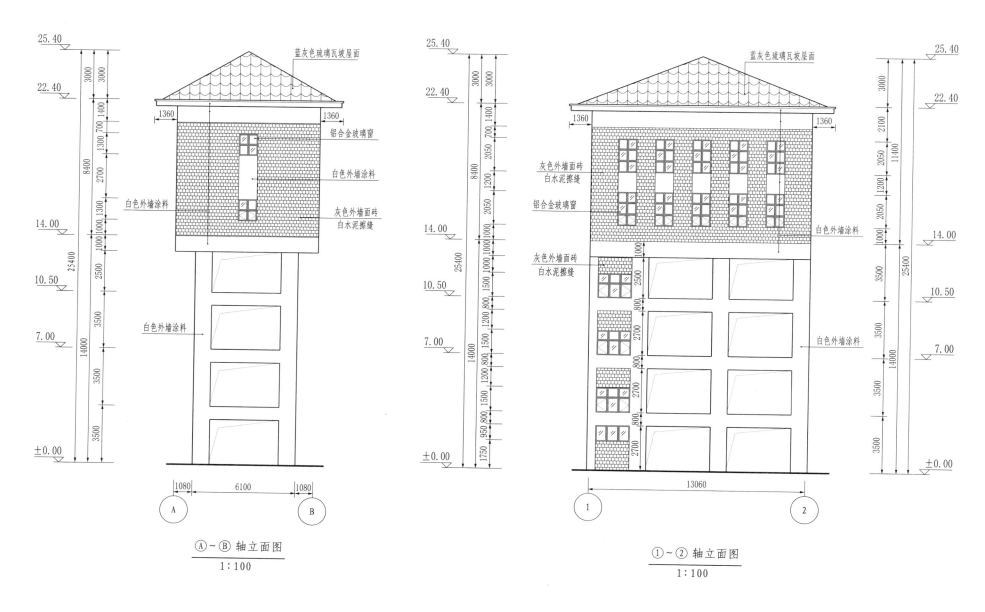

图 15-12 启闭机室建筑图五（方案一，古典+开放）

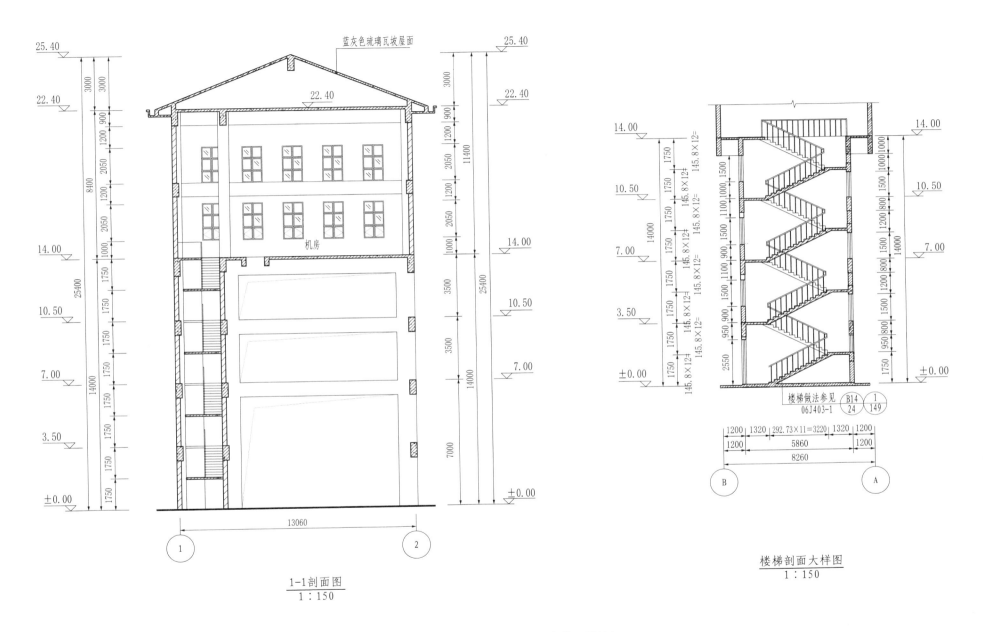

图 15-13 启闭机室建筑图六（方案一，古典＋开放）

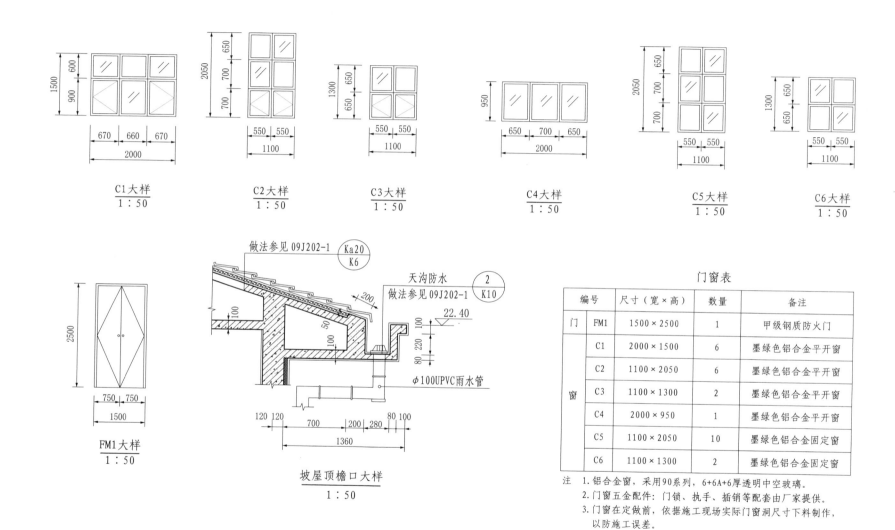

C1大样
1:50

C2大样
1:50

C3大样
1:50

C4大样
1:50

C5大样
1:50

C6大样
1:50

FM1大样
1:50

做法参见09J202-1 Ka20/K6

天沟防水
做法参见09J202-1 2/K10

22.40

φ100UPVC雨水管

坡屋顶檐口大样
1:50

门窗表

	编号	尺寸（宽×高）	数量	备注
门	FM1	1500×2500	1	甲级钢质防火门
窗	C1	2000×1500	6	墨绿色铝合金平开窗
	C2	1100×2050	6	墨绿色铝合金平开窗
	C3	1100×1300	2	墨绿色铝合金平开窗
	C4	2000×950	1	墨绿色铝合金平开窗
	C5	1100×2050	10	墨绿色铝合金固定窗
	C6	1100×1300	2	墨绿色铝合金固定窗

注 1. 铝合金窗，采用90系列，6+6A+6厚透明中空玻璃。
　　2. 门窗五金配件：门锁、执手、插销等配套由厂家提供。
　　3. 门窗在定做前，依据施工现场实际门窗洞尺寸下料制作，
　　　 以防施工误差。
　　4. 铝合金窗的制作，安装由专业厂家负责。

图 15-14　启闭机室建筑图七（方案一，古典+开放）

一、设计依据

1.1 项目设计合同；
1.2 工程建设标准强制性条文（房屋建筑部分）；
1.3 GB 50872《水电工程设计防火规范》；
1.4 GB 50016《建筑设计防火规范》；
1.5 GB 50222《建筑内部装修设计防火规范》；
1.6 现行的国家有关建筑设计规范、规程和规定。

二、项目概况

2.1 本工程为抽水蓄能电站进/出水口通用设计上水库进/出水口事故闸门启闭机房工程；
2.2 建筑层数、高度：启闭机房一层，高度为22.400m（绝对标高见单项工程总平面）；
2.3 建筑结构形式：框架结构；
2.4 建筑耐火等级为二级。

三、设计标高

3.1 本工程采用相对标高值；
3.2 各层标注标高为完成面标高（建筑面标高），屋面层标高为结构面标高；
3.3 本工程标高以m为单位，其他尺寸以mm为单位；
3.4 高程系统为黄海高程系统。

四、墙体工程

4.1 墙体的基础部分见结构施工图；
4.2 所有砖墙采用MU10 240mm厚烧结页岩多孔砖，M7.5砂浆砌筑（除另注明外），墙体各部分构造详细做法参见04J101《砖墙建筑构造》；
4.3 墙体预留洞及封堵：
　　4.3.1 钢筋混凝土结构的留洞见结构施工图和设备图；
　　4.3.2 砌筑墙留洞照建筑施工图和设备图；
　　4.3.3 墙体预留洞的封堵：砌筑墙留洞待管道设备安装完毕后，用C15细石混凝土填实；变形缝处及双墙留洞的封堵，应在双墙分别增设套管，套管与穿墙管之间缝隙建筑密封胶，防火墙上留洞的封堵为防火密封膏。
4.4 两种材料的墙体交接处，应根据饰面材质在做饰面前加钉金属网并在施工中加贴玻璃纤维网格布，每边铺设宽度不小于250mm，防止裂缝；
4.5 预埋木砖及贴邻墙体的木质表面均做防腐处理，露明铁件均做防锈处理；
4.6 凡钢筋混凝土柱与砖墙连接时，必须在钢筋混凝土柱内预留钢筋与砖墙拉结，做法参见04J101《砖墙建筑构造》；
4.7 门窗过梁具体做法及详图见03G322-1《钢筋混凝土过梁》，矩形、L形过梁按二级荷载选用，净跨按实宽考虑；
4.8 建筑构造柱及圈梁的设置：
　　4.8.1 当砌体填充墙的水平方向长度大于4m或墙端部没有钢筋混凝土墙柱时，应在墙之间均匀分布小于4m距离构造柱，在墙端部加设造柱。各部分做法参见国标06SG614-1《砌体填充墙结构》构造中构造柱的相关章节，构造柱的位置具体可参见平面图；
　　4.8.2 高度大于4m的砌体填充墙，需在墙半高处设置与柱连接且沿墙全长贯通的钢筋混凝土水平系梁，各部分做法参见06SG614-1《砌体填充墙结构构造》中联系梁的相关章节，联系梁的位置具体可参见剖面图；
　　4.8.3 所有墙体须砌在结构梁上。
4.9 墙身防水：
　　4.9.1 防水、防潮要求的墙面应使用水泥砂浆或水泥混合砂浆底灰，水泥砂浆层不得做在石灰砂浆层上；
　　4.9.2 墙身防潮层：砖砌墙体水平防潮层应设置在室外地面以上，室内地面以下60mm处；当室内相邻地面有高差时，应在高差处墙身的内侧加设复合无机盐类防水砂浆防潮层，做法为20mm 1:2水泥砂浆内加6%防水剂，在此标高为混凝土构造可不做。

五、屋面工程

5.1 本工程的屋面防水等级为II级，防水层合理使用年限为15年，做法见详图；
5.2 屋面节点索引见建筑屋面平面图；
5.3 屋面排水组织见屋面平面图，为有组织排水。

六、门窗工程

6.1 门窗玻璃选用及厚度符合JGJ 113《建筑玻璃应用技术规程》的规定；
6.2 外窗气密性等级不应低于GB/T 7106《建筑外窗气密、水密、抗风压性能分级及检测方法》规定的4级；
6.3 门窗立面表未示洞口尺寸，门窗加工尺寸要按照装修面层厚度由承包方予以调整；
6.4 门窗立樘：内外门窗立樘除图中另有注明者外，外墙门窗立挡位立中，内门窗中双向平开门立樘居墙，单向平开门立樘同开启方向墙面平。

6.5 门窗选料、颜色、玻璃见"门窗表"附注，门窗分格参见详图；
6.6 铝合金门窗的制作安装参见03J603-2《铝合金节能门窗》制作、安装、施工及验收；也可参见选定的国家认可品牌铝合金门窗厂家的标准图集施工；
6.7 主要材料：
　　6.7.1 铝合金型材：国产优质1.4mm厚墨绿色铝合金型材（除图中注明外）；
　　6.7.2 结构胶和耐候胶：国产优质产品，采用中性硅酮结构胶和密封胶；
　　6.7.3 明框玻璃：采用6+6A+6厚透明中空玻璃；
　　6.7.4 密封胶条：密封胶条为三元乙丙制品；
　　6.7.5 钢材：选用国内优质钢材，涂膜厚度不小于120μm，外露表面氟碳漆处理。
6.8 当单块玻璃面积大于1.5m²时，应采用安全玻璃。

七、外装修工程

7.1 外装修设计和做法索引见立面图及室内、室外装修一览表；
7.2 外装修选用的各项材料其材质、规格、颜色等，均由施工单位提供样板，经建设和设计单位、监理单位确认后进行封样，并据此验收。

八、内装修工程

8.1 内装修设计和做法索引见室内装修表及室内、室外装修一览表；
8.2 内装修工程执行GB 50222《建筑内部装修设计防火规范》，楼地面部分执行GB 50037《建筑地面设计规范》，建筑室内装修材料均采用非燃或难燃材料；
8.3 楼地面材料交接处及地坪高度变化处，除图中另有注明者外均位于齐平门扇开启处；
8.4 内装修选用的各项材料，均由施工单位制作样板和选样，经确认后进行封样，并据此进行验收；
8.5 二次装修不得任意变更或取消防消防设施。图中所选的消防设备，防火门，防火卷帘等需选用经专业部门批准并具有相关专业资质认证的产品。

九、油漆涂料工程

9.1 所有预埋铁件均需做防锈处理，所有铁件均红丹打底，外刷银粉漆三道；
9.2 各项油漆均由施工单位制作样板，经确认后进行封样，并据此验收。

十、其他施工中注意事项

10.1 图中所选用标准图中有对结构工种的预埋件、预留洞、门窗、建筑配件等，本图所注的各种留洞与预埋件应与各工种密切配合后，确认无误方可施工；
10.2 施工中应严格执行国家各项施工质量验收规范。

室外装修一览表

装修部位	外墙1	外墙2	散水	台阶	坡道	屋面1
构造做法	白色外墙涂料，做法如下： 1. 白色高级外墙涂料一底两道； 2. 8mm厚1:2.5水泥砂浆找平层； 3. 10mm厚1:3水泥砂浆打底扫毛； 4. 砖墙基层或混凝土墙基层	面砖外墙，做法参见06J505-1 ①/Q2	混凝土散水，做法参见02J003 ④/6	花岗石铺面台阶，做法参见02J003 5B/8	防滑坡道，做法参见02J003 ⑦/31	坡屋面，做法参见09J202-1 Ka20/K6

室内装修一览表

房间名称	楼地面	墙面	踢脚	顶棚
机房	环氧砂浆自流平： 做法参见03J502-3 ②/A14	白色环保防潮乳胶漆，做法参见13J502-1 ①/B03 ②/B04 ③/B04 ④/B04 其中腻子选用优质耐水腻子，厚度不超过2mm	灰色成品瓷砖踢脚150mm高，做法参见13J502-1 ①/E05 ②/E06 ②/E07	白色环保防潮乳胶漆顶棚，做法参见05J909 5A/DP6 面层白色环保防潮乳胶漆一底两道

图15-15　启闭机室建筑设计说明（方案二，古典+封闭）

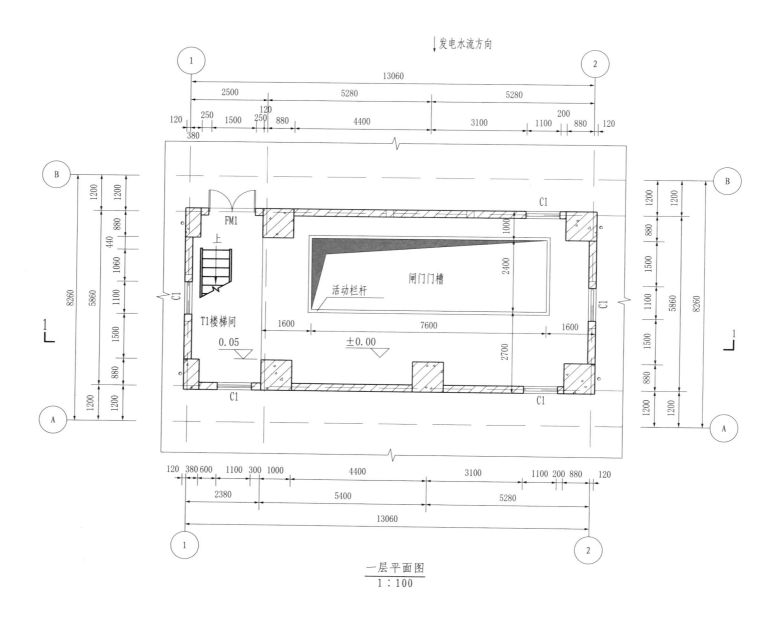

发电水流方向

1200

13060

2500　　　5280　　　5280

120　250　1500　250　880　　4400　　　3100　　1100　200　880　120

380

B

1200　1200

880

440

1060

1100

1500

880

FM1

C1

上

T1楼梯间

0.05

活动栏杆

闸门门槽

1600　　　7600　　　1600

±0.00

2700

2400

1000

8260

5860

C1

C1

C1

C1

A

1200　1200

120 380 600 1100 300 1000　　4400　　　3100　　1100 200 880　120

2380　　　5400　　　5280

13060

1

2

一层平面图
1：100

图 15-16　启闭机室建筑图一（方案二，古典＋封闭）

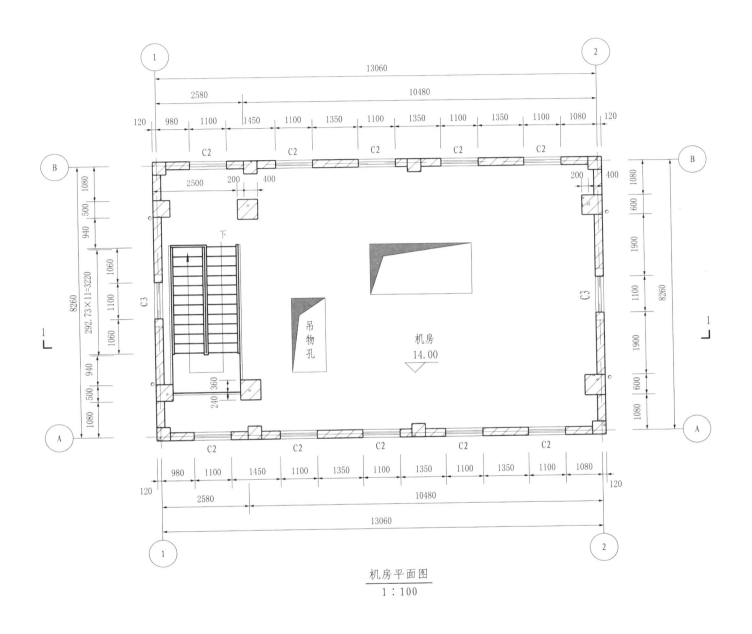

机房平面图

1 : 100

图 15-17 启闭机室建筑图二（方案二，古典 + 封闭）

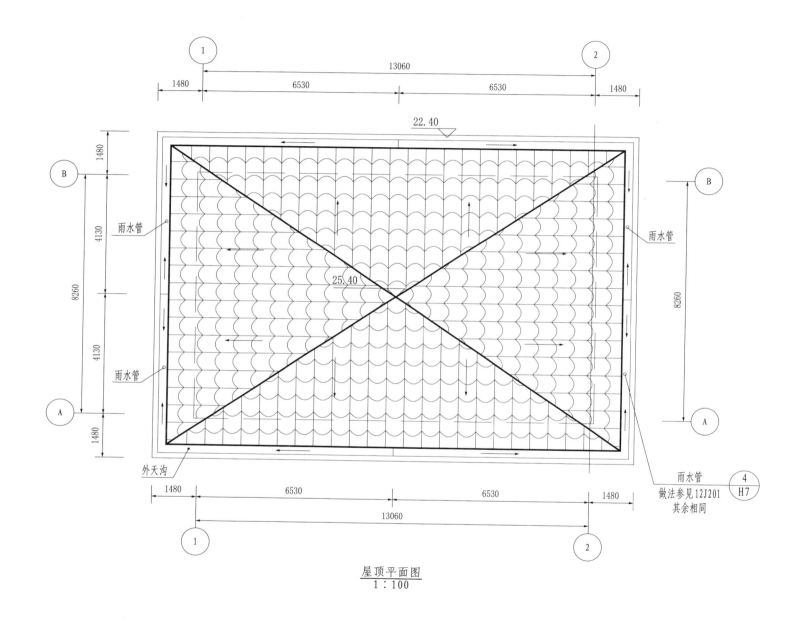

屋顶平面图
1：100

图 15-18 启闭机室建筑图三（方案二，古典＋封闭）

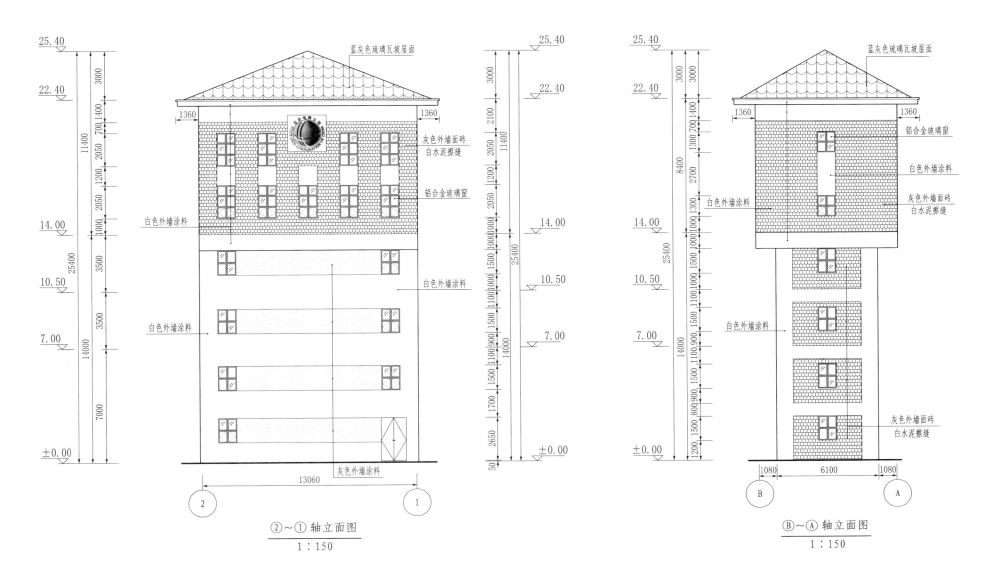

图 15-19　启闭机室建筑图四（方案二，古典＋封闭）

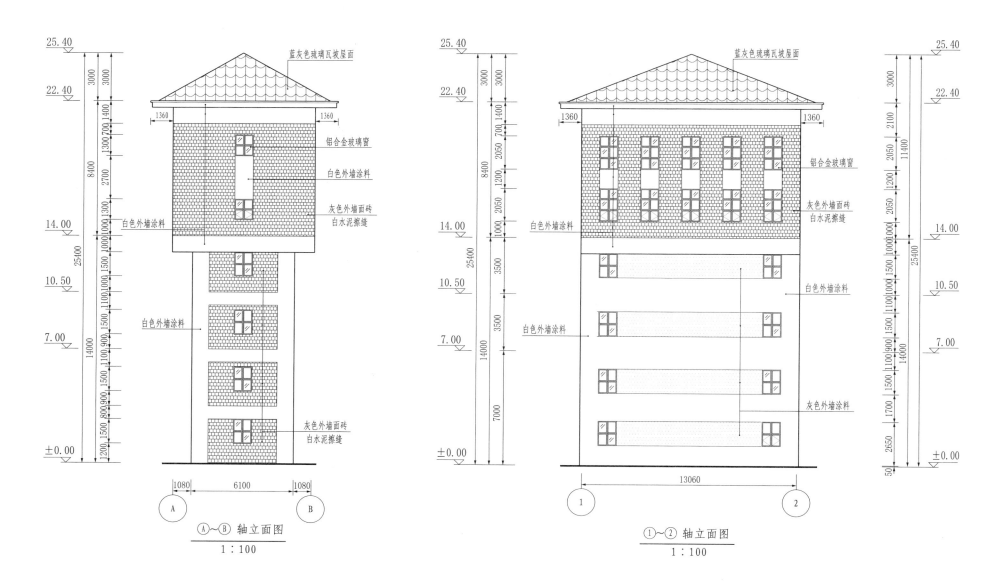

图 15-20　启闭机室建筑图五（方案二，古典＋封闭）

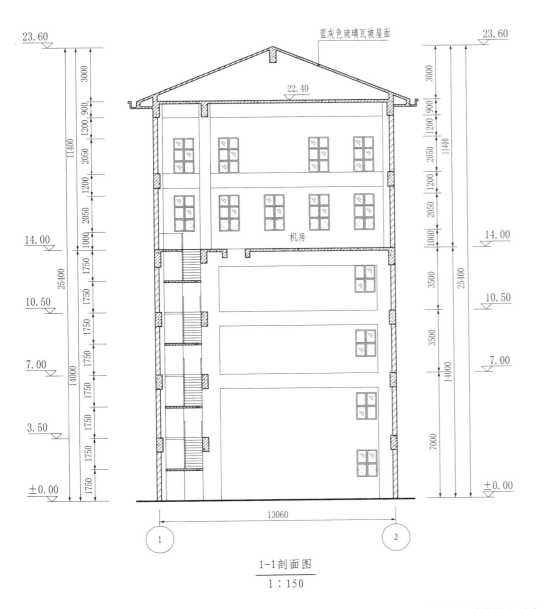

蓝灰色琉璃瓦坡屋面

机房

1-1剖面图
1:150

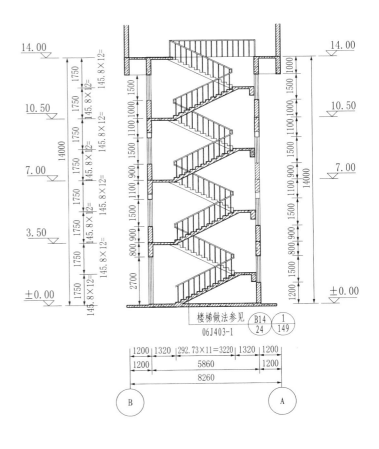

楼梯做法参见 06J403-1　B14／24　1／149

楼梯剖面大样图
1:150

图 15-21　启闭机室建筑图六（方案二，古典＋封闭）

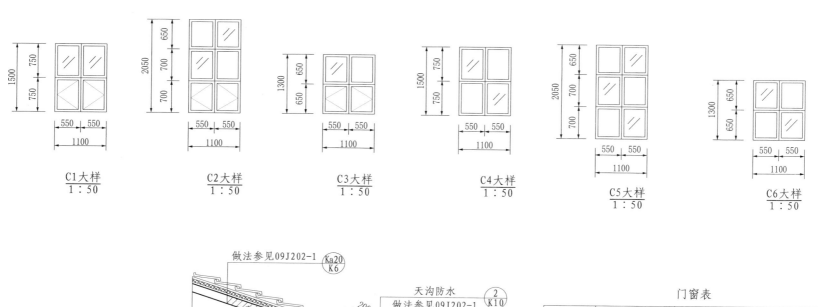

C1大样
1:50

C2大样
1:50

C3大样
1:50

C4大样
1:50

C5大样
1:50

C6大样
1:50

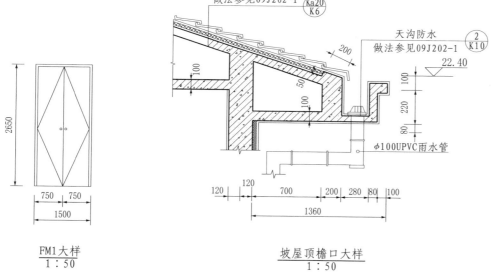

做法参见09J202-1 Ka20/K6

天沟防水
做法参见09J202-1 2/K10

22.40

φ100UPVC雨水管

FM1大样
1:50

坡屋顶檐口大样
1:50

门窗表

	编号	尺寸（宽×高）	数量	备注
门	FM1	1500×2650	1	甲级钢质防火门
窗	C1	1100×1500	5	墨绿色铝合金平开窗
	C2	1100×2050	10	墨绿色铝合金平开窗
	C3	1100×1300	2	墨绿色铝合金平开窗
	C4	1100×1500	18	墨绿色铝合金固定窗
	C5	1100×2050	9	墨绿色铝合金固定窗
	C6	1100×1300	2	墨绿色铝合金固定窗

注　1.铝合金窗，采用90系列，6+6A+6厚透明中空玻璃。
　　2.门窗五金配件：门锁、执手、插销等配套由厂家提供。
　　3.门窗在定做前，依据施工现场实际门窗洞尺寸下料制作，
　　　以防施工误差。
　　4.铝合金窗的制作，安装由专业厂家负责。

图 15-22　启闭机室建筑图七（方案二，古典＋封闭）

一、设计依据

1.1 项目设计合同；
1.2 工程建设标准强制性条文（房屋建筑部分）；
1.3 GB 50872《水电工程设计防火规范》；
1.4 GB 50016《建筑设计防火规范》；
1.5 GB 50222《建筑内部装修设计防火规范》；
1.6 现行的国家有关建筑设计规范、规程和规定。

二、项目概况

2.1 本工程为抽水蓄能电站进/出水口通用设计上水库进/出水口事故闸门启闭机房工程；
2.2 建筑层数、高度：启闭机房一层，高度为22.400m（绝对标高见单项工程总平面）；
2.3 建筑结构形式：框架结构；
2.4 建筑耐火等级为二级。

三、设计标高

3.1 本工程采用相对标高值；
3.2 各层标注标高为完成面标高（建筑面标高），屋面层标高为结构面标高；
3.3 本工程标高以m为单位，其他尺寸以mm为单位；
3.4 高程系统为黄海高程系统。

四、墙体工程

4.1 墙体的基础部分见结构施工图；
4.2 所有砖墙采用MU10 240mm厚烧结页岩多孔砖，M7.5砂浆砌筑（除另注明外），墙体各部分构造详细做法参见04J101《砖墙建筑构造》；
4.3 墙体预留洞及封堵：
　4.3.1 钢筋混凝土结构的留洞见结构施工图和设备图；
　4.3.2 砌筑墙体预留洞见建筑施工图和设备图；
　4.3.3 墙体预留洞的封堵：砌筑墙留洞待管道设备安装完毕后，用C15细石混凝土填实；变形缝处及墙留洞的封堵，应在双墙分别增设套管，套管与穿墙管之间应做建筑密封膏，防火墙上留洞的封堵为防火密封膏。
4.4 两种材料的墙体交接处，应根据饰面材料在做饰面前加钉金属网或在施工中加贴玻璃丝网格布，每边铺设宽度不小于250mm，防止裂缝；
4.5 预埋木砖及贴邻墙体的木质面均做防腐处理，露明铁件均做防锈处理；
4.6 凡钢筋混凝土墙与砖墙连接时，必须在钢筋混凝土柱与砖墙连接处的相应标高设钢筋与砖墙拉结，做法参见04J101《砖墙建筑构造》；
4.7 门窗过梁具体作法及详图参见03G322-1《钢筋混凝土过梁》，矩形、L形过梁按二级荷载选用，净跨按净宽考虑；
4.8 建筑构造柱及圈梁的设置：
　4.8.1 当砌体填充墙的水平长度大于4m或墙端部没有钢筋混凝土柱柱时，应在墙之间均匀分布于4m距离构造柱，在墙端部加设构造柱；各部分做法参见06SG614-1《砌体填充墙结构》构造中构造柱的相关章节，构造柱的位置具体可参见平面图；
　4.8.2 高度大于4m的砌体填充墙，应在墙半高处设置水平系梁且沿墙全长贯通的钢筋混凝土水平系梁，各部分做法参见06SG614-1《砌体填充墙结构构造》中联系梁的相关章节，联系梁的位置具体可参见剖面图；
　4.8.3 女儿墙构造详见06SG614-1《砌体填充墙结构构造》中女儿墙的相关章节；
　4.8.4 所有墙体须砌在结构梁上。
4.9 墙体防水：
　4.9.1 防水、防潮要求的墙面应使用水泥砂浆或水泥混合砂浆底灰，水泥砂浆层不得做在石灰砂浆层上；
　4.9.2 墙体防潮层：砖砌墙体水平防潮层应设置在室外地面以上，室内地面以下60mm处；室内相邻地面有高差时，应在高差处墙身的内侧加设复合无机盐类防水砂浆防潮层，做法为20mm厚1:2水泥砂浆内加6%防水剂，在此标高为混凝土构造可不做。

五、屋面工程

5.1 本工程的屋面防水等级为Ⅱ级，防水层合理使用年限为15年，做法见详图；
5.2 屋面节点索引见建施屋面平面图；
5.3 屋面排水组织见屋面平面图，为有组织排水。

六、门窗工程

6.1 门窗玻璃选用和厚度符合JGJ113《建筑玻璃应用技术规程》的规定；
6.2 外窗气密性等级均不低于GB/T 7106《建筑外窗气密、水密、抗风压性能分级及检测方法》规定的4级；
6.3 门窗立面均表示洞口尺寸，门窗加工尺寸要按照装修面厚度由承包商予以调整；
6.4 门窗立樘：内外门窗立樘除图中另有注明者外，外墙门窗立挡实立中，内门窗中双向平开门立樘在墙中，单向平开门立樘同开启方向墙面平；

6.5 门窗选料、颜色、玻璃见"门窗表"附注，门窗分格参见详图；
6.6 铝合金门窗的制作安装参见03J603-2《铝合金节能门窗》制作、安装、施工及验收；也可参见选定的国家认可品牌铝合金窗厂家的标准图集施工；
6.7 主要材料：
　6.7.1 铝合金型材：国产优质1.4mm厚墨绿色铝合金型材（除图中注明外）；
　6.7.2 结构胶和耐候胶：国产优质产品，采用中性硅酮结构胶和密封胶；
　6.7.3 明框玻璃：采用6+6A+6厚透明中空玻璃；
　6.7.4 密封胶条：密封胶条为三元乙丙制品；
　6.7.5 钢材：选用国内优质钢材，涂膜厚度不小于120μm，外露表面氟碳漆处理。
6.8 当单块玻璃面积大于1.5㎡时，应采用安全玻璃。

七、外装修工程

7.1 外装修设计和做法索引见立面图及室内、室外装修一览表；
7.2 外装修选用的各项材料其材质、规格、颜色等，均由施工单位提供样板，经建设和设计单位、监理单位确认后进行封样，并据此验收。

八、内装修工程

8.1 内装修设计和做法索引见室内装修表及室内、室外装修一览表；
8.2 内装修工程执行GB 50222《建筑内部装修设计防火规范》，楼地面部分执行GB 50037《建筑地面设计规范》，建筑室内装修材料均采用非燃或难燃材料；
8.3 楼地面装饰交接和地坪标高变化处，除图中另有注明者外均位于齐平门扇开启面处；
8.4 内装修选用的各项材料，均由施工单位制作样板和选样，经确认后进行封样，并据此进行验收；
8.5 二次装修不得任意变更或取消消防设施，图中所选的消防设备、防火门、防火卷帘等需选用经专业部门批准并具有相关专业资质认证的产品。

九、油漆涂料工程

9.1 所有预埋铁件均需做防锈处理，所有铁件均红丹打底，外刷银粉漆三道；
9.2 各项油漆均由施工单位制作样板，经确认后进行封样，并据此进行验收。

十、其他施工中注意事项

10.1 图中所选用标准图中有关结构工种的预埋件、预留洞，门窗、建筑配件等，本图所标注的各种留洞与预埋件应与各工种密切配合后，确认无误方可施工；
10.2 施工中应严格执行国家各项施工质量验收规范。

室外装修一览表

装修部位	外墙1	外墙2	散水	台阶	坡道	屋面1
构造做法	白色外墙涂料，做法如下： 1.白色高级外墙涂料一底两道； 2.8mm厚1:2.5水泥砂浆找平层； 3.10mm厚1:3水泥砂浆打底扫毛； 4.砖墙基层或混凝土墙基层	面层外墙砖，做法参见 06J505-1 ①/Q2	混凝土散水，做法参见 ④/6	花岗石铺设台阶，做法参见 02J003 5B/8	防滑坡道，做法参见 02J003 ⑦/31	平屋面，做法参见 12J201 A3/A4

室内装修一览表

房间名称	楼地面	墙面	踢脚	顶棚
机房	环氧砂浆自流平 做法参见03J502-3 ②/A14	白色环保防潮乳胶漆，做法参见 13J502-1 ①/B03 ②/B04 ③/B04 ④/B04 其中腻子选用优质防水腻子，厚度不超过2mm	灰色成品瓷砖踢脚150mm高，做法参见 13J502-1 ①/E05 ②/E06 ①/E07	白色环保防潮乳胶漆顶棚 做法参见05J909 棚5A/DP6 面层白色环保防潮乳胶漆一底两道

图15-23　启闭机室建筑设计说明（方案三，现代＋开放）

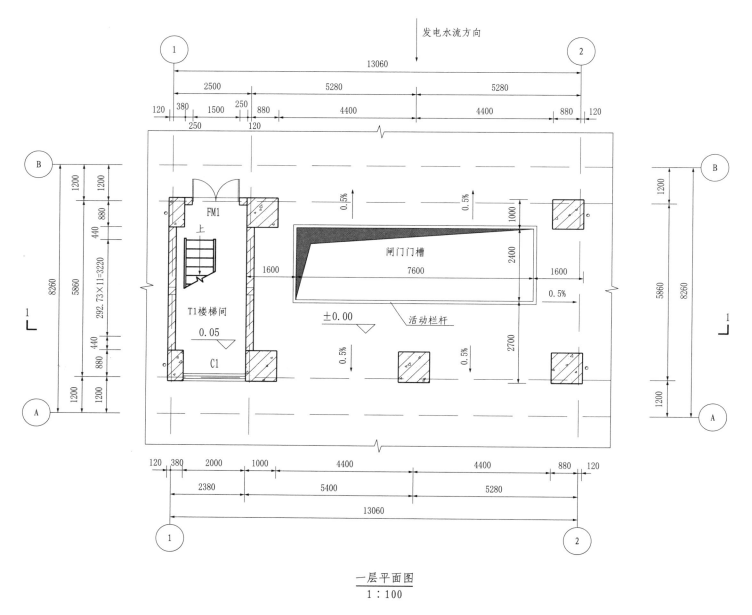

一层平面图
1 : 100

图 15-24　启闭机室建筑图一（方案三，现代＋开放）

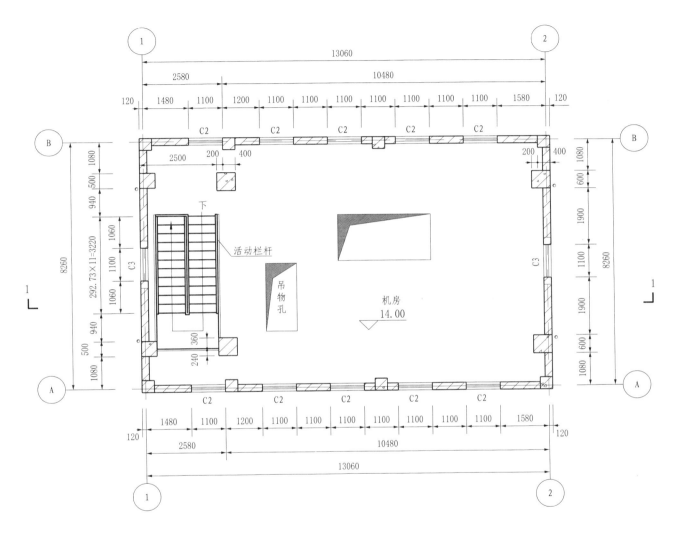

机房平面图
1 : 100

图 15-25 启闭机室建筑图二（方案三，现代 + 开放）

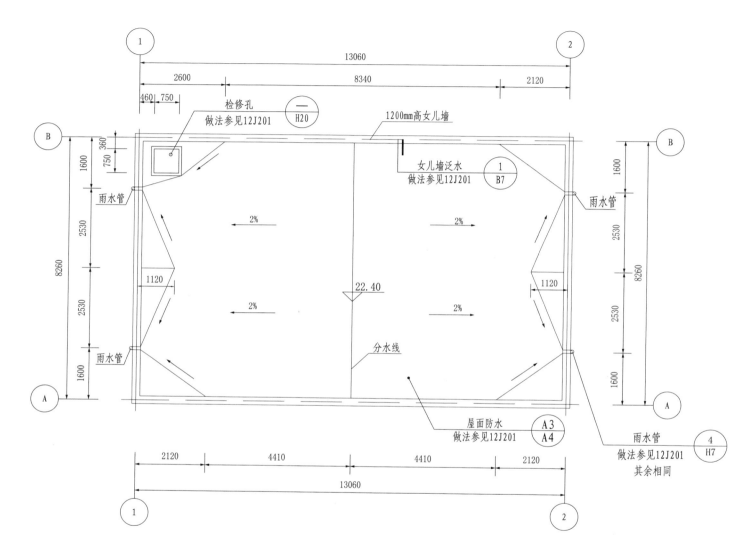

屋顶平面图
1：100

图 15-26 启闭机室建筑图三（方案三，现代＋开放）

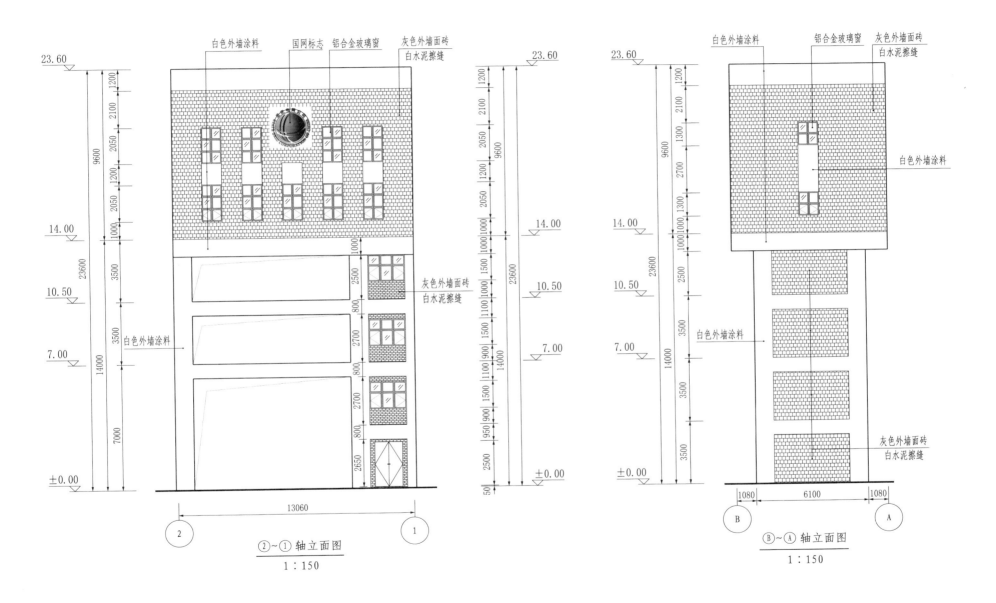

图 15-27　启闭机室建筑图四（方案三，现代＋开放）

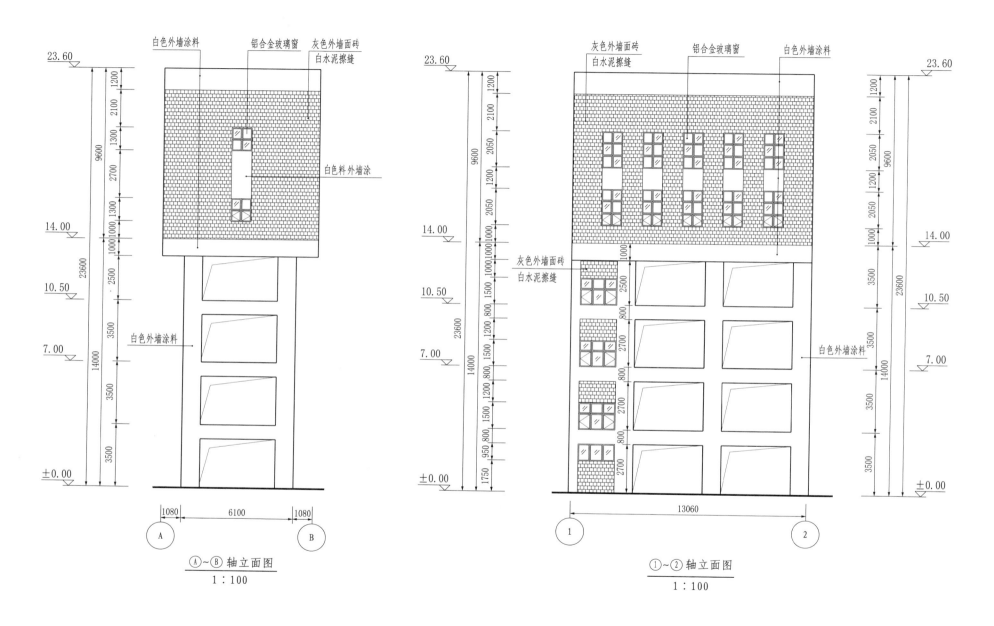

图 15-28　启闭机室建筑图五（方案三，现代+开放）

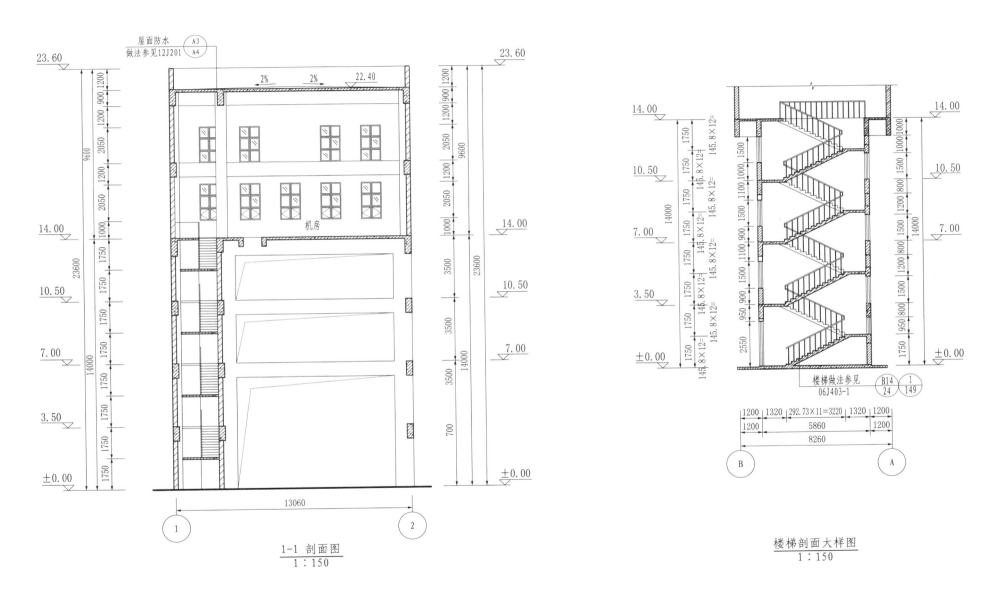

图 15-29　启闭机室建筑图六（方案三，现代＋开放）

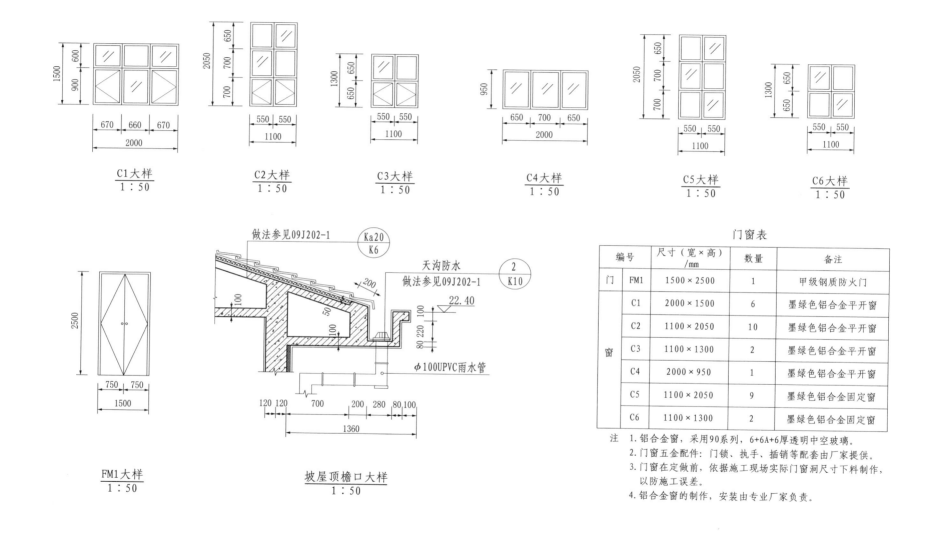

门窗表

	编号	尺寸（宽×高）/mm	数量	备注
门	FM1	1500×2500	1	甲级钢质防火门
窗	C1	2000×1500	6	墨绿色铝合金平开窗
	C2	1100×2050	10	墨绿色铝合金平开窗
	C3	1100×1300	2	墨绿色铝合金平开窗
	C4	2000×950	1	墨绿色铝合金平开窗
	C5	1100×2050	9	墨绿色铝合金固定窗
	C6	1100×1300	2	墨绿色铝合金固定窗

注 1. 铝合金窗，采用90系列，6+6A+6厚透明中空玻璃。
    2. 门窗五金配件：门锁、执手、插销等配套由厂家提供。
    3. 门窗在定做前，依据施工现场实际门窗洞尺寸下料制作，
       以防施工误差。
    4. 铝合金窗的制作，安装由专业厂家负责。

图 15-30　启闭机室建筑图七（方案三，现代＋开放）

一、设计依据

1.1 项目设计合同；
1.2 工程建设标准强制性条文（房屋建筑部分）；
1.3 GB 50872《水电工程设计防火规范》；
1.4 GB 50016《建筑设计防火规范》；
1.5 GB 50222《建筑内部装修设计防火规范》；
1.6 现行的国家有关建筑设计规范、规程和规定。

二、项目概况

2.1 本工程为抽水蓄能电站进/出水口通用设计上水库进/出水口事故闸门启闭机房工程；
2.2 建筑层数、高度：启闭机房一层，高度为22.400m（绝对标高见单项工程总平面）；
2.3 建筑结构形式：框架结构；
2.4 建筑耐火等级为二级。

三、设计标高

3.1 本工程采用相对标高值；
3.2 各层标注标高为完成面标高（建筑面标高），屋面层标高为结构面标高；
3.3 本工程标高以m为单位，其他尺寸以mm为单位；
3.4 高程系统为黄海高程系统。

四、墙体工程

4.1 墙体的基础部分见结构施工图；
4.2 所有砖墙体采用MU10 240mm厚烧结页岩多孔砖，M7.5砂浆砌筑（除另注明外），墙体各部分构造详细做法参见04J101《砖墙建筑构造》；
4.3 墙体预留洞及封堵：
    4.3.1 钢筋混凝土结构的留洞见结构施工图和设备图；
    4.3.2 砌体墙留洞见建筑施工图和设备图；
    4.3.3 墙体预留洞的封堵：砌筑墙留洞待管道设备安装完毕后，用C15细石混凝土填实；变形缝处及墙留洞的封堵，应在双墙分别增设套管，套管与穿墙管之间嵌缝填实墙密封膏，防火墙上留洞的封堵为防火密封膏。
4.4 两种材料的墙体交接处，应根据饰面材质在做饰面前加钉金属网或在施工中加贴玻璃丝网格布，每边铺设宽度不小于250mm，防止裂缝；
4.5 预埋木砖及贴邻墙体的木质面应做防腐处理，露明铁件均做防锈处理；
4.6 凡钢筋混凝土柱与砖墙连接时，必须在钢筋混凝土柱处伸出钢筋与砖墙拉结，做法参见04J101《砖墙建筑构造》；
4.7 门窗过梁采具体做法及详图见03G322-1《钢筋混凝土过梁》，矩形，L形过梁按二级荷载选用，净跨按宽净宽考虑。
4.8 建筑构造柱及圈梁的设置：
    4.8.1 当砌体填充墙的水平长度大于4m或墙端部没有钢筋混凝土柱时，应在墙之间均匀分布小于4m距离构造柱，在墙加构造柱，各部分做法参见06SG614-1《砌体填充墙结构》构造中构造柱的相关章节，构造柱的位置具体可见平面图；
    4.8.2 高度大于4m的砌体填充墙，需在墙半高处设置与柱连接且沿墙全长贯通的钢筋混凝土水平系梁，各部分做法参见06SG614-1《砌体填充墙结构构造》中联系梁的相关章节，联系梁的位置具体可见剖面图；
    4.8.3 女儿墙构造详见06SG614-1《砌体填充墙结构构造》中女儿墙的相关章节；
    4.8.4 所有墙体均须砌在结构梁上。
4.9 墙身防水：
    4.9.1 防水、防潮要求的墙体应使用水泥砂浆或水泥混合砂浆底层灰，水泥砂浆层不得做在石灰砂浆层上；
    4.9.2 砖砌墙身水平防潮层应设置在室外地面以上，室内地面以下60mm处，室内相对地面有高差时，应在高差处墙身的内侧加设复合无机盐类防水砂浆防潮层，做法为20mm厚 1:2水泥砂浆内加6%防水剂，在此标高为混凝土构造可不做。

五、屋面工程

5.1 本工程的屋面防水等级为Ⅱ级，防水层合理使用年限为15年，做法见详图；
5.2 屋面节点索引见建施屋面平面图；
5.3 屋面排水组织见屋面平面图，为有组织排水。

六、门窗工程

6.1 门窗玻璃选用及厚度符合JGJ113《建筑玻璃应用技术规程》的规定；
6.2 外窗气密性等级不应低于GB/T 7106《建筑外窗气密、水密、抗风压性能分级及检测方法》规定的4级；
6.3 门窗立面均表示洞口尺寸，门窗加工尺寸要按照装修面厚度由承包方子以调整；
6.4 门窗立樘：内外门窗立樘除图中另有注明者外，外墙门窗立樘居中立，内门窗中双向平开门立樘立中，单向平开门立樘同开启方向墙面平。

6.5 门窗选料、颜色、玻璃见"门窗表"附注，门窗分格参见详图；
6.6 铝合金门窗的制作安装参见03J603-2《铝合金节能门窗》制作、安装、施工及验收，也可参见选定的国家认可品牌铝合金门窗厂家的标准图集施工；
6.7 主要材料：
    6.7.1 铝合金型材：国产优质1.4mm厚墨绿色铝合金型材（除图中注明外）；
    6.7.2 结构胶和耐候胶：国产优质产品，采用中性硅酮结构胶和密封胶；
    6.7.3 明框玻璃：采用6+6A+6厚透明中空玻璃；
    6.7.4 密封胶条：密封胶条为三元乙丙制品；
    6.7.5 钢材：选用国内优质钢材，涂膜厚度不小于120μm，外露表面氟碳漆处理；
6.8 当单块玻璃面积大于1.5m²时，应采用安全玻璃。

七、外装修工程

7.1 外装修设计和做法索引见立面图及室内、室外装修一览表；
7.2 外装修选用的各项材料其材质、规格、颜色等，均由施工单位提供样板，经建设和设计单位、监理单位确认后进行封样，并据此验收。

八、内装修工程

8.1 内装修设计和做法索引见室内装修表及室内、室外装修一览表；
8.2 内装修工程执行GB 50222《建筑内部装修设计防火规范》，楼地面部分执行GB 50037《建筑地面设计规范》，建筑室内装修材料均采用非燃或难燃材料；
8.3 楼地面构造交接处和地坪高度变化处，除图中另有注明者外均位于半开门扇开启面处；
8.4 内装修选用的各项材料，均由施工单位制作样板和选样，经确认后进行封样，并据此进行验收；
8.5 二次装修不得任意变更或取消消防设施。图中所选的消防设备，防火门，防火卷帘等需选用经专业部门批准并具有相关专业资质认证的产品。

九、油漆涂料工程

9.1 所有预埋铁件均需做防锈处理，所有铁件均红丹打底，外刷银粉漆三道；
9.2 各项油漆均由施工单位制作样板，经确认后进行封样，并据此验收。

十、其他施工中注意事项

10.1 图中所选用标准图中有对结构工种的预埋件、预留洞，门窗、建筑配件等，本图所标注的各种留洞与预埋件应与各工种密切配合后，确认无误方可施工；
10.2 施工中应严格执行国家各项施工质量验收规范。

室外装修一览表

装修部位	外墙1	外墙2	散水	台阶	坡道	屋面1
构造做法	白色外墙涂料，做法如下：1. 白色高级外墙涂料一底两道；2. 8mm厚1:2.5水泥砂浆找平层；3. 10mm厚1:3水泥砂浆打底扫毛；4. 砖墙基层或混凝土墙基层。	面砖外墙，做法参见06J505-1 $\frac{-}{Q2}$	混凝土散水，做法参见 $\frac{4}{6}$ 02J003	花岗石铺面台阶，做法参见02J003 $\frac{5B}{8}$	防滑坡道，做法参见02J003 $\frac{7}{31}$	平屋面，做法参见12J201 $\frac{A3}{A4}$

室内装修一览表

房间名称	楼地面	墙面	踢脚	顶棚
机房	环氧砂浆自流平 做法参见03J502-3 $\frac{2}{A14}$	白色环保防潮乳胶漆，做法参见13J502-1 $\frac{2}{B03}$ $\frac{3}{B04}$ $\frac{4}{B04}$ $\frac{4}{B04}$ 其中腻子选用优质耐水腻子，厚度不超过2mm	灰色成品瓷砖踢脚150mm高，做法参见13J502-1 $\frac{2}{E05}$ $\frac{3}{E06}$ $\frac{2}{E07}$	白色环保防潮乳胶漆顶棚 做法参见05J909 $\frac{棚5A}{DP6}$ 面层白色环保防潮乳胶漆一底两道

图 15-31　启闭机室建筑设计说明（方案四，现代 + 封闭）

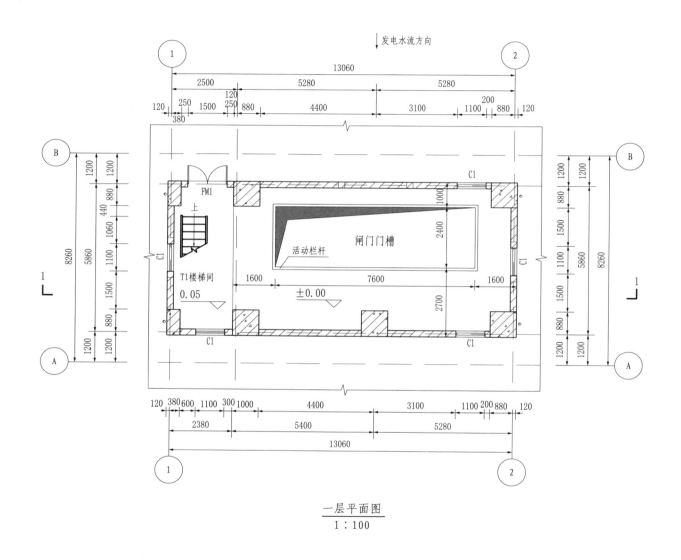

发电水流方向

一层平面图
1 : 100

图 15-32 启闭机室建筑图一（方案四，现代＋封闭）

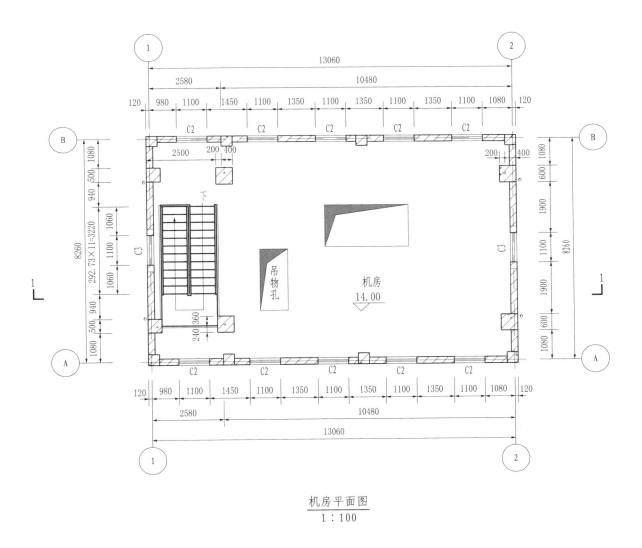

机房平面图
1：100

图 15-33　启闭机室建筑图二（方案四，现代＋封闭）

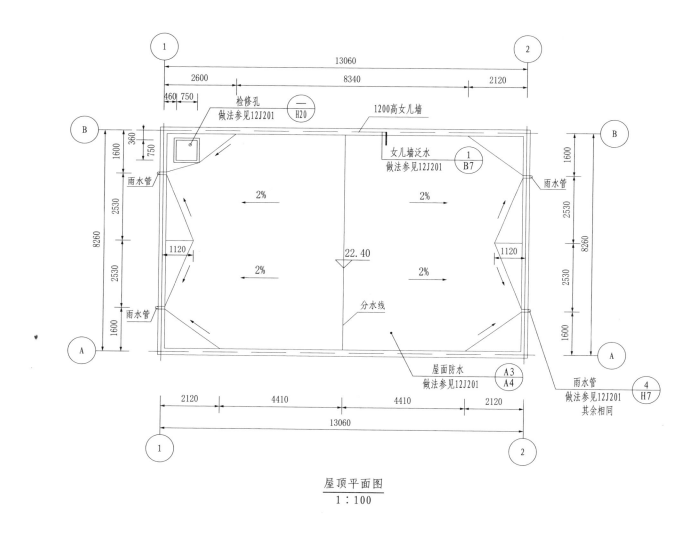

图 15-34　启闭机室建筑图三（方案四，现代＋封闭）

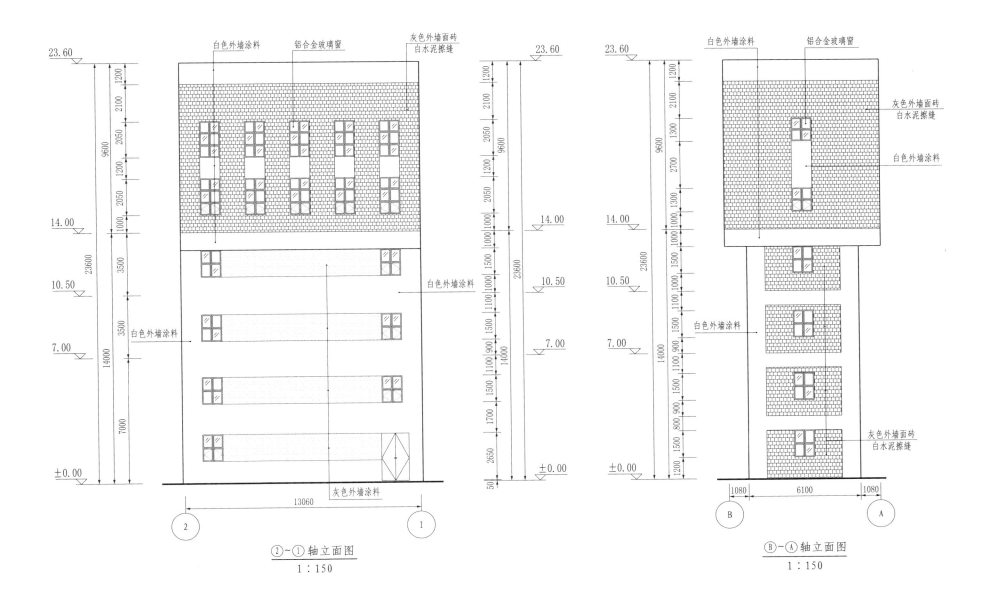

图 15-35 启闭机室建筑图四（方案四，现代＋封闭）

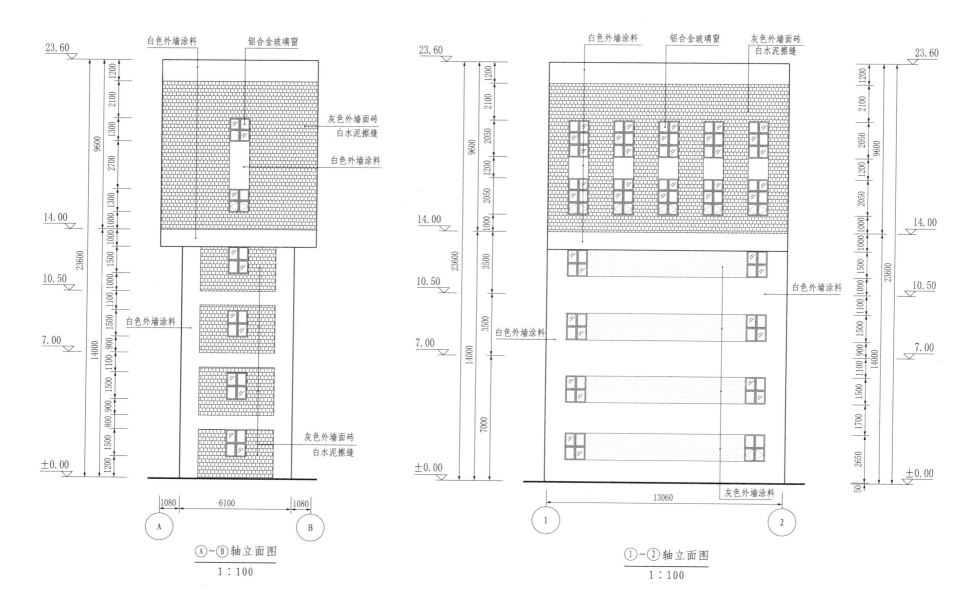

图 15-36 启闭机室建筑图五（方案四，现代＋封闭）

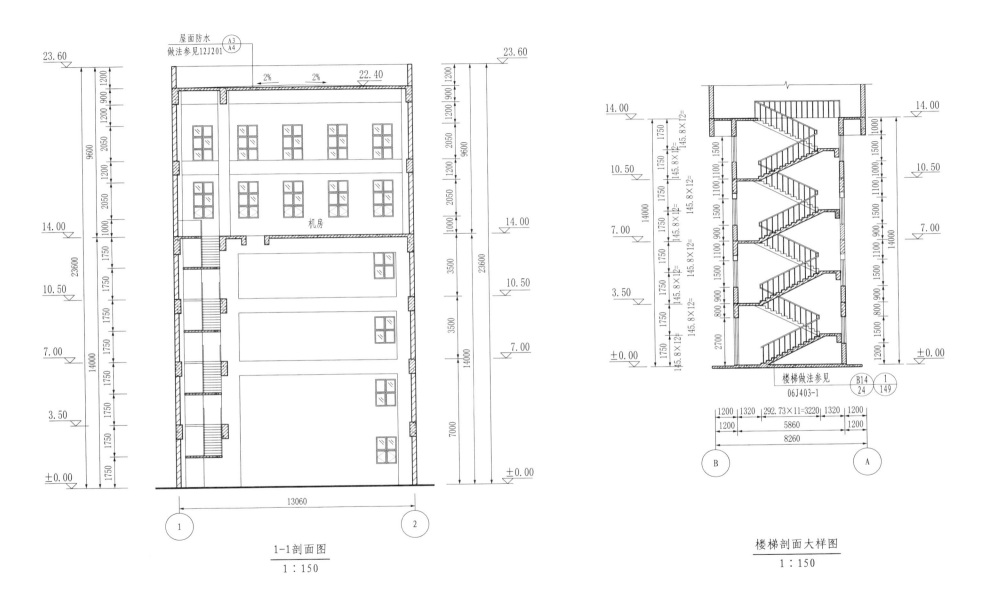

图 15-37　启闭机室建筑图六（方案四，现代＋封闭）

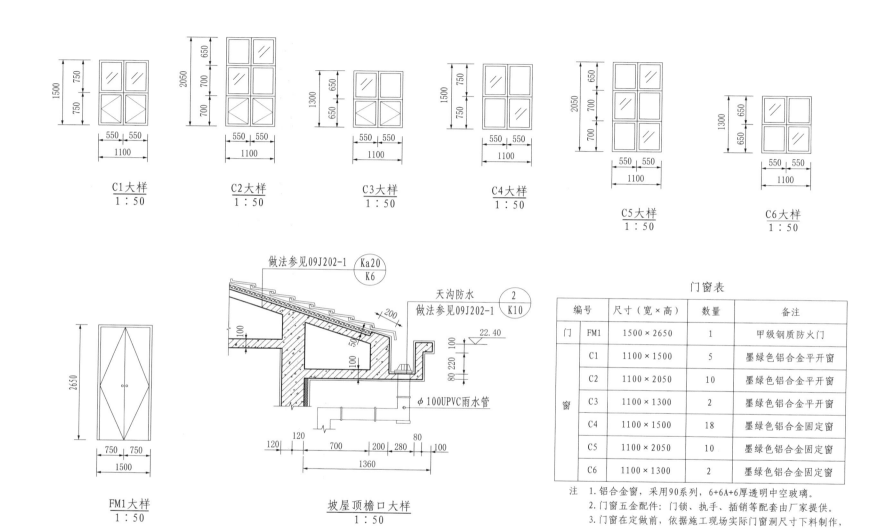

门窗表

编号		尺寸（宽×高）	数量	备注
门	FM1	1500×2650	1	甲级钢质防火门
窗	C1	1100×1500	5	墨绿色铝合金平开窗
	C2	1100×2050	10	墨绿色铝合金平开窗
	C3	1100×1300	2	墨绿色铝合金平开窗
	C4	1100×1500	18	墨绿色铝合金固定窗
	C5	1100×2050	10	墨绿色铝合金固定窗
	C6	1100×1300	2	墨绿色铝合金固定窗

注 1. 铝合金窗，采用90系列，6+6A+6厚透明中空玻璃。
2. 门窗五金配件：门锁、执手、插销等配套由厂家提供。
3. 门窗在定做前，依据施工现场实际门窗洞尺寸下料制作，以防施工误差。
4. 铝合金窗的制作、安装由专业厂家负责。

图 15-38　启闭机室建筑图七（方案四，现代＋封闭）

一、设计依据

1.1 项目设计合同；

1.2 工程建设标准强制性条文（房屋建筑部分）；

1.3 GB 50872《水电工程设计防火规范》；

1.4 GB 50016《建筑设计防火规范》；

1.5 GB 50222《建筑内部装修设计防火规范》；

1.6 现行的国家有关建筑设计规范、规程和规定。

二、项目概况

2.1 本工程为抽水蓄能电站进/出水口通用设计进/出水口配电房工程；

2.2 建筑层数、高度：配电房一层，高度为4.750m（绝对标高见单项工程总平面）；

2.3 建筑结构形式：框架结构；

2.4 建筑耐火等级为二级，屋面防水等级为Ⅱ级。

三、设计标高

3.1 本工程采用相对标高值；

3.2 各层标注标高为完成面标高（建筑面标高），屋面层标高为结构面标高；

3.3 本工程标高以m为单位，其他尺寸以mm为单位；

3.4 高程系统为黄海高程系统。

四、墙体工程

4.1 墙体的基础部分见结构施工图；

4.2 所有砖块采用MU10 240mm厚烧结页岩多孔砖，M7.5砂浆砌筑（除另注明外），墙体各部分构造详细做法参见04J101《砖墙建筑构造》；

4.3 墙体预留洞及封堵：

4.3.1 钢筋混凝土结构的留洞见结构施工图和设备图；

4.3.2 砌筑墙墙预留洞见施工图和设备图；

4.3.3 墙体预留洞的封堵：砌筑墙预留洞待管道设备安装完毕后，用C15细石混凝土填实，变形缝处双墙留洞的封堵，应在双墙分别增设套管，套管与穿墙管之间嵌缝建筑密封膏，防火墙上留洞的封堵为防火密封膏；

4.4 两种材料的墙体交接处，应根据饰面材质在做饰面前加钉金属网或在施工中加贴玻璃丝网格布，每边铺设宽度不小于250mm，防止裂缝；

4.5 预埋木砖及贴邻墙体的木质墙体均做防腐处理，露明铁件均做防锈处理；

4.6 凡钢筋混凝土柱与砖墙连接时，必须在钢筋混凝土柱内设伸出钢筋与砖墙拉结，做法参见04J101《砖墙建筑构造》；

4.7 门窗过梁具体作法及详图参见03G322-1《钢筋混凝土过梁》，矩形、L形过梁按二级荷载选用，净跨按窗洞净宽考虑；

4.8 建筑构造柱及圈梁的设置：

4.8.1 当砌体填充墙的水平长度大于4m或墙端部没有钢筋混凝土柱时，应在墙之间均匀分布小于4m距离构造柱，在墙端部加构造柱；各部分做法参见06SG614-1《砌体填充墙结构构造》构造中构造柱的相关章节，构造柱的位置具体可参见平面图；

4.8.2 高度大于4m的砌体填充墙，需在墙半高处设置与柱连接且沿墙全长贯通的钢筋混凝土水平系梁，各部分做法参见06SG614-1《砌体填充墙结构构造》中联系梁的相关章节，联系梁的位置具体可参见剖面图；

4.8.3 所有墙体均须砌在结构梁上。

4.9 墙身防水：

4.9.1 防水、防潮要求的墙面应使用水泥砂浆或水泥混合砂浆底灰，水泥砂浆层不得做在石灰砂浆层上；

4.9.2 墙身防潮层：砖墙水平防潮层应设置在室外地面以上，室内地面以下60mm处；室内相邻地面有高差时，应在高差处墙面的内侧加设复合无机盐类防水砂浆防潮层，做法为20mm厚1:2水泥砂浆内加6%防水剂。在此标高为混凝土构造可不做。

五、屋面工程

5.1 本工程的屋面防水等级为Ⅱ级，防水层合理使用年限为15年，做法见详图；

5.2 屋面节点索引见建施屋面平面图，雨篷等见各层平面图及有关详图；

5.3 屋面排水组织见屋面平面图，为有组织排水。

六、门窗工程

6.1 门窗玻璃选用及厚度符合JGJ113《建筑玻璃应用技术规程》的规定；

6.2 外窗气密性等级不应低于GB/T 7106《建筑外窗气密、水密、抗风压性能分级及检测方法》规定的4级；

6.3 门窗立面均表示洞口尺寸，门窗加工尺寸要按照装修面面厚度由承包商子以调整；

6.4 门窗立樘：内外门窗立樘除图中另有注明者外，外墙门窗立樘分墙立中，内门窗中双向平开门立樘立中，单向平开门立樘同开启方向墙内平。

6.5 门窗选料、颜色、玻璃见"门窗表"附注。门窗分格参见详图；

6.6 铝合金门窗的制作安装参见03J603-2《铝合金节能门窗》制作、安装、施工及验收；也可参见选定的国家认可品牌铝合金门窗厂家的标准图集施工；

6.7 主要材料：

6.7.1 铝合金型材：国产优质1.4mm厚墨绿色铝合金型材（除图中注明外）；

6.7.2 结构胶和耐候胶：国产优质产品，采用中性硅酮结构胶和密封胶；

6.7.3 明框玻璃：采用6+6A+6厚透明中空玻璃；

6.7.4 密封胶条：密封胶条为三元乙丙制品；

6.7.5 钢材：选用国内优质钢材，涂膜厚度不小于120μm，外露表面氟碳漆处理；

6.8 当单块玻璃面积大于1.5m²时，应采用安全玻璃。

七、外装修工程

7.1 外装修设计和做法索引见立面图及室内、室外装修一览表；

7.2 外装修选用的各项材料其材质、规格、颜色等，由施工单位提供样板，经建设和设计单位、监理单位确认后进行封样，并据此验收。

八、内装修工程

8.1 内装修设计和做法索引见室内装修表及室内、室外装修一览表；

8.2 内装修工程执行GB 50222《建筑内部装修设计防火规范》，楼地面部分执行GB 50037《建筑地面设计规范》，建筑室内装修材料均采用非燃或难燃性材料。

8.3 楼地面构造交接处和地坪高度变化处，除图中另有注明者外均位于齐平门摩开启面处。

8.4 内装修选用的各项材料，均由施工单位制作样板和选样，经确认后进行封样，并据此验收。

8.5 二次装修不得任意变更及现场设施，图中所选的消防设备、防火门、防火卷帘等需选用经专业部门批准并具有相关专业资质认证的产品。

九、油漆涂料工程

9.1 所有预埋铁件均需做防锈处理，所有铁件均红丹打底，外刷银粉漆三道；

9.2 各项油漆均由施工单位制作样板，经确认后进行封样，并据此进行验收。

十、其他施工中注意事项

10.1 图中所选用标准图中有对结构工种的预埋件、预留洞、门窗、建筑配件等，本图所标注的各种留洞与预埋件应与各工种密切配合后，确认无误方可施工；

10.2 施工中应严格执行国家各项施工质量验收规范。

室外装修一览表

装修部位	外墙1	外墙2	散水	台阶	坡道	屋面1
构造做法	白色外墙涂料，做法如下： 1.白色高级外墙涂料一底两道； 2.8mm厚1:2.5水泥砂浆找平层； 3.10mm厚1:3水泥砂浆打底扫毛； 4.砖墙基层或混凝土墙基层	面砖外墙面，做法参见 $\frac{-}{Q2}$ 06J505-1	混凝土散水，做法参见 $\frac{4}{6}$ 02J003	花岗石铺面台阶，做法参见 $\frac{5B}{8}$ 02J003	防滑坡道，做法参见 $\frac{7}{31}$ 02J003	坡屋面，做法参见 $\frac{Ka20}{K6}$ 09J202-1

室内装修一览表

房间名称	楼地面	墙面	踢脚	顶棚
配电室、控制室	800mm×800mm×10mm浅灰色全瓷玻化砖，做法参见 $\frac{-}{A05}$ 03J502-3 第六项CL7.5轻集料混凝土无需做	白色环保防潮乳胶漆，做法参见 $\frac{-}{B03}$ $\frac{2}{B04}$ $\frac{3}{B04}$ $\frac{4}{B04}$ 13J502-1 其中腻子选用优质耐水腻子，厚度不超过2mm	灰色成品瓷砖踢脚150mm高，做法参见 $\frac{-}{E05}$ $\frac{2}{E06}$ $\frac{7}{E07}$ 13J502-1	白色环保防潮乳胶漆顶棚，做法参见 05J909 $\frac{棚5A}{DP6}$ 面层白色环保防潮乳胶漆一底两道

图15-39　配电房建筑设计说明（方案一，古典）

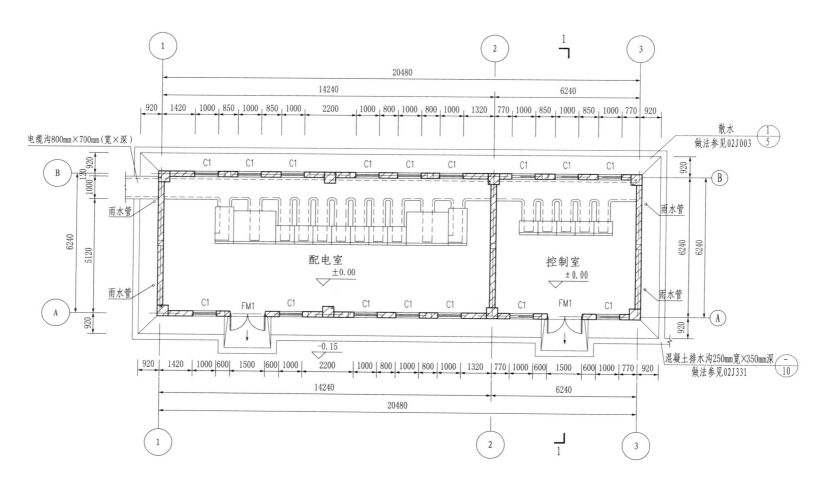

电缆沟800mm×700mm(宽×深)

配电室
±0.00

控制室
±0.00

C1
FM1

散水
做法参见02J003

雨水管

混凝土排水沟250mm宽×350mm深
做法参见02J331

一层平面图
1:100

图 15-40　配电房建筑图一（方案一，古典）

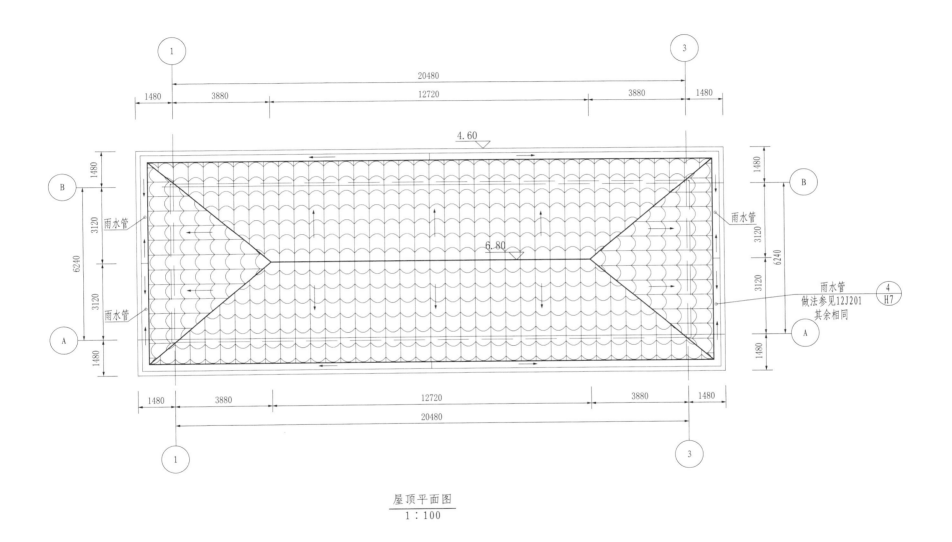

20480

1480 3880 12720 3880 1480

4.60

1480

3120 雨水管

6240

6.80

3120

雨水管

1480

雨水管
做法参见12J201
其余相同

1480 3880 12720 3880 1480

20480

屋顶平面图
1：100

图 15-41　配电房建筑图二（方案一，古典）

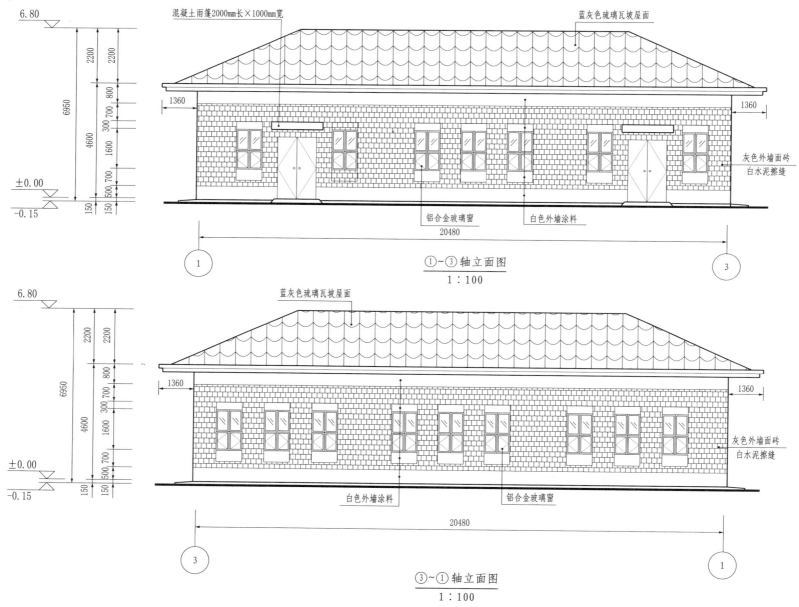

混凝土雨篷2000mm长×1000mm宽
蓝灰色琉璃瓦坡屋面
灰色外墙面砖白水泥擦缝
铝合金玻璃窗
白色外墙涂料

6.80
±0.00
−0.15
6950
2200 2200
800
300 700
1600
4600
500 700
150 150
1360
1360
20480

①~③轴立面图
1:100
① ③

蓝灰色琉璃瓦坡屋面
灰色外墙面砖白水泥擦缝
白色外墙涂料
铝合金玻璃窗

6.80
±0.00
−0.15
6950
2200 2200
800
300 700
1600
4600
500 700
150 150
1360
1360
20480

③~①轴立面图
1:100
③ ①

图 15-42　配电房建筑图三（方案一，古典）

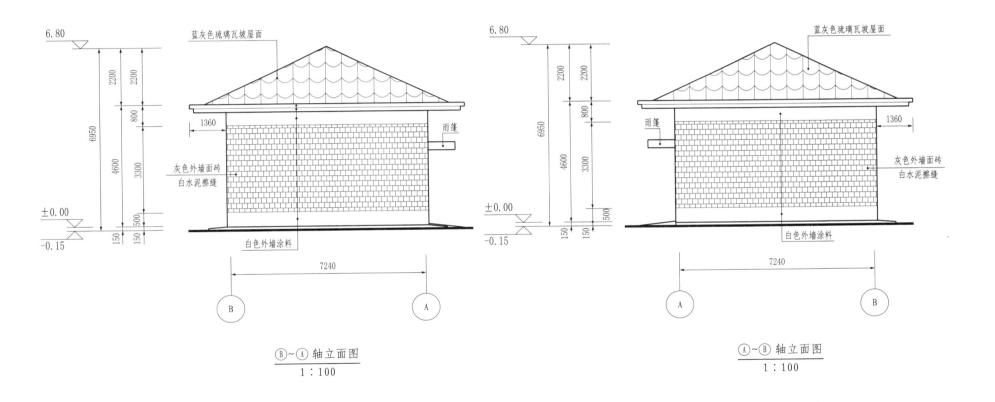

图 15-43 配电房建筑图四（方案一，古典）

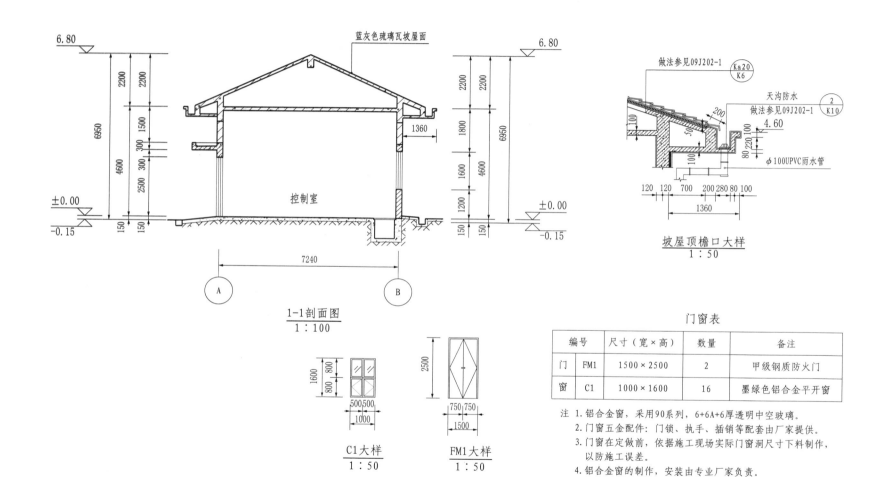

门窗表

编号		尺寸（宽×高）	数量	备注
门	FM1	1500×2500	2	甲级钢质防火门
窗	C1	1000×1600	16	墨绿色铝合金平开窗

注 1. 铝合金窗，采用90系列，6+6A+6厚透明中空玻璃。
　　2. 门窗五金配件：门锁、执手、插销等配套由厂家提供。
　　3. 门窗在定做前，依据施工现场实际门窗洞尺寸下料制作，
　　　以防施工误差。
　　4. 铝合金窗的制作，安装由专业厂家负责。

图 15-44　配电房建筑图五（方案一，古典）

一、设计依据

1.1 项目设计合同；

1.2 工程建设标准强制性条文（房屋建筑部分）；

1.3 GB 50872《水电工程设计防火规范》；

1.4 GB 50016《建筑设计防火规范》；

1.5 GB 50222《建筑内部装修设计防火规范》；

1.6 现行的国家有关建筑设计规范、规程和规定。

二、项目概况

2.1 本工程为抽水蓄能电站进/出水口通用设计进/出水口配电房工程项目；

2.2 建筑层数、高度：配电房一层，高度为4.750m（绝对标高见单项工程总平面）；

2.3 建筑结构形式：框架结构；

2.4 建筑耐火等级为二级，屋面防水等级为Ⅱ级。

三、设计标高

3.1 本工程采用相对标高值；

3.2 各层标注标高为完成面标高（建筑面标高），屋面层标高为结构面标高；

3.3 本工程标高以m为单位，其他尺寸以mm为单位；

3.4 高程系统为黄海高程系统。

四、墙体工程

4.1 墙体的基础部分见结构施工图；

4.2 所有砖墙采用MU10 240mm厚烧结页岩多孔砖，M7.5砂浆砌筑（除另注明外），墙体各部分构造详细做法参见04J101《砖墙建筑构造》；

4.3 墙体预留洞及封堵：

4.3.1 钢筋混凝土结构的留洞见结构施工图和设备图；

4.3.2 砌筑墙面留洞见建筑施工图和设备图；

4.3.3 墙体预留洞的封堵：砌筑墙留洞待管道设备安装完毕后，用C15细石混凝土填实；变形缝处及双墙留洞的封堵，应在双墙分别增设套管，套管与穿墙管之间嵌填建筑密封膏，防火墙上留洞的封堵为防火密封膏。

4.4 两种材料的墙体交接处，应根据饰面材质在做饰面前先钉金属网或在施工中加贴玻璃丝网格布，每边铺设宽度不小于250mm，防止裂缝；

4.5 预埋木砖及贴邻墙体的木质面均应做防腐处理，露明铁件均应做防锈处理；

4.6 凡钢筋混凝土与砖墙连接时，必须在钢筋混凝土与砖墙边做出钢筋与砖墙拉结，做法参见04J101《砖墙建筑构造》；

4.7 门窗过梁做法及详图见03G322-1《钢筋混凝土过梁》，矩形、L形过梁按二级荷载选用，净跨按墙净宽考虑；

4.8 建筑构造柱及圈梁的设置：

4.8.1 当砌体填充墙的水平长度大于4m或墙端部没有钢筋混凝土柱时，应在墙之间均匀分布小于4m距离构造柱，在墙端部加设构造柱；各部分做法参见06SG614-1《砌体填充墙结构》构造中构造柱的相关章节，构造柱的位置具体可参见平面图。

4.8.2 高度大于4m的砌体填充墙时，需在墙半高处设置或与柱连接且沿全长贯通的钢筋混凝土水平系梁，各部分做法参见06SG614-1《砌体填充墙结构构造》中联系梁的相关章节，联系梁的位置具体可参见剖面图；

4.8.3 所有墙体均须砌在结构梁上。

4.9 墙身防水：

4.9.1 防水、防潮要求的墙面应使用水泥砂浆或水泥混合砂浆找平，水泥砂浆层不得做在石灰砂浆层上；

4.9.2 墙身防潮层：砖砌墙体水平防潮层应设置在室外地面以上，室内地面下60mm处；室内相邻地面有高差时，应在高差处墙身的内侧加设复合无机盐类防水防潮砂浆防潮层，做法为20mm厚1:2水泥砂浆内加6%防水剂，在此标高为混凝土构造时可不做。

五、屋面工程

5.1 本工程的屋面防水等级为Ⅱ级，防水层合理使用年限为15年，做法见详图；

5.2 屋面节点索引见建筑屋面平面图，雨篷等见各层平面图及有关详图；

5.3 屋面排水组织见屋面平面图，为有组织排水。

六、门窗工程

6.1 门窗玻璃选用及厚度符合JGJ113《建筑玻璃应用技术规程》的规定；

6.2 外窗气密性等级不应低于GB/T 7106《建筑外窗气密、水密、抗风压性能分级及检测方法》规定的4级；

6.3 门窗加工尺寸要按照装修完成面厚度由承包商予以调整；

6.4 门窗立樘：门窗立面图除图中另有注明者外，外墙门窗立墙皮立中，内门窗中双向平开门立樘立中，单向平开门立樘同开启方向墙边平。

6.5 门窗选料、颜色、玻璃见"门窗表"附注，门窗分格参见详图；

6.6 铝合金门窗的制作安装参见03J603-2《铝合金节能门窗》制作、安装、施工及验收；也可参见选定的国家认可品牌铝合金门窗厂家的标准图集施工。

6.7 主要材料：

6.7.1 铝合金型材：国产优质1.4mm厚墨绿色铝合金型材（除图中注明外）；

6.7.2 结构胶和耐候胶：国产优质产品，采用中性硅酮结构胶和密封胶；

6.7.3 明框玻璃：采用6+6A+6厚透明中空玻璃；

6.7.4 密封胶条：密封胶条为三元乙丙制品；

6.7.5 钢材：选用国内优质钢材，涂膜厚度不小于120μm，外露表面氟碳漆处理。

6.8 当单块玻璃面积大于1.5m²时，应采用安全玻璃。

七、外装修工程

7.1 外装修设计和做法索引见立面图及室内、室外装修一览表；

7.2 外装修选用的各项材料其材质、规格、颜色等，均由施工单位提供样板，经建设和设计单位、监理单位确认后进行封样，并据此验收。

八、内装修工程

8.1 内装修设计和做法索引见室内装修表及室内、室外装修一览表；

8.2 内装修工程执行GB 50222《建筑内部装修设计防火规范》，楼地面部分执行GB 50037《建筑地面设计规范》，建筑室内装修材料均采用非燃或难燃材料。

8.3 楼地面构造交接处和地坪高度变化处，除图中另有注明者外均位于齐平门扇开启处。

8.4 内装修选用的各项材料，均由施工单位制作样板和选样，经确认后进行封样，并据此验收；

8.5 二次装修不得任意变更或取消消防设施。图中所选的消防设备，防火门、防火卷帘等需选用经专业部门批准并具有相关专业资质认证的产品。

九、油漆涂料工程

9.1 所有预埋铁件均需做防锈处理，所有铁件均红丹打底，外刷银粉漆三道。

9.2 各项油漆均由施工单位制作样板，经确认后进行封样，并据此进行验收。

十、其他施工中注意事项

10.1 图中所选用标准图中有对结构工种的预埋件、预留洞、门窗、建筑配件等，本图所标注的各种留洞与预埋件应与各工种密切配合后，确认无误方可施工；

10.2 施工中应严格执行国家各项施工质量验收规范。

室外装修一览表

装修部位	外墙1	外墙2	散水	台阶	坡道	屋面1
构造做法	白色外墙涂料，做法如下：1.白色高级外墙涂料一底两道；2.8mm厚1:2.5水泥砂浆找平层；3.10mm厚1:3水泥砂浆打底扫毛；4.砖墙基层或混凝土墙基层	面砖外墙，做法参见06J505-1 $\frac{-}{Q2}$	混凝土散水，做法02J003 $\frac{4}{6}$	花岗石铺砌台阶，做法参见02J003 $\frac{5B}{8}$	防滑坡道，做法参见02J003 $\frac{7}{31}$	平屋面，做法参见12J201 $\frac{A3}{A4}$

室内装修一览表

房间名称	楼地面	墙面	踢脚	顶棚
配电室 控制室	800mm×800mm×10mm 浅灰色全瓷玻化砖，做法参见03J502-3 $\frac{1}{A05}$ 第六项CL7.5轻集料混凝土无需做	白色环保防潮乳胶漆，做法参见13J502-1 $\frac{-}{B03}\frac{2}{B04}\frac{3}{B04}\frac{4}{B04}$ 其中腻子选用优质耐水腻子，厚度不超过2mm	灰色成品瓷砖踢脚150mm高，做法参见13J502-1 $\frac{-}{E05}\frac{2}{E06}\frac{2}{E07}$	白色环保防潮乳胶漆顶棚做法参见05J909 $\frac{棚5A}{DP6}$ 面层白色环保防潮乳胶漆一底两道

图 15-45　配电房建筑设计说明（方案二，现代）

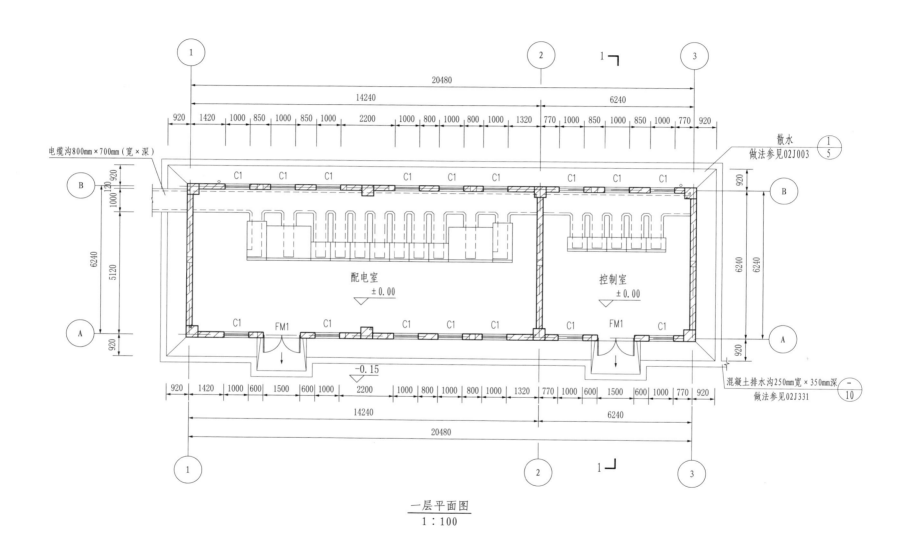

图 15-46　配电房建筑图一（方案二，现代）

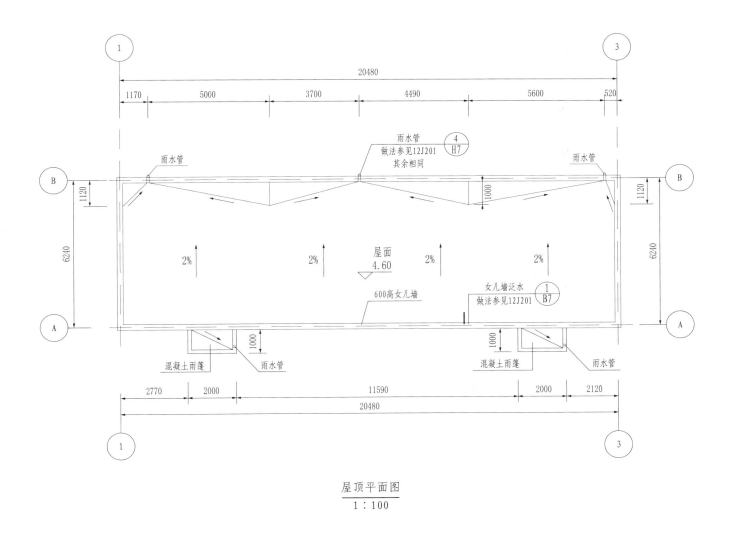

屋顶平面图

1 : 100

图 15-47　配电房建筑图二（方案二，现代）

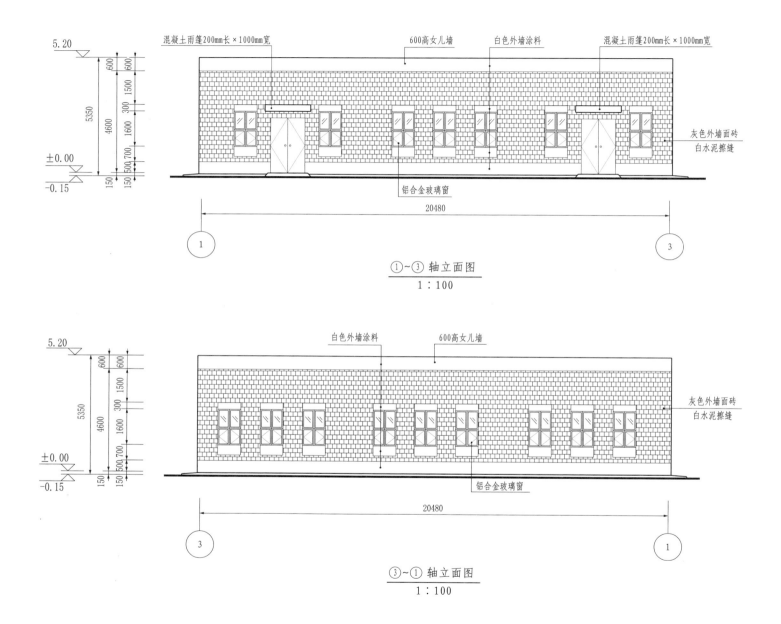

图 15-48　配电房建筑图三（方案二，现代）

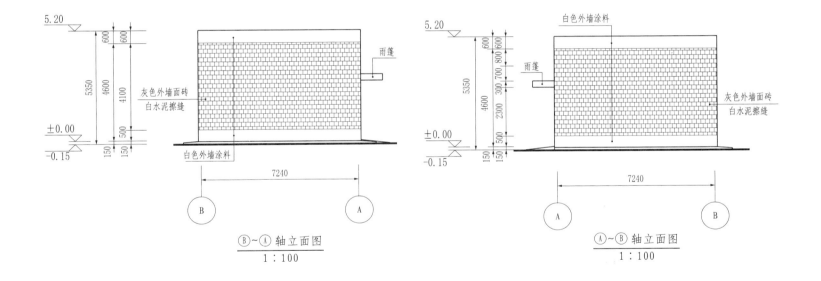

图 15-49　配电房建筑图四（方案二，现代）

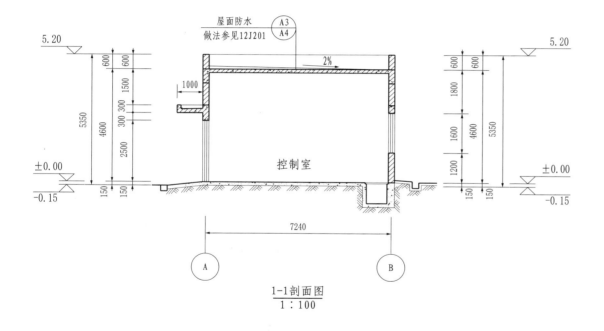

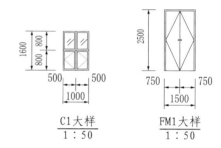

C1大样
1:50

FM1大样
1:50

1-1剖面图
1:100

门窗表

	编号	尺寸（宽×高）	数量	备注
门	FM1	1500×2500	2	甲级钢质防火门
窗	C1	1000×1600	16	墨绿色铝合金平开窗

注 1. 铝合金窗，采用90系列，6+6A+6厚透明中空玻璃。
    2. 门窗五金配件：门锁、执手、插销等配套由厂家提供。
    3. 门窗在定做前，依据施工现场实际门窗洞尺寸下料制作，
       以防施工误差。
    4. 铝合金窗的制作，安装由专业厂家负责。

图 15-50　配电房建筑图五（方案二，现代）

图 15-51 启闭机室建筑效果图（备选方案一，古典 + 开放）

图 15-52　启闭机室建筑效果图（备选方案二，古典＋封闭）

图 15-53　启闭机室建筑效果图（备选方案三，现代＋开放）

图 15-54　启闭机室建筑效果图（备选方案四，现代 + 封闭）

图 15-55　启闭机室建筑效果图（备选方案五，现代＋开放）

图 15-56　配电房建筑效果图（备选方案一，古典）

图 15-57　配电房建筑效果图（备选方案二，现代）

第5篇 细部设计

第16章 概 述

抽水蓄能电站工程通用设计是国网新源公司强化电站高效运行与管理,适用跨区域发展需求,促进抽水蓄能电站和谐建设,迅速提升抽水蓄能电站形象面貌,实现抽水蓄能电站工程标准化建设与管理目标的新举措。本通用设计对进/出水口关系密切的细部结构进行了设计。本篇所述内容主要包括抽水蓄能电站上、下水库进/出水口通气孔、拦污栅槽与闸门槽盖板、启闭机室吊物孔盖板与护栏、交通桥及拦污栅与闸门塔操作平台护栏等部位的细部设计,其中有关进/出水口边坡马道与公路排水沟、电缆沟及盖板、电缆桥架、结构缝处理及止水等细部设计可参照《抽水蓄能电站工程通用设计 细部设计分册》执行。

第17章 通 气 孔

17.1 设计原则

进/出水口通气孔的主要设计原则:功能性原则、安全性原则和美观性原则。

17.1.1 功能性原则

通气孔除满足隧洞排水时补气与充水时排气的功能外,当闸门后隧洞有检修要求且无其他可用检修通道时,还应具有隧洞检修通道的功能。通气孔断面尺寸应满足通气与通行的要求。

17.1.2 安全性原则

通气孔孔口应有安全可靠的防护措施,如盖板,防止因跌落、掉物或排气时等产生安全问题。对于从塔顶附近水平拐出的通气孔,其底部高程不应低于水库校核洪水位,防止隧洞检修期间库内水体产生倒灌;对于直通塔顶平台的通气孔，宜高出塔顶平台一定安全高度；对于采用全封闭式启闭机排架结构，通气孔不宜布置在排架内，防止补气或排气时造成门窗损坏；对于塔顶设检修进人孔的通气孔，人孔盖板设计荷载应满足有关规范要求；对于北方气候严寒地区，还应采取有效的防冰冻措施，防止通气孔被冻住，给电站运行带来安全隐患。

17.1.3 美观性原则

通气孔在满足功能、安全、经济实用的前提下，应适当考虑美观性，尽量做到与周边环境相协调。

17.2 设计条件与要求

17.2.1 设计条件

（1）根据 DL/T 5398《水电站进水口设计规范》与 DL/T 5039《水利水电工程钢闸门设计规范》规定，通气孔允许风速不宜大于 50m/s。

（2）对有进人要求的通气孔，其直径（或最小宽度）不应小于 0.8m，不宜小于 1.0m。

（3）根据 DL 5077《水工建筑物荷载设计规范》的规定，塔顶检修进人孔盖板荷载可采用 10kN/m²。

（4）按照 GB 4053.3《固定式钢梯及平台安全要求 第 3 部分：工业防护栏杆及钢平台》规定，通气孔检修平台护栏高度定为 1.2m，栏杆扶手水平向垂直荷载不小于 500N/m。

（5）检修进人孔采用钢格栅盖板时，其设计与制造应满足 YB/T 4001.1《钢格栅板及配套件 第 1 部分：钢格栅板》有关规定。

17.2.2 设计要求

根据运行管理及安全要求，有条件布置通气时孔出口宜从塔顶附近水平拐出，无条件需要将通气孔直通闸门井顶部平台时，宜高出平台一定安全高度，并做好孔口部位的安全防护措施。

对于有进人要求的通气孔，宜结合闸门井后隧洞检修要求设置临时检修吊篮或不锈钢爬梯。

17.3 设计方案及使用说明

17.3.1 方案一

17.3.1.1 方案设计说明

本方案检修进人孔直径 1.2m，检修进人孔可开启式盖板采用钢格栅外加不锈钢花纹面板结构，钢格栅型号 G405/40/100WIG，共分 2 块布置，单块最大尺寸 1380mm×690mm（长×宽），各块盖板采用 M20 螺栓固定在包边角钢上。检修进人孔孔口四周采用∠50×5 角钢包边，包边角钢采用 φ8 拉筋锚固在混凝土中。通气孔布置在启闭机排架外部，高出平台 2.0m，采用钢筋混凝土圆筒式结构，内径 1.2m，壁厚 200mm。

17.3.1.2 主要材料说明

钢格栅盖板采用 Q235A 或 B 级钢制造，采用热浸镀锌防腐。

盖板面板采用 304 不锈钢花纹钢板。

检修进人孔孔口与格栅盖板包边均采用热轧等边角钢，采用热浸镀锌防腐。

盖板吊环、扒杆锚环以及进人孔孔口预埋角钢拉筋采用热轧一级圆钢。

17.3.1.3 使用说明

本方案适用抽水蓄能电站工程上、下水库闸门竖井式或岸塔式进/出水口兼有检修通道要求的通气孔设计。检修进人孔与通气孔内不设爬梯，采用吊篮与临时扒杆启吊的检修方式。当通气孔无检修进人要求时，可在本方案的基础上取消检修进人孔及盖板。工程实际设计时，应根据具体工程的实际情况，重新复核通气孔与检修进人孔孔口尺寸与盖板荷载，按照本章规定的设计原则、条件与要求，形成符合工程实际的通气孔设计方案。

通气孔三维模型效果图见图 17-1。

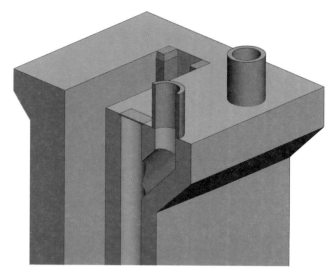

图 17-1　通气孔三维模型效果图 (方案一)

17.3.2　方案二

17.3.2.1　方案设计说明

本方案通气孔采用自塔顶附近水平拐出的布置方式，直径 1.2m。通气孔出口底部设有检修平台，平台宽 1.0m，长 3.2m。检修平台面临水库侧设有不锈钢护栏，高 1.2m。塔顶平台设有不锈钢爬梯及爬梯扶手至通气孔检修平台；通气孔孔口亦设有不锈钢爬梯及爬梯扶手至隧洞底部。爬梯直径 22mm，宽 400mm，间距 300mm。

17.3.2.2　主要材料说明

爬梯采用 304 不锈钢拉丝防滑圆钢棒。
爬梯扶手与检修平台护栏采用 304 热轧不锈钢管。
预埋钢板采用 Q235A 或 B 级钢，拉筋采用热轧一级圆钢。

17.3.2.3　使用说明

本方案适用抽水蓄能电站工程上、下水库岸塔式进 / 出水口（塔顶通气孔出口侧无连续牛腿）兼有检修通道要求的通气孔设计。当通气孔无检修进人要求时，可在本方案的基础上取消不锈钢爬梯、爬梯扶手、检修平台及护栏。工程实际设计时，应根据具体工程的实际情况，重新复核通气孔孔口尺寸，按照本章规定的设计原则、条件与要求，形成符合工程实际的通气孔设计方案。

通气孔三维模型效果图见图 17-2。

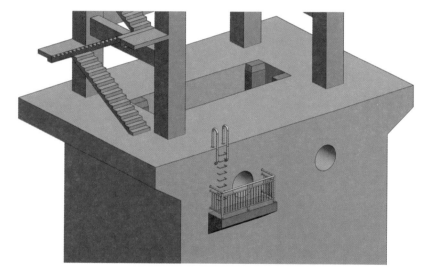

图 17-2　通气孔三维模型效果图 (方案二)

17.3.3　方案三

17.3.3.1　方案设计说明

本方案通气孔采用自塔顶附近水平拐出的布置方式，直径 1.2m。通气孔出口底部设有检修平台，平台宽 1.0m，长 3.2m。检修平台面临水库侧设有不锈钢护栏，高 1.2m。塔顶平台设有检修进人孔，孔内设有不锈钢爬梯至通气孔检修平台；通气孔孔口设不锈钢爬梯及爬梯扶手至隧洞底部。检修进人孔内径 800mm，孔口设 D400 复合材料成品井盖。爬梯直径 22mm，宽 400mm，间距 300mm。

17.3.3.2　主要材料说明

进人孔井盖采用 D400 复合材料成品井盖。

爬梯采用 304 不锈钢拉丝防滑圆钢棒。

爬梯扶手与检修平台护栏采用 304 热轧不锈钢管。

预埋钢板采用 Q235A 或 B 级钢，拉筋采用热轧一级圆钢。

17.3.3.3　使用说明

本方案适用抽水蓄能电站工程上、下水库岸塔式进 / 出水口（塔顶通气孔出口侧有连续牛腿）兼有检修通道要求的通气孔设计。当通气孔无检修进人要求时，可在本方案的基础上取消检修进人孔、进人孔盖板、不锈钢爬梯、爬梯扶手、检修平台及护栏。工程实际设计时，应根据具体工程

的实际情况，重新复核通气孔孔口尺寸，按照本章规定的设计原则、条件与要求，形成符合工程实际的通气孔设计方案。

通气孔三维模型效果图见图 17-3。

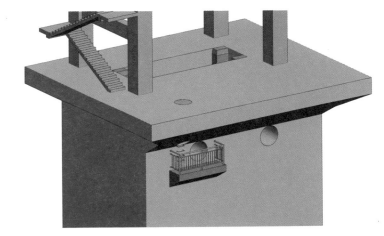

图 17-3　通气孔三维模型效果图（方案三）

第 18 章　拦污栅槽与闸门槽盖板

18.1　设计原则

进 / 出水口拦污栅槽与闸门槽盖板的主要设计原则是安全、简洁、实用和美观。

18.1.1　安全性原则

拦污栅槽与闸门槽应有安全可靠的防护措施，如盖板，防止因跌落、掉物等产生安全问题。盖板设计荷载与相邻栅条净间距应满足有关规范要求。

18.1.2　简洁性原则

拦污栅槽与闸门槽盖板设计应体现简洁性，并具有一定的通用性，便于后期施工与运行管理。

18.1.3　实用性原则

拦污栅槽与闸门槽设计要实用，应尽量采用常用材料与常规工艺。

18.1.4　美观性原则

拦污栅槽与闸门槽盖板要在满足安全、简洁、经济实用的前提下，应

适当考虑美观性，尽量做到与周边环境相协调。

18.2 设计条件与要求

18.2.1 设计条件

根据 DL 5077《水工建筑物荷载设计规范》规定，拦污栅槽或闸门槽盖板荷载可采用 $10kN/m^2$。

18.2.2 设计要求

吊物孔盖板采用可拆卸式钢格栅盖板，其设计与制造应满足 YB/T 4001.1《钢格栅板及配套件 第 1 部分：钢格栅板》有关规定。

18.3 设计方案及使用说明

18.3.1 方案设计说明

18.3.1.1 拦污栅槽盖板

本方案拦污栅槽孔口设计尺寸为 $6.8m \times 1.79m$（长×宽），盖板采用钢格栅，格栅型号 G455/30/100WIG，共分 9 块布置，单块最大尺寸 1870mm×868.6mm（长×宽），各块盖板间采用专用安装夹具固定。吊物孔孔口四周采用∠50×5 角钢包边，包边角钢采用 $\phi8$ 拉筋锚固在混凝土中。

18.3.1.2 闸门槽盖板

本方案门槽孔口设计尺寸为 $7.6m \times 2.4m$（长×宽），盖板采用钢格栅，格栅型号 G455/30/100WIG，共分 9 块布置，单块最大尺寸 2480mm×868.6mm（长×宽），各块盖板间采用专用安装夹具固定。吊物孔孔口四周采用∠50×5 角钢包边，包边角钢采用 $\phi8$ 拉筋锚固在混凝土中。

18.3.2 主要材料说明

钢格栅盖板采用 Q235A 或 B 级钢制造，采用热浸镀锌防腐。

拦污栅槽与闸门槽孔口和格栅盖板包边均采用热轧等边角钢，采用热浸镀锌防腐。

18.3.3 使用说明

本方案适用于抽水蓄能电站工程上、下水库进/出水口拦污栅永久操作平台栅槽孔口与采用门机启闭的检修门槽（含门库）孔口盖板设计。对于事故门槽与采用固定卷扬式启闭机启闭的检修门槽，闸门一般锁定在门槽内或悬吊在门槽上方，且事故闸门有快速下闸要求，门槽孔口不宜采用盖板，该情况下门槽孔口防护可采用防护栏杆。工程实际设计时，应根据具体工程的实际情况，重新复核拦污栅槽与闸门槽的孔口尺寸和盖板荷载，按照本章规定的设计原则、条件与要求，形成符合工程实际的盖板设计方案。

拦污栅槽与闸门槽孔口钢格栅盖板模型效果图见图 18-1。

图 18-1 拦污栅钢格栅盖板

第19章 吊物孔盖板与护栏

19.1 设计原则

进 / 出水口启闭机室吊物孔盖板与护栏的主要设计原则有功能性、安全性、简洁性、实用性和美观性原则。

19.1.1 功能性原则

吊物孔的开孔尺寸应满足固定式卷扬启闭机检修与维护过程中最大构件或设备启吊尺寸要求；吊物孔的位置选择应便于构件与设备的运输与吊装。

19.1.2 安全性原则

吊物孔应有安全可靠的防护措施，如盖板与护栏，防止因跌落、掉物等产生安全问题。护栏与盖板设计荷载、相邻栅条净间距以及护栏与护栏底部挡板高度均应满足有关规范要求。

19.1.3 简洁性原则

吊物孔盖板与护栏设计应体现简洁性，并具有一定的通用性，便于后期施工与运行管理。

19.1.4 实用性原则

吊物孔盖板与护栏设计要实用，应尽量采用常用材料与常规工艺。

19.1.5 美观性原则

吊物孔盖板与护栏要在满足功能、安全、简洁、经济实用的前提下，应适当考虑美观性，尽量做到与周边环境相协调。

19.2 设计条件与要求

19.2.1 设计条件

（1）按照 GB 4053.3《固定式钢梯及平台安全要求 第 3 部分：工业防护栏杆及钢平台》规定，吊物孔护栏高度定为 1.2m，栏杆扶手水平向垂直荷载不小于 500N/m。

（2）根据 DL 5077《水工建筑物荷载设计规范》及 YB/T 4001.1《钢格栅板及配套件 第 1 部分：钢格栅板》规定，吊物孔盖板荷载可采用 $5kN/m^2$。

19.2.2 设计要求

吊物孔盖板采用可拆卸式钢格栅盖板，其设计与制造应满足 YB/T 4001.1《钢格栅板及配套件 第 1 部分：钢格栅板》有关规定；为便于固定卷扬式启闭机的维护与检修，吊物孔护栏应采用活动可拆卸式结构。

19.3 设计方案及使用说明

19.3.1 方案设计说明

本方案吊物孔孔口设计尺寸为 1.8m×0.85m（长 × 宽），盖板采用钢格栅，格栅型号 G453/20/100WIG，共分 3 块布置，单块尺寸 940mm×626.7mm（长 × 宽），各块盖板间采用专用安装夹具固定。吊物孔孔口四周采用 ∠50×5 角钢包边，包边角钢采用 ϕ8 拉筋锚固在混凝土中。在吊物孔孔口边线 200mm 外侧设置防护栏杆，平面尺寸 2.3m×1.35m（长 × 宽），高 1.2m，采用活动可拆卸式结构。护栏底部设有挡板，防止小型配件经吊物孔滚落至闸门井（塔）平台，产生安全问题。护栏底部挡板高 200mm，与室内地面不留间隙。

19.3.2 主要材料说明

钢格栅盖板可采用 Q235A 或 B 级钢制造，采用热浸镀锌防腐。

吊物孔孔口与格栅盖板包边均采用热轧等边角钢，采用热浸镀锌防腐。

护栏扶手与立柱采用热轧无缝钢管，竖向栅条采用热轧方钢，底部挡板与预埋锚板采用热轧钢板。防护栏杆采用油漆防腐，其中扶手、立柱与底部挡板外层涂黄色面漆，竖向栅条外层涂黑色面漆。

19.3.3 使用说明

本方案适用于抽水蓄能电站工程上、下水库进／出水口固定卷扬式启闭机室吊物孔盖板与护栏设计。工程实际设计时，应根据具体工程的实际情况，重新复核吊物孔孔口尺寸与盖板荷载，按照本章规定的设计原则、条件与要求，形成符合工程实际的吊物孔盖板与护栏设计方案。

启闭机室吊物孔钢格栅盖板及护栏见图 19-1。

图 19-1 启闭机室吊物孔钢格栅盖板及护栏

第 20 章 交通桥及拦污栅与闸门塔体平台栏杆

20.1 设计原则

进／出水口交通桥及拦污栅与闸门塔体平台栏杆的主要设计原则有安全性、简洁性、实用性和美观性原则。

20.1.1 安全性原则

进／出水口交通桥及拦污栅与闸门塔体平台栏杆首先要满足安全性要求。栏杆设计荷载、高度以及栅条间距应满足有关规范要求。

20.1.2 简洁性原则

进／出水口交通桥及拦污栅与闸门塔体平台栏杆设计应体现简洁性，

便于后期施工与建设，并在一定区域内具备通用性。

20.1.3 实用性原则

进／出水口交通桥及拦污栅与闸门塔体平台栏杆设计要实用，应尽量采用常用材料与常规工艺。

20.1.4 美观性原则

进／出水口交通桥及拦污栅与闸门塔体平台栏杆要在满足安全、简洁、经济实用的前提下，应适当考虑美观性，尽量做到与周边环境相协调。

20.2 设计条件与要求

20.2.1 设计条件

按照 GB 4053.3《固定式钢梯及平台安全要求 第 3 部分：工业防护栏杆及钢平台》规定，吊物孔护栏高度定为 1.2m，栏杆扶手水平向垂直荷载不小于 500N/m。

20.2.2 设计要求

进 / 出水口交通桥及拦污栅与闸门塔体平台栏杆应以满足安全性要求为基本条件，结构坚固，造型美观、大方，并与进 / 出水口启闭机房建筑设计风格相协调。

20.3 设计方案及使用说明

20.3.1 方案设计说明

本方案为花岗岩石材栏杆，设计高度为 1.2m，每个望柱之间的距离为 1.95m，地面槽孔根据望柱位置进行预留，栏杆每 10 跨设一道伸缩缝。相比金属栏杆，花岗岩石材栏杆质地坚硬、耐酸碱、耐气候性好、使用寿命长、易维护等特点，且具有很强的表现力，可雕刻出各种图案和样式，施工简便快捷，工艺简单，美观大方。

20.3.2 主要材料说明

栏杆采用花岗岩石材，石材栏杆构件的石榫与榫窝之间满铺素水泥浆，再让构件的石榫与榫窝自身连接组装成石材栏杆，如需一定防护要求时，可采用 0.3m 高钢筋混凝土基座进行阻挡。

20.3.3 使用说明

本方案适用于抽水蓄能电站工程上、下水库进 / 出水口交通桥及拦污栅与闸门塔体平台栏杆设计。工程实际设计时，应根据具体工程的实际情

况（如防坠落、防撞等要求），按照本章规定的设计原则、条件与要求，完善并形成符合工程实际的栏杆设计方案。

交通桥及拦污栅与闸门塔体平台栏杆三维模型效果图见图 20-1。

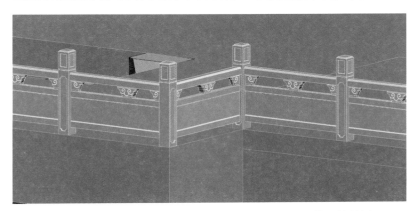

图 20-1　交通桥及拦污栅与闸门塔体平台栏杆三维模型效果图

20.4 设计图

设计图目录见表 20-1。

表 20-1　　　　　　　设 计 图 目 录

序号	图　　名	图号
1	通气孔细部设计图一　（方案一）	图 20-2
2	通气孔细部设计图二　（方案二）	图 20-3
3	通气孔细部设计图三　（方案三）	图 20-4
4	拦污栅槽孔口钢格栅盖板细部设计图	图 20-5
5	闸门槽孔口钢格栅盖板细部设计图	图 20-6
6	启闭机室吊物孔钢格栅盖板细部设计图	图 20-7
7	交通桥及拦污栅与闸门塔体平台栏杆细部设计图一	图 20-8
8	交通桥及拦污栅与闸门塔体平台栏杆细部设计图二	图 20-9

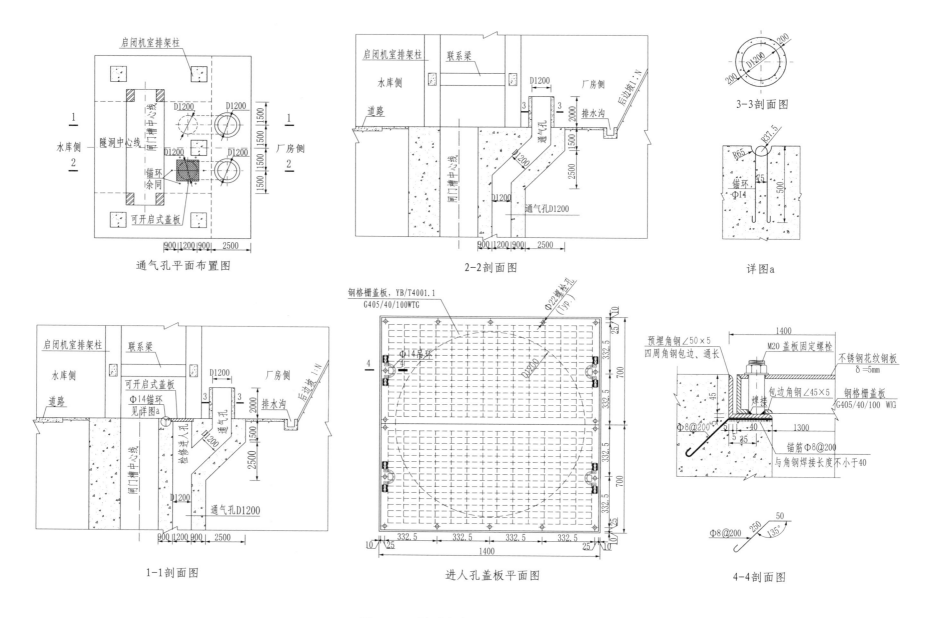

图 20-2　通气孔细部设计图一(方案一)

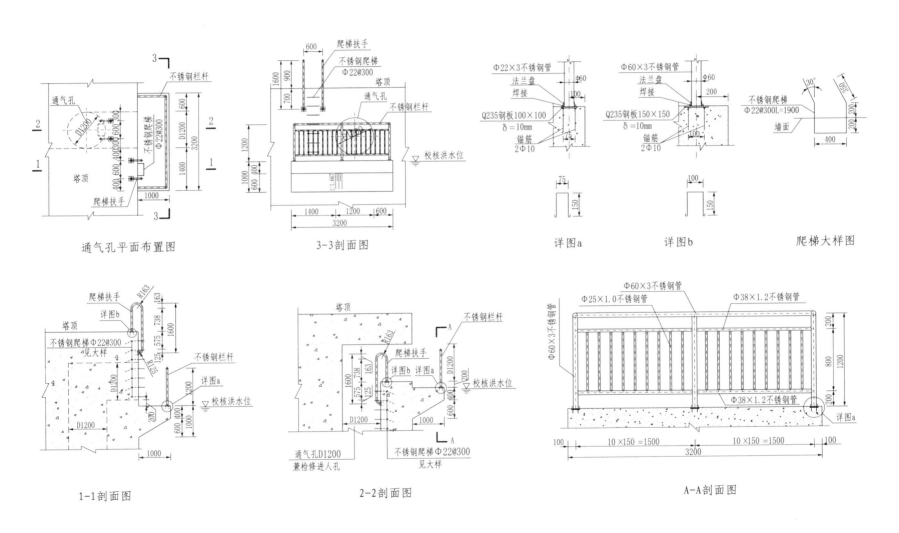

图 20-3　通气孔细部设计图二（方案二）

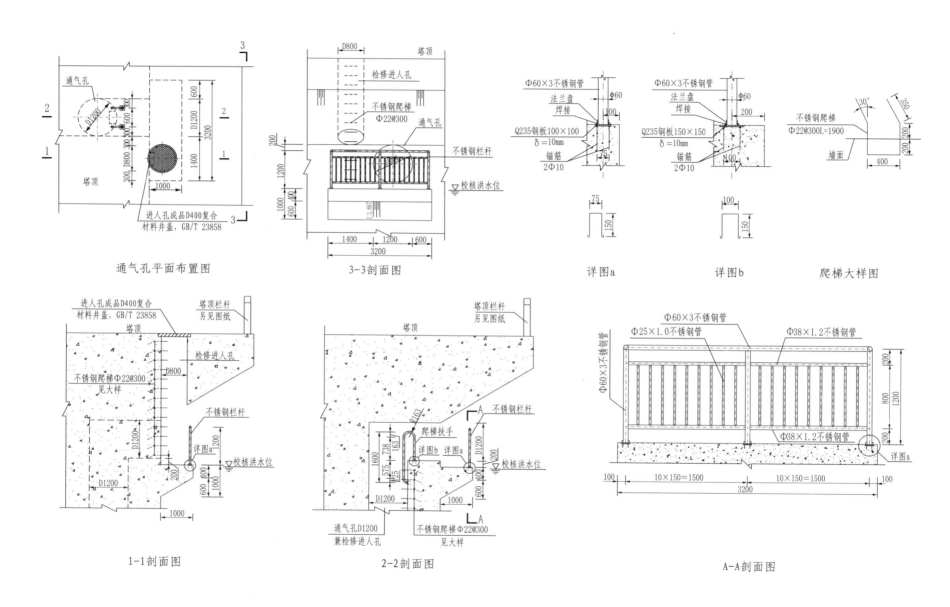

通气孔平面布置图

3-3剖面图

详图a

详图b

爬梯大样图

1-1剖面图

2-2剖面图

A-A剖面图

图20-4 通气孔细部设计图三(方案三)

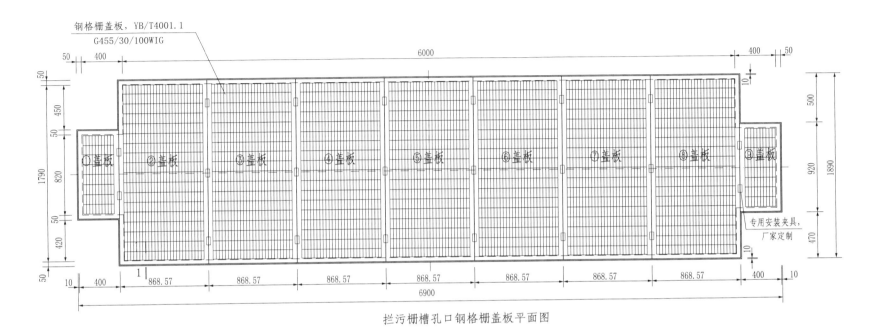

钢格栅盖板，YB/T4001.1
G455/30/100WIG

①盖板 ②盖板 ③盖板 ④盖板 ⑤盖板 ⑥盖板 ⑦盖板 ⑧盖板 ⑨盖板

专用安装夹具，厂家定制

拦污栅槽孔口钢格栅盖板平面图

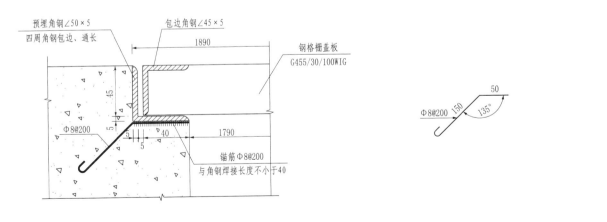

预埋角钢∠50×5
四周角钢包边、通长

包边角钢∠45×5

钢格栅盖板
G455/30/100WIG

Φ8@200

Φ8@200

锚筋Φ8@200
与角钢焊接长度不小于40

Φ8@200 150 135° 50

1-1剖面图

图20-5 拦污栅槽孔口钢格栅盖板细部设计图

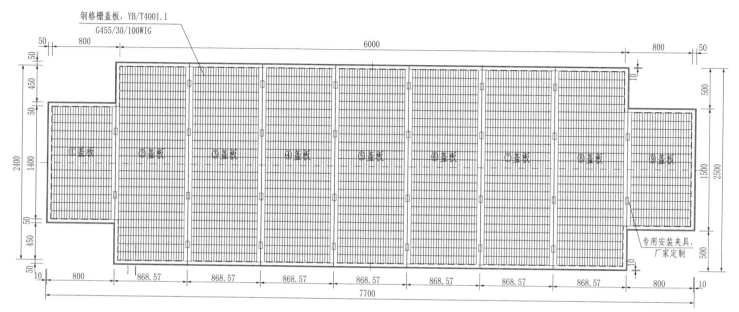

钢格栅盖板，YB/T4001.1
G455/30/100WIG

50 800 6000 800 50

①盖板 ②盖板 ③盖板 ④盖板 ⑤盖板 ⑥盖板 ⑦盖板 ⑧盖板 ⑨盖板

专用安装夹具，
厂家定制

50 50 450 50 50 2400 1400 50 450 50 10 500 1500 2500 500 10

10 800 868.57 868.57 868.57 868.57 868.57 868.57 868.57 800 10
7700

闸门槽孔口钢格栅盖板平面图

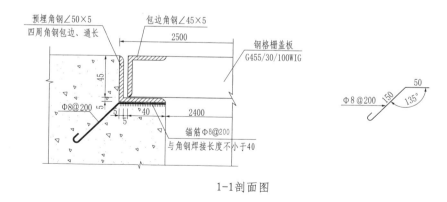

预埋角钢∠50×5
四周角钢包边、通长

包边角钢∠45×5

2500

钢格栅盖板
G455/30/100WIG

45
5
Φ8@200
5
40
2400

锚筋Φ8@200
与角钢焊接长度不小于40

Φ8@200 150 50 135°

1-1剖面图

图 20-6　闸门槽孔口钢格栅盖板细部设计图

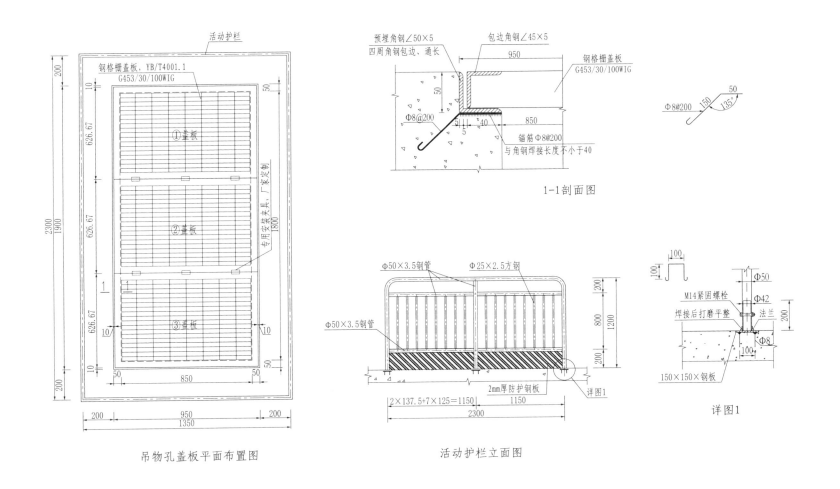

吊物孔盖板平面布置图

活动护栏立面图

1-1剖面图

详图1

图 20-7 启闭机室吊物孔钢格栅盖板细部设计图

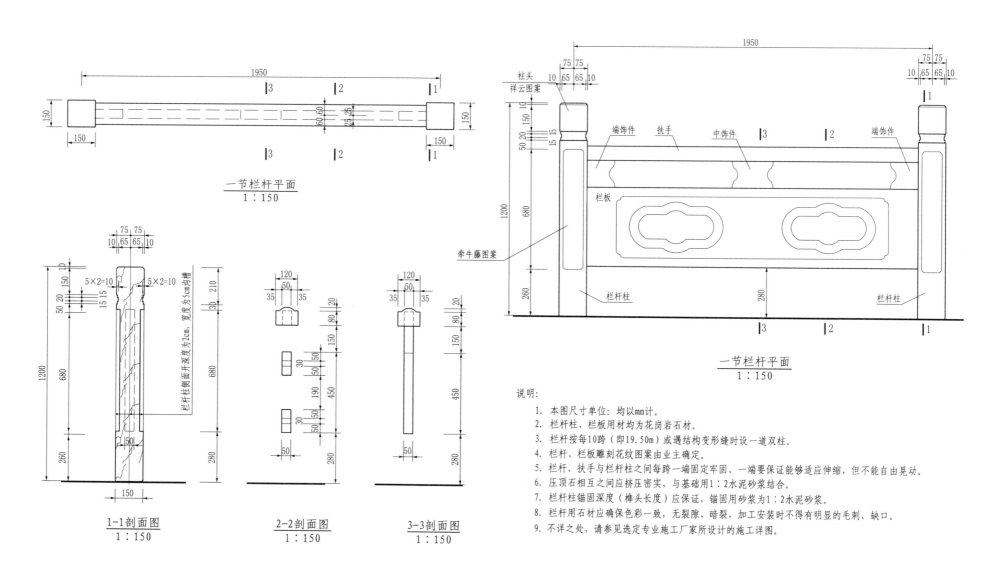

一节栏杆平面
1：150

一节栏杆平面
1：150

1-1剖面图
1：150

2-2剖面图
1：150

3-3剖面图
1：150

说明：
1. 本图尺寸单位：均以mm计。
2. 栏杆柱、栏板用材均为花岗岩石材。
3. 栏杆按每10跨（即19.50m）或遇结构变形缝时设一道双柱。
4. 栏杆、栏板雕刻花纹图案由业主确定。
5. 栏杆、扶手与栏杆柱之间每跨一端固定牢固、一端要保证能够适应伸缩，但不能自由晃动。
6. 压顶石相互之间应挤压密实，与基础用1：2水泥砂浆结合。
7. 栏杆柱锚固深度（榫头长度）应保证，锚固用砂浆为1：2水泥砂浆。
8. 栏杆用石材应确保色彩一致，无裂隙、暗裂，加工安装时不得有明显的毛刺、缺口。
9. 不详之处，请参见选定专业施工厂家所设计的施工详图。

图 20-8　交通桥及拦污栅与闸门塔体平台栏杆细部设计图一

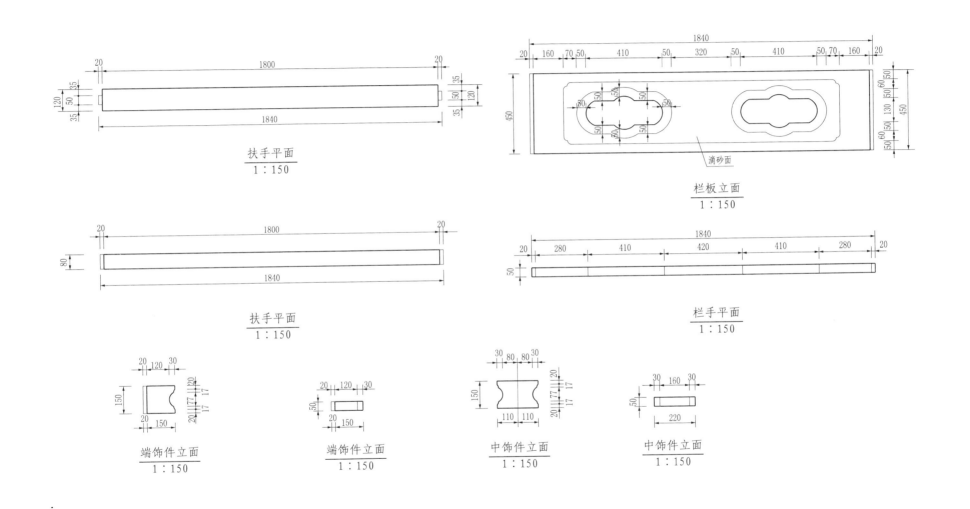

图 20-9 交通桥及拦污栅与闸门塔体平台栏杆细部设计图二